U0349733

Understanding ASP: From Journeyman to Master

深入解析
ASP核心技术

王洪影 著

机械工业出版社
China Machine Press

图书在版编目（CIP）数据

深入解析 ASP 核心技术 / 王洪影著 . —北京：机械工业出版社，2016.6

ISBN 978-7-111-54262-9

I. 深… II. 王… III. 网页制作工具－程序设计 IV. TP393.092

中国版本图书馆 CIP 数据核字（2016）第 159523 号

深入解析 ASP 核心技术

出版发行：机械工业出版社（北京市西城区百万庄大街 22 号 邮政编码：100037）

责任编辑：陈佳媛   责任校对：董纪丽

印　　刷：北京诚信伟业印刷有限公司   版　　次：2016 年 8 月第 1 版第 1 次印刷

开　　本：186mm×240mm　1/16   印　　张：27.5

书　　号：ISBN 978-7-111-54262-9   定　　价：79.00 元

凡购本书，如有缺页、倒页、脱页，由本社发行部调换

客服热线：（010）88379426　88361066   投稿热线：（010）88379604

购书热线：（010）68326294　88379649　68995259   读者信箱：hzit@hzbook.com

作为一名纯"码农"，我已经在键盘上敲敲打打了 10 余年，使用的语言主要是 Java，但是，我对 ASP 依然情有独钟。当年在学习了 HTML 后，接触的第一门编程语言就是 ASP，可以说，它是我的入门语言，我相信，它也是很多人的入门语言。

凭借着自学的 ASP 基础，我找到了第一份编程工作，而我所学的专业却是化学工艺。工作闲暇，我"泡"在经典论坛的后台编程区学习，后来当上了版主。那段时间，绝对是经典论坛的鼎盛时期，帖子很多，回复也很多。大家都热情高涨，共同研究、共同学习、共同进步，很多人的名字至今我记忆犹新，如布鲁斯狼、帅青蛙、幻想曲等。对了，我的网名是萧萧小雨，相信很多人看过我撰写的"让你知道 codepage 的重要"一文。

ASP 入门简单，但要想成为高手很难。在实际开发中，你会碰到各种各样的问题，有很多需要掌握的知识点，如文件上传、文件管理、生成验证码、发邮件、抓天气预报、抓新闻、XML 文件处理、Ajax 使用、编码问题、存储过程调用、Excel 文件处理等。

论坛的帖子五花八门，回复的多了，你就会觉得，真的需要一本进阶或者总结的书籍。市面上的书籍只能让你入门，后续的学习如果完全凭借自己研究、网络搜索和网络求助，那么所能获取的知识将是零零散散、支离破碎的，无法构成完整的知识体系。

于是，我在论坛发帖说，我想写本 ASP 的书。有些人说："小雨，支持你，我第一个买。"也有些人说："这方面的书太多了，并且写得都不错，建议你还是放弃吧。"不管三七二十一，我还是动笔了。充满激情地写了几章基础知识后，我写不动了，因为太没意思，写完之后，我觉得它和别人写的书没啥两样。经过一阵困惑和思考之后，我决定去掉入门知识的章节，写点有难度的。所以作为本书的读者，你应该已经掌握了 ASP 的基本知识，能够独立搭建运行环境，能够编写简单的应用程序，能够处理简单的常见问题。

最终，本书的章节结构是这样的：

❑ 第 1 章讲解 FSO 文件管理。FSO 的使用其实比较简单，放在第 1 章作为过渡。学习该章后，你可以熟练地进行文件管理的相关操作及文本流的操作。

- 第 2 章讲解字符与字节流转换及 Adodb.Stream 对象的使用，为编码转换打下基础。
- 第 3 章讲解各种常见编码、乱码的由来、CodePage 的使用和问题举例。学习该章后，你可以解决大部分的乱码问题，达到随心所欲的地步。
- 第 4 章讲解 XMLDOM 的使用，学习本章后，读者进行 XML 处理再无压力。
- 第 5 章讲解 XMLHTTP 和 ServerXMLHTTP 的使用，前者是 Ajax 技术的核心，后者是抓取网页的利器。
- 第 6 章讲解正则表达式的基础知识及正则对象的使用。本章讲解的仍然是基础知识，正则说简单也简单，说难也难，多写多练才是王道。
- 第 7 章讲解文件上传与下载。该章从基础原理讲起，包括无组件上传、组件上传和上传漏洞等。最后讲解文件下载，包括缓存处理、分段下载等略难一点的知识，需要读者对 HTTP 知识略有了解。
- 第 8 章讲解常用的 AspJpeg 图像处理组件，包括大部分的功能讲解，还包括 GIF 动画的一些知识。
- 第 9 章讲解 Email 发送的知识，包括 Email 基础结构、常见的发信组件的使用、附件的处理等知识。

我相信，本书已经包括 ASP 常用的重点内容。很抱歉，本书并没有讲 ADO 的使用，虽然它是一个重点，但是每本书都会讲它，所以大家可能已经很熟悉了。而且深入讲解 ADO 的话，就够写一本书了，这样的书已经有了。

写作的过程是痛苦的，因为它是一本技术书籍，我唯恐因为我的无知或一知半解误导了各位读者。对每个模糊的知识点，我都尽力搞清楚，对每个疑难问题，我都尽力找到解决方案。我参考了很多书籍、文章、API 文档，如《精通正则表达式》《正则表达式经典实例》、《HTTP 权威指南》、MSDN 等。我相信，一个普通的 ASP 程序员做不到这些，我就是要用我 10 年的技术功力来写一本关于 ASP 的书籍，只为这一份执着，这一个约定，也为了给妻子一个小小的回报。这本书耗费了我大量的时间和精力，感谢我的妻子为我们这个小家做出的一切。

其实，我最应该感谢的是机械工业出版社的编辑，没有他们对我的鼓励，没有他们的帮助，就没有这本书的面世。感谢他们所做的一切。

虽然我很努力，但是书中依然可能存在错误、疏漏之处，敬请各位读者不吝赐教。

王洪影

2016 年 3 月 15 日

Contents 目 录

第 1 章 *Chapter 1*

FSO 文件管理

1.1 FSO 简介

FSO 即 File System Object 组件，它提供了常见的文件夹及文件管理功能，如创建文件夹、复制文件夹、删除文件夹、复制文件和删除文件等。另外，它还可以读写文本文件和获取驱动器信息。

1.1.1 FSO 的对象组成

FSO 的对象组成如表 1-1 所示。

表 1-1　FSO 的对象组成

对　象	功　能
FileSystemObject	最顶层对象，其他对象都要通过它来直接或间接得到。它还提供了文件夹管理、文件管理的方法及一些实用小方法
Drive	驱动器对象，可以得到驱动器的相关信息
Folder	文件夹对象，可以得到文件夹的信息，提供复制、移动、删除等功能
File	文件对象，可以得到文件的信息，提供复制、移动、删除等功能
TextStream	文本流对象，提供读写文本文件的功能

对象之间的关系还是很清晰的，一台电脑可以有多个驱动器，每个驱动器下面可以有多个文件夹或文件，文件夹下面可以有文件夹和文件。

Drive 对象、Folder 对象和 File 对象组成了文件系统的层次结构，通过它们的属性和方法就可以操作文件系统。

　　TextStream 对象是比较独立的，它单独提供读写文本文件的功能。

1.1.2　创建 FSO 对象

　　创建 FSO 对象时使用以下语句即可：

```
Set fso = CreateObject("Scripting.FileSystemObject")
```

　　如果无法创建成功，可以尝试在开始 / 运行中执行以下命令：

```
RegSvr32 %windir%\SYSTEM32\scrrun.dll
```

1.2　驱动器集合

　　FSO 对象的 Drives 属性返回所有驱动器的集合，可以使用 For Each 语句遍历它，集合中的每一项都是一个 Drive 对象。

　　下例遍历所有的驱动器，并输出盘符及驱动器类型。

driveList.asp

```
<%@codepage=936%>
<%
Response.Charset = "GBK"

Set fso = CreateObject("Scripting.FileSystemObject")
Set driveList = fso.Drives    '取得 Drives 集合

'驱动器个数
response.write "驱动器个数: " & driveList.count & "<br>"

'输出所有驱动器的盘符及类型
For Each drive In driveList
    Response.Write "驱动器" & drive.DriveLetter
    Response.Write ", " & GetDriveTypeName(drive.DriveType) & "<br>"
Next
Set fso = nothing

'取得驱动器类型的名称
Function GetDriveTypeName(driveTypeNumber)
    Dim name
    Select Case driveTypeNumber
    Case 1
        name = "可移动磁盘"
    Case 2
        name = "硬盘"
    Case 3
```

```
            name = "网络共享"
        Case 4
            name = "光驱"
        Case 5
            name = "RAM 磁盘"
        Case Else
            name = "未知类型"
        End Select
        GetDriveTypeName = name
End Function
%>
```

运行结果如图 1-1 所示。

图 1-1　遍历所有的驱动器

Drive 对象的 DriveLetter 属性返回此驱动器的盘符字母，而 DriveType 属性返回驱动器的类型，它的返回值是一个数字，数字的含义如表 1-2 所示。

表 1-2　DriveType 属性

DriveType 属性	含　义	DriveType 属性	含　义
0	未知类型	3	网络共享
1	可移动磁盘	4	光驱
2	硬盘	5	RAM 磁盘

上例中的 GetDriveTypeName 方法是一个自定义方法，它根据数字返回对应的文字。

1.3　驱动器信息

取得某个驱动器对象可以使用 FSO 对象的 GetDrive 方法，参数是盘符，可以带冒号和反斜杠，如 "C" "C:" "C:\"。举例如下：

```
Set drive = fso.GetDrive("C:\")
```

Drive 对象的属性列表如表 1-3 所示。

表 1-3　Drive 对象的属性

属　性	含　义
AvailableSpace	可用空间大小，单位是字节数（如果启用了配额管理，可能不同）
DriveLetter	驱动器的盘符字母
DriveType	驱动器类型
FileSystem	驱动器的文件系统，如 FAT、FAT32、NTFS、CDFS（指光驱）等
FreeSpace	剩余空间大小，单位是字节数
IsReady	驱动器是否准备就绪，如光驱没有放入光盘，那么该属性就是 False
Path	驱动器路径，带冒号，没有反斜杠，如 "C:" "D:" 等
RootFolder	驱动器的根目录，返回的是一个 Folder 对象
SerialNumber	驱动器的序列号
ShareName	驱动器的网络共享名
TotalSize	驱动器总的空间大小，单位是字节数
VolumeName	驱动器的卷标，此属性可以修改

读取驱动器信息之前，应该先判断驱动器是否存在，然后再判断驱动器是否准备就绪。第一步可以使用 FSO 对象的 DriveExists 方法来判断，第二步可以使用 Drive 对象的 IsReady 属性来判断。

下面看一个读取 C 盘属性的例子。

Drive.asp

```
<%@codepage=936%>
<!--#include File="fso_function.asp" -->
<%
Response.Charset = "GBK"

drivePath = "c:\"
Set fso = CreateObject("Scripting.FileSystemObject")

' 判断驱动器是否存在
If fso.DriveExists(drivePath) Then
    Set drive = fso.GetDrive(drivePath) ' 取得 drive 对象

    ' 判断是否准备就绪
    If drive.IsReady Then
        Response.Write "空间: " & drive.AvailableSpace & "字节 <br>"
        Response.Write "驱动器字符: " & drive.DriveLetter & "<br>"
        Response.Write "驱动器类型: " & GetDriveTypeName(drive.DriveType) & "<br>"
        Response.Write "文件系统: " & drive.FileSystem & "<br>"
        Response.Write "剩余空间: " & drive.FreeSpace & "字节 <br>"
        Response.Write "路径: " & drive.Path & "<br>"
        Response.Write "根目录: " & drive.RootFolder & "<br>"
        Response.Write "序列号: " & drive.SerialNumber & "<br>"
        Response.Write "共享名: " & drive.ShareName & "<br>"
```

```
            Response.Write "空间大小: " & drive.TotalSize & " 字节 <br>"
            Response.Write "卷标: " & drive.VolumeName & " <br>"
    Else
            Response.Write "驱动器没有准备好。"
    End If
Else
    Response.Write "驱动器不存在。"
End If
Set fso = Nothing
%>
```

运行结果如图 1-2 所示。

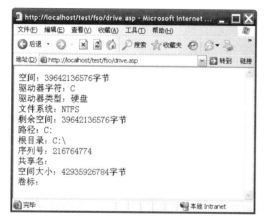

图 1-2　读取 C 盘属性

1.4　文件夹集合

Drive 对象的 RootFolder 属性返回的是驱动器的根文件夹，它是一个 Folder 对象。Folder 对象的 SubFolders 属性返回所有子文件夹的集合，可以使用 For Each 语句遍历它，集合中的每一项都是一个 Folder 对象。

下例输出 C 盘根目录下的所有文件夹的名字。

FolderList.asp

```
<%@codepage=936%>
<!--#include File="fso_function.asp" -->
<%
Response.Charset = "GBK"

Set fso = CreateObject("Scripting.FileSystemObject")

' 取得C盘根目录
```

```
Set rootFolder = fso.GetDrive("c:\").RootFolder

' 取得子文件夹的集合
Set folders = rootFolder.SubFolders

' 文件夹个数
response.write " 文件夹个数: " & folders.count & "<br>"

' 输出子文件夹的名字
For Each folder In folders
    Response.Write folder.name & "<br>"
Next
Set fso = Nothing
%>
```

运行结果如图1-3所示。

图 1-3 输出 C 盘根目录下的所有文件夹

其中，System Volume Information 实际上是一个隐藏文件夹。在资源管理器中可能看不到它，但对于 FSO 来说，一览无余。FSO 会把具有隐藏、系统属性的文件夹都列出来。

1.5 文件夹管理

要取得某个文件夹对象，可以使用 FSO 对象的 GetFolder 方法，它返回一个 Folder 对象，如，想得到 C:\Program Files\ 所对应的 Folder 对象，可以使用以下语句：

```
Set rootFolder = fso.GetFolder("C:\Program Files\")
```

FSO 对象还提供了 GetSpecialFolder 方法，通过它可以取得几个特殊的文件夹，参数可选值如表 1-4 所示。

表 1-4 GetSpecialFolder 方法的参数

参数值	含 义	举 例
0	返回 Windows 文件夹	C:\WINDOWS
1	返回 System 文件夹	C:\WINDOWS\system32
2	返回临时文件夹	C:\WINDOWS\Temp

例如，用以下语句可以得到系统的临时文件夹：

```
Set tempFolder = fso.GetSpecialFolder(2)
```

1.5.1 文件夹属性

Folder 对象的属性如表 1-5 所示。

表 1-5 Folder 对象的属性

属 性	含 义
Attributes	文件夹属性，可修改
DateCreated	创建时间
DateLastAccessed	上次访问时间
DateLastModified	上次修改时间
Drive	所在驱动器，返回的是 Driver 对象
Files	文件夹中所有文件的集合
IsRootFolder	该文件夹是否为根目录
Name	文件夹名
ParentFolder	父文件夹，返回的是 Folder 对象
Path	路径
ShortName	短名称
ShortPath	短路径
Size	大小
SubFolders	子文件夹的集合
Type	类型

下例将输出 C:\Program Files\Common Files\ 这个文件夹的各种属性。

Folder.asp

```
<%@codepage=936%>
<%
Response.Charset = "GBK"

folderPath = "C:\Program Files\Common Files\"
Set fso = CreateObject("Scripting.FileSystemObject")
```

```
'判断文件夹是否存在
If fso.FolderExists(folderPath) Then
    Set folder = fso.GetFolder(folderPath)    '取得 Folder 对象

    '输出各种属性
    Response.Write "属性: " & folder.Attributes &"<br>"
    Response.Write "创建时间: " & folder.DateCreated &"<br>"
    Response.Write "上次访问时间: " & folder.DateLastAccessed & "<br>"
    Response.Write "上次修改时间: " & folder.DateLastModified & "<br>"
    Response.Write "所在驱动器: " & folder.Drive &"<br>"
    Response.Write "根目录: " & folder.IsRootFolder &"<br>"
    Response.Write "文件夹名: " & folder.Name &"<br>"
    Response.Write "父文件夹: " & folder.ParentFolder &"<br>"
    Response.Write "路径: " & folder.Path &"<br>"
    Response.Write "短文件夹名: " & folder.ShortName &"<br>"
    Response.Write "短路径: " & folder.ShortPath &"<br>"
    Response.Write "大小: " & folder.Size &" 字节 <br>"
    Response.Write "类型: " & folder.Type & "<br>"
Else
    Response.Write "文件夹不存在。"
End If
Set fso = Nothing
%>
```

运行结果如图 1-4 所示。

图 1-4　输出文件夹的属性

Attributes 属性的可选值如表 1-6 所示。

表 1-6　Attributes 属性的可选值

值	说　明	读　写
0	普通文件，无属性	
1	只读文件或文件夹	读写

（续）

值	说　明	读　写
2	隐藏文件或文件夹	读写
4	系统文件或文件夹	读写
8	磁盘驱动器卷标	只读
16	文件夹或目录	只读
32	存档文件或文件夹	读写
1024	链接或快捷方式	只读
2048	压缩文件	只读

实际上，这个列表是文件夹和文件共用的。

一个对象的 Attributes 属性可以是列表中值的组合。如只读文件夹是 17（1+16），系统文件夹是 20（4+16），只读隐藏系统文件夹是 23（1+2+4+16），以此类推。

判断或去除某个 Attributes 属性时，建议使用逻辑运算符。如判断对象是否是隐藏的，可以使用 AND 运算符进行判断。

```
If folder.Attributes AND 2 Then
    Response.Write " 是隐藏的 "
End If
```

如果想将对象变为不隐藏，可以使用 XOR 运算符。

```
folder.Attributes = folder.Attributes XOR 2
```

表 1-6 中的读写是什么意思呢？以 Attributes 值为 16 为例，如果一个对象的值是 16（也可能是 17、18、19 等），那么表示它是一个文件夹，这个事实是不允许更改的，所以这个值是只读的。换句话说，16 这个值始终是与文件夹绑定的，不能去掉它，一个文件夹的 Attributes 属性一定大于等于 16。

1.5.2　文件夹操作

表 1-7 列出了文件夹常用操作的对应方法。

表 1-7　文件夹常用操作的方法

操　作	方　法
创建文件夹	FSO 对象的 CreateFolder 方法
复制文件夹	FSO 对象的 CopyFolder 方法或 Folder 对象的 Copy 方法
移动文件夹	FSO 对象的 MoveFolder 方法或 Folder 对象的 Move 方法
删除文件夹	FSO 对象的 DeleteFolder 方法或 Folder 对象的 Delete 方法

1. 创建文件夹

创建文件夹可以使用 FSO 对象的 CreateFolder 方法，或使用文件夹集合的 Add 方法，参数就是要创建的文件夹。

创建文件夹之前，应该先判断该文件夹是否已经存在，使用 FolderExists 方法即可。存在的话就不要创建了，否则会报错。

范例程序如下所示。

FolderCreate.asp

```
<%@codepage=936%>
<%
Response.Charset = "GBK"

' 当前目录下的 FolderCreateTest 文件夹
folderPath = Server.MapPath(".") & "\FolderCreateTest"
folderPath2 = Server.MapPath(".") & "\FolderCreateTest2"

Set fso = CreateObject("Scripting.FileSystemObject")

' 判断文件夹是否存在
If Not fso.FolderExists(folderPath) Then
    ' 创建文件夹
    Set newFolder = fso.CreateFolder(folderPath)
    Response.Write newFolder.Path & "<br>"
Else
    Response.Write " 文件夹已存在。"
End If

' 判断文件夹是否存在
If Not fso.FolderExists(folderPath2) Then
    Set folder = fso.GetFolder(Server.MapPath("."))

    ' 创建文件夹
    Set newFolder = folder.SubFolders.Add("FolderCreateTest2")
    Response.Write newFolder.Path
Else
    Response.Write " 文件夹已存在。"
End If

Set fso = Nothing
%>
```

如果想一次创建多层的文件夹，那么，很遗憾，没有什么好办法，只能一层一层地创建。

2. 复制文件夹

复制文件夹可以使用 FSO 对象的 CopyFolder 方法或 Folder 对象的 Copy 方法，格式如下：

```
fso.CopyFolder 源文件夹 , 目标文件夹 , 是否覆盖同名文件夹
folder.Copy 目标文件夹 , 是否覆盖同名文件夹
```

两个方法是类似的，只是前者需要指定源文件夹，而后者的 folder 变量就代表着源文件夹。是否覆盖同名文件夹，这个参数默认是 True，即覆盖，如果是 False，若存在同名文件夹，则报错。

下例将通过两个方法，将 FolderCopyA 文件夹复制为 FolderCopyB 和 FolderCopyC。

FolderCopy.asp

```
<%@codepage=936%>
<%
Response.Charset = "GBK"

' 注意目标路径结尾的反斜杠的作用
folderPathA = Server.MapPath(".") & "\FolderCopyA"
folderPathB = Server.MapPath(".") & "\FolderCopyB\"
folderPathC = Server.MapPath(".") & "\FolderCopyC"

Set fso = CreateObject("Scripting.FileSystemObject")

' 将 FolderCopyA 目录复制到 FolderCopyB 下面
fso.CopyFolder folderPathA,folderPathB,True '覆盖同名文件夹

' 将 FolderCopyA 目录复制为 FolderCopyC
fso.CopyFolder folderPathA,folderPathC,True

' 也可以通过 Folder 对象来操作
Set folder = fso.GetFolder(folderPathA)
folder.Copy folderPathB,True
folder.Copy folderPathC,True

Set fso = Nothing
%>
```

请注意目标路径结尾的反斜杠的作用。如果目标路径以反斜杠结尾，则认为该路径是已经存在的，源文件夹将被复制到该路径下面，否则，源文件夹将被复制为路径指定的名字。此例运行后，几个文件夹的层次结构如下：

```
├── FolderCopyA
├── FolderCopyB
│     └── FolderCopyA
├── FolderCopyC
```

在 CopyFolder 方法中，指定源文件夹可以使用通配符，从而实现多个文件夹的批量复制。

通配符可以用"?"和"*"，前者代表单个字符，后者代表任意多个字符。如"a?b. txt"表示"a"开头，然后是任意一个字符（也可以是 0 个字符，即没有字符），然后是"b.txt"这样的文件名；而"a*b.txt"表示"a"开头，然后是任意多个字符（也可以没有），然后是"b.txt"这样的文件名。

通配符只能在路径的最后部分使用，如"c:\aa\bb\admin_*"是可以的，而"c:\aa*\admin_*"是不行的。

通配符不能在目标文件夹上使用。

3. 移动文件夹

移动文件夹可以使用 FSO 对象的 MoveFolder 方法或 Folder 对象的 Move 方法，格式如下：

```
fso.moveFolder 源文件夹,目标文件夹
folder.Move 目标文件夹
```

同样，如果目标路径以反斜杠结尾，则认为该路径是已经存在的，源文件夹将被移动到该路径下面，否则，源文件夹将被移动为路径指定的名字。前一种情况下，要求目标文件夹必须已经存在，后一种情况下，则要求目标文件夹一定不能存在，移动文件夹并不会覆盖已有的同名文件夹。

移动文件夹兼有重命名的作用，如以下语句将把 FolderA 重命名为 FolderB。

```
fso.MoveFolder "C:\aa\FolderA","C:\aa\FolderB"
```

下例将把 FolderMoveA 文件夹改名为 FolderMoveB，然后将它移动到 FolderMoveC 下面。

FolderMove.asp

```
<%@codepage=936%>
<%
Response.Charset = "GBK"

'注意目标路径结尾的反斜杠的作用
folderPathA = Server.MapPath(".") & "\FolderMoveA"
folderPathB = Server.MapPath(".") & "\FolderMoveB"
folderPathC = Server.MapPath(".") & "\FolderMoveC\"

Set fso = CreateObject("Scripting.FileSystemObject")

'将 FolderMoveA 目录移动为 FolderMoveB
'源文件夹必须存在，而目标文件夹必须不存在
If fso.FolderExists(folderPathA) And Not fso.FolderExists(folderPathB) Then
    fso.MoveFolder folderPathA,folderPathB
Else
```

```
    Response.Write " 源文件夹不存在，或目标文件夹已存在 "
    Response.End
End If

' 再将 FolderMoveB 目录移动到 FolderMoveC 下
' 源文件夹必须存在，而目标文件夹也必须存在
If fso.FolderExists(folderPathB) And fso.FolderExists(folderPathC) Then
    fso.MoveFolder folderPathB,folderPathC
Else
    Response.Write " 源文件夹不存在，或目标文件夹不存在 "
    Response.End
End If

Set fso = Nothing
%>
```

MoveFolder 方法也支持批量移动，当然，只能将多个文件夹移动到某个已存在的文件夹下面。如下面语句将把以 "a" 开头的文件夹都移动到以 "b" 开头的文件夹下。

```
fso.MoveFolder "C:\a*","C:\b"
```

4. 删除文件夹

删除文件夹可以使用 FSO 对象的 DeleteFolder 方法或 Folder 对象的 Delete 方法，格式如下：

```
fso.deleteFolder 文件夹 , 是否强制删除
folder.Delete 是否强制删除
```

如果想删除只读的文件夹，应该将 "是否强制删除" 这个参数置为 True，它默认是 False。

下例将删除当前目录下的 FolderDeleteA 文件夹。

FolderDelete.asp

```
<%@codepage=936%>
<%
Response.Charset = "GBK"

' 要删除的文件夹
folderPathA = Server.MapPath(".") & "\FolderDeleteA"

Set fso = CreateObject("Scripting.FileSystemObject")

' 判断文件夹是否存在
If fso.FolderExists(folderPathA) Then
    fso.DeleteFolder folderPathA,True      ' 删除只读文件夹
Else
    Response.Write " 文件夹不存在 "
```

```
End If

Set fso = Nothing
%>
```

DeleteFolder 方法也支持批量删除，如下面语句将删除 C 盘根目录下的以"a"开头的所有文件夹。

```
fso.DeleteFolder "C:\a*",True
```

1.6　文件集合

Forder 对象的 Files 属性返回所有文件的集合，可以使用 For Each 语句遍历它，集合中的每一项都是一个 File 对象。

下例将输出 C:\Program Files\Common Files\System\ado\ 文件夹下的所有文件的名字。

FileList.asp

```
<%@codepage=936%>
<%
Response.Charset = "GBK"

Set fso = CreateObject("Scripting.FileSystemObject")

folderPath = "C:\Program Files\Common Files\System\ado\"

'取得指定目录
Set folder = fso.GetFolder(folderPath)

'取得该目录下的文件集合
Set files = folder.Files

'文件个数
response.write "文件个数: " & files.count & "<br>"

'输出文件的名字
For Each file In files
    Response.Write file.name & "<br>"
Next
Set fso = nothing
%>
```

运行结果如图 1-5 所示。

图 1-5　输出所有文件的名字

1.7　文件管理

取得某个文件对象可以使用 FSO 对象的 GetFile 方法，它返回一个 File 对象。要取得 C:\boot.ini 文件对应的 File 对象，可以使用以下语句：

```
Set file = fso.GetFile("C:\boot.ini")
```

调用该方法之前，应该先使用 FSO 对象的 FileExists 方法判断文件是否存在，若不存在，则 GetFile 方法会报错。

1.7.1　文件属性

表 1-8 列出了 File 对象的属性。

表 1-8　File 对象的属性

属　　性	含　　义
Attributes	文件属性，参见 1.5.1 节
DateCreated	创建时间
DateLastAccessed	上次访问时间
DateLastModified	上次修改时间
Drive	所在驱动器，返回的是 Driver 对象
Name	文件名
ParentFolder	父文件夹，返回的是 Folder 对象
Path	路径
ShortName	短名称
ShortPath	短路径
Size	大小
Type	类型

下例将输出 C:\Program Files\Common Files\System\ado\adovbs.inc 这个文件的各种属性。

File.asp

```
<%@codepage=936%>
<%
Response.Charset = "GBK"

filePath = "C:\Program Files\Common Files\System\ado\adovbs.inc"
Set fso = CreateObject("Scripting.FileSystemObject")

'判断文件是否存在
If fso.FileExists(filePath) Then
    Set file = fso.GetFile(filePath)    '取得 file 对象
    '输出各种属性
    Response.Write "属性: " & file.Attributes &"<br>"
    Response.Write "创建时间: " & file.DateCreated &"<br>"
    Response.Write "上次访问时间: " & file.DateLastAccessed & "<br>"
    Response.Write "上次修改时间: " & file.DateLastModified & "<br>"
    Response.Write "所在驱动器: " & file.Drive &"<br>"
    Response.Write "文件名: " & file.Name &"<br>"
    Response.Write "父文件夹: " & file.ParentFolder &"<br>"
    Response.Write "路径: " & file.Path &"<br>"
    Response.Write "短文件名: " & file.ShortName &"<br>"
    Response.Write "短路径: " & file.ShortPath &"<br>"
    Response.Write "大小: " & file.Size &" 字节 <br>"
    Response.Write "类型: " & file.Type & "<br>"
Else
    Response.Write "文件不存在。"
End If
Set fso = Nothing
%>
```

运行结果如图 1-6 所示。

图 1-6　文件属性

1.7.2　文件操作

表 1-9 列出了文件常用操作方法。

表 1-9　文件常用操作方法

操　作	方　法
创建文本文件	FSO 对象或 Folder 对象的 CreateTextFile 方法
复制文件	FSO 对象的 CopyFile 方法或 File 对象的 Copy 方法
移动文件	FSO 对象的 MoveFile 方法或 File 对象的 Move 方法
删除文件	FSO 对象的 DeleteFile 方法或 File 对象的 Delete 方法
打开文本文件	FSO 对象的 OpenTextFile 方法或 File 对象的 OpenAsTextStream 方法

1. 创建文本文件

创建文本文件，可以使用 FSO 对象或 Folder 对象的 CreateTextFile 方法，格式如下：

```
fso.CreateTextFile( 文件名 , 是否覆盖同名文件 , 是否使用 Unicode 编码 )
```

后两个参数可以省略，它们默认都为 False。该方法返回的是一个 TextStream 对象，可以通过它对文本文件进行操作，具体使用方法请参见 1.7.3 节。

下例将在当前目录下创建一个名为 FileCreateTest.txt 的文件。

FileCreate.asp

```
<%@codepage=936%>
<%
Response.Charset = "GBK"

' 当前目录下的 FileCreateTest.txt
filePath = Server.MapPath(".") & "\FileCreateTest.txt"

Set fso = CreateObject("Scripting.FileSystemObject")

' 创建文本文件 ( 覆盖同名文件，使用 Unicode 编码 )
Set txtFile = fso.CreateTextFile(filePath,True,True)

' 写入数据，并关闭
txtFile.WriteLine("Hello World.")
txtFile.Close

Set fso = Nothing
%>
```

如果不使用 Unicode 编码，则将使用系统默认为编码。如果是英文系统，使用 WriteLine 写入中文的话，程序将报错。

另外，FSO 不支持二进制文件的读写。

2. 复制文件、移动文件和删除文件

文件的复制、移动和删除与文件夹的操作是极其类似的，只是方法名和路径写法不同，所以不赘述，直接举例说明。

FileCopyMoveDelete.asp

```
<%@codepage=936%>
<%
Response.Charset = "GBK"

' 当前目录下的 FileTest.txt
filePathA = Server.MapPath(".") & "\FileTest.txt"
filePathB = Server.MapPath(".") & "\FileTest2.txt"
filePathC = Server.MapPath(".") & "\FileTest3.txt"

Set fso = CreateObject("Scripting.FileSystemObject")

' 将 FileTest.txt 复制为 FileTest2.txt
fso.CopyFile filePathA,filePathB,True        '覆盖同名文件

' 将 FileTest2.txt 改名为 FileTest3.txt
fso.MoveFile filePathB,filePathC

' 删除 FileTest3.txt
fso.DeleteFile filePathC,True                '强制删除只读文件

' 下面通过 File 对象来操作
Set fileA = fso.GetFile(filePathA)
fileA.Copy filePathB,True                    '复制

Set fileB = fso.GetFile(filePathB)
fileB.Move filePathC                         '移动

Set fileC = fso.GetFile(filePathC)
fileC.Delete True                            '删除

Set fso = Nothing
%>
```

3. 打开文本文件

打开已经存在的文本文件，可以使用 FSO 对象的 OpenTextFile 方法或 File 对象的 OpenAsTextStream 方法，格式如下：

```
fso.OpenTextFile(文件路径,读写模式,是否创建新文件,使用的编码)
file.OpenAsTextStream(读写模式,是否使用 Unicode 编码)
```

参数"读写模式"的可选值如表 1-10 所示。

表 1-10　"读写模式"的可选值

常　量	值	说　明
ForReading	1	以只读方式打开
ForWriting	2	以可写方式打开，写入时，之前的内容会丢失
ForAppending	8	以追加方式打开，写入时，在文件末尾追加内容

参数"使用的编码"的可选值如表 1-11 所示。

表 1-11　"使用的编码"的可选值

常　量	值	说　明
vbUseDefault	−2	使用系统默认值
vbTrue	−1	以 Unicode 编码打开文件
vbFalse	0	以 ANSI 编码打开文件

参数"是否创建新文件"的默认值为 False，如果为 True，则文件不存在时会自动创建。

OpenTextFile 方法和 OpenAsTextStream 方法返回的也是 TextStream 对象，可以通过它进行后续操作，具体使用方法请参见 1.7.3 节。

下例将创建一个文本文件，然后打开该文件，读取一行数据。

FileOpenTextFile.asp

```
<%@codepage=936%>
<%
Response.Charset = "GBK"

' 当前目录下的 FileOpenTest.txt
filePath = Server.MapPath(".") & "\FileOpenTest.txt"

Set fso = CreateObject("Scripting.FileSystemObject")

' 打开文本文件（只读方式，不创建新文件，使用 Unicode 编码）
Set txtFile = fso.OpenTextFile(filePath,1,False,-1)

' 读取一行数据，并关闭
Response.Write txtFile.ReadLine()
txtFile.Close

Set fso = Nothing
%>
```

1.7.3　操作文本流

得到一个 TextStream 对象之后，就可以通过它进行文件的读取和写入操作了。当然，这还取决于文件的打开方式。

下面介绍一下 TextStream 对象的属性和方法。

1. 与位置相关的属性

在 TextStream 对象的眼里，文本文件是由一行一行的数据组成的，而每一行又是由一列一列组成的，这个一列就是指一个字符。不管是读取还是写入，都是以字符为单位或以行为单位的。伴随着读取或写入的操作，文件指针也在移动着，它标示着当前操作的位置。

下面看一下几个与位置相关的属性。

❑ Line 属性，指针当前所在的行号，从 1 开始。

❑ Column 属性，指针当前所在的列号，对每一行来说，都是从 1 开始的。

❑ AtEndOfLine 属性，如果指针位于一行的末尾，该属性返回 True，否则返回 False。

❑ AtEndOfStream 属性，如果指针位于文件的末尾，该属性返回 True，否则返回 False。

AtEndOfLine 和 AtEndOfStream 属性只在只读方式时才可以用。

2. 读取数据的方法

读取数据相关的方法有以下几个：

❑ Read 方法，读取指定个数的字符，参数是字符个数。

❑ ReadLine 方法，读取一行数据，不包括行分隔符，指针移动到下一行第一列。

❑ ReadAll 方法，读取所有数据，指针移动到文件末尾。

❑ Skip 方法，跳过指定个数的字符，参数是字符个数。

❑ SkipLine 方法，跳过一行数据，指针移动到下一行第一列。

不管是读取数据还是跳过数据，它们都是从当前位置开始操作的。

对于 ReadAll 方法来说，如果指针位于文件开头，那么它的作用就是读取文件的所有数据；如果指针位于其他位置，则是从该位置开始读取剩余的所有数据。

ReadLine 方法和 SkipLine 方法，都是从当前位置开始，查找下一个行分隔符，ReadLine 方法会读取中间这段数据，然后跳过行分隔符；而 SkipLine 方法会直接跳过行分隔符，不会读取数据。这就意味着，如果指针位于一行的中间位置，那么这两个方法读取或跳过的仅仅是当前这一行而已。再极端一点，如果指针恰好位于行末尾，即行分隔符之前的位置上，那么 ReadLine 方法读取的就是空字符串。

对于 Read 方法和 Skip 方法来说，行分隔符仅仅是两个字符而已（指 CR 和 LF，当然，也可能是一个字符 CR 或 LF），与其他字符没有什么不同，该读就读，该跳就跳。所以，这两个方法是可以读取或跳过多行数据的。

TextStream 对象读取数据，只能单向进行，指针无法回头，过去了就过去了，无法再重来第二遍。想重新读取数据，只能再次打开文件。

以上几个方法只有在以只读方式打开文件时才可以使用。

下例将演示各种数据读取方法。

TextStreamPosition.asp

```
<%@codepage=936%>
<%
Response.Charset = "GBK"

' 输出指针位置信息的方法
Sub PrintInfo(file)
    Response.Write file.Line & " 行 " & file.Column & " 列, "
    Response.Write " 行末尾: " & txtFile.AtEndOfLine & ", "
    Response.Write " 文件末尾: " & txtFile.AtEndOfStream &"<hr>"
End Sub

' 当前目录下的 TextStreamPositionTest.txt
filePath = Server.MapPath(".") & "\TextStreamPositionTest.txt"

Set fso = CreateObject("Scripting.FileSystemObject")

' 打开文本文件 (只读方式, 不创建新文件, 使用 Unicode 编码)
Set txtFile = fso.OpenTextFile(filePath,1,False,-1)

' 读取文件中的所有数据
Response.Write " 所有数据: <br>"
Response.Write "<textarea rows=4>" & txtFile.ReadAll() & "</textarea><hr>"

' 关闭 TextStream 对象
txtFile.Close

' 再次打开文件
Set txtFile = fso.OpenTextFile(filePath,1,False,-1)

' 输出指针位置信息
Call PrintInfo(txtFile)

' 读取 7 个字符
Response.Write "<textarea rows=2>" & txtFile.Read(7) & "</textarea>"
Call PrintInfo(txtFile)

' 读取 5 个字符
Response.Write "<textarea rows=2>" & txtFile.Read(5) & "</textarea>"
Call PrintInfo(txtFile)

' 读取一行数据
Response.Write "<textarea rows=2>" & txtFile.ReadLine() & "</textarea>"
Call PrintInfo(txtFile)

' 读取一行数据
Response.Write "<textarea rows=2>" & txtFile.ReadLine() & "</textarea>"
Call PrintInfo(txtFile)

' 跳过一行数据
```

```
txtFile.SkipLine()

'读取剩余所有数据
Response.Write "<textarea rows=3>" &txtFile.ReadAll() & "</textarea>"
Call PrintInfo(txtFile)

'关闭并释放
txtFile.Close
Set fso = Nothing
%>
```

运行结果如图 1-7 所示。

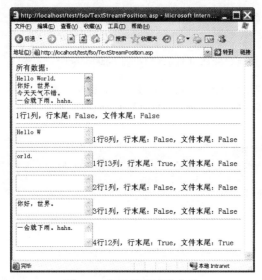

图 1-7　各种数据读取方法

3. 写入数据的方法

写入数据的方法有以下几个：

❑ Write 方法，将字符串写入文件，参数是字符串。

❑ WriteLine 方法，将字符串写入文件，然后写入行分隔符，如果省略参数，则只写入行分隔符。

❑ WriteBlankLines 方法，写入指定个数的行分隔符。

这几个方法都是在写入或追加方式时才可以使用。

下例将演示各种数据写入方法。

TextStreamWrite.asp

```
<%@codepage=936%>
<%
```

```
Response.Charset = "GBK"

' 当前目录下的 TextStreamWriteTest.txt
filePath = Server.MapPath(".") & "\TextStreamWriteTest.txt"

Set fso = CreateObject("Scripting.FileSystemObject")

' 创建文本文件 (覆盖同名文件，使用 Unicode 编码)
Set txtFile = fso.CreateTextFile(filePath,True,True)

' 写入数据
txtFile.Write("Hello W")
txtFile.Write("orld.")

' 写入一个行分隔符
txtFile.WriteLine()

' 写入一行数据
txtFile.WriteLine(" 你好，世界。")

' 写入两个空行
txtFile.WriteBlankLines(2)

' 写入数据
txtFile.Write("Over.")

' 关闭 TextStream
txtFile.Close()

Set fso = Nothing
%>
```

生成的文件内容如图 1-8 所示。

图 1-8　各种数据写入方法

1.8　其他实用方法

FSO 对象还提供了一些实用的小方法，如表 1-12 所示。

表 1-12   FSO 对象的实用方法

方法名	作　用
BuildPath(path,name)	在路径的后面追加一个名字，可能自动插入一个路径分隔符
GetAbsolutePathName(path)	根据相对路径，返回绝对路径
GetBaseName(path)	根据路径，取得文件名（不包括扩展名）或文件夹名
GetDriveName(path)	根据路径，取得驱动器名
GetExtensionName(path)	根据路径，取得文件的扩展名
GetFileName(path)	根据路径，取得文件名（包括扩展名）
GetFileVersion (path)	根据路径，取得文件的版本号
GetParentFolderName(path)	根据路径，取得父文件夹名
GetTempName()	生成一个随机字符串，可用来做临时文件的名字

下例将演示各种实用方法的使用。

FSOUtil.asp

```
<%@codepage=936%>
<%
Response.Charset = "GBK"

Set fso = CreateObject("Scripting.FileSystemObject")

'组合路径
newpath = fso.BuildPath("c:\aaa", "Sub Folder")
Response.Write newpath & "<br>"

'相对路径转为绝对路径
absolutePath = fso.GetAbsolutePathName("abc.txt ")
Response.Write absolutePath & "<br>"

'路径中文件夹的名字
baseName = fso.GetBaseName("c:\aa\bb")
Response.Write baseName & "<br>"

'路径中文件的名字（不包括扩展名）
baseName = fso.GetBaseName("c:\aa\bb\cc.txt")
Response.Write baseName & "<br>"

'驱动器名称
driveName = fso.GetDriveName("c:\aa\bb\cc.txt")
Response.Write driveName & "<br>"

'文件扩展名
extensionName = fso.GetExtensionName ("c:\aa\bb\cc.txt")
Response.Write extensionName & "<br>"

'文件名
```

```
fileName = fso.GetFileName ("c:\aa\bb\cc.txt")
Response.Write fileName & "<br>"

' 文件版本
fileVersion = fso.GetFileVersion ("C:\WINDOWS\hh.exe")
Response.Write fileVersion & "++++<br>"

' 父文件夹路径
parentFolderName = fso.GetParentFolderName("c:\aa\bb\cc.txt")
Response.Write parentFolderName & "<br>"

' 生成随机文件名
tempName = fso.GetTempName()
Response.Write tempName & "<br>"

Set fso = Nothing
%>
```

运行结果如图 1-9 所示。

图 1-9　各种实用方法的使用

除了 GetTempName 方法，其他方法都有参数 path。这些方法都不会验证这个 path 是否实际存在，只是根据字符串中的表面关系来取得结果。

在实际应用中，GetAbsolutePathName 方法可能让人比较困惑，因为这里有一个当前路径的概念。在之前的例子中，参数的路径使用的都是绝对路径，也就是以 "C:\" "D:\" 等开头的完整路径，实际上这些参数都是可以使用相对路径的。使用相对路径就需要知道当前路径，FSO 默认的当前路径是系统目录的 system32 文件夹（如 XP 就是 C:\WINDOWS\system32），而不是当前 ASP 文件所在的路径。比如创建文件的时候，只写了一个文件名，那么这个文件就被创建到 system32 目录下，而不是当前 ASP 文件所在的目录下。

GetAbsolutePathName 方法的参数与结果的对应关系也不利于人理解，举例如表 1-13 所示。

表 1-13　GetAbsolutePathName 方法举例

执行语句	结　果
GetAbsolutePathName("c:")	C:\WINDOWS\system32
GetAbsolutePathName("..\aaa.jpg")	C:\WINDOWS\aaa.jpg
GetAbsolutePathName("d:")	D:\
GetAbsolutePathName("c:\")	C:\
GetAbsolutePathName("c:aaa\bbb\ccc.txt")	C:\WINDOWS\system32\aaa\bbb\ccc.txt
GetAbsolutePathName("c:..\aa\b.txt")	C:\WINDOWS\aa\b.txt

看看结果，是不是有些不得要领呢？实际上，这个语句类似于 DOS 命令中的 cd 命令。"C:"和"D:"等（不带反斜杠）是切换盘符的，而每个盘符都保持一个当前路径，所以切换后的当前路径是该盘符之前保持的那个路径。"C:\"和"D:\"等（带反斜杠的）则是切换到盘符根目录的。

DOS 命令的执行演示如图 1-10 所示。

图 1-10　DOS 命令执行演示

相对路径让人不易分辨，所以还是尽量使用绝对路径。

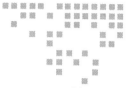

第 2 章　Chapter 2

文本与二进制数据处理

2.1　基础知识

2.1.1　二进制与十六进制

常见的进制有十进制、二进制、八进制和十六进制。我们通常说的数字都是指十进制，如"今天花了 300 块钱"。计算机内部存储、计算、传输的数据则是二进制形式的，它只认识 0 和 1。

数据存储的最小单位是比特（bit），一个比特只能表示 0 或 1。两个比特的组合则能表示"00""01""10"和"11"这 4 个值（即十进制的 0 ~ 3），以此类推，3 个比特可以表示十进制的 0 ~ 7，4 个比特可以表示 0 ~ 15，8 个比特可以表示 0 ~ 255。所以，3 个比特可以用一个八进制数字来表示，4 个比特可以用一个十六进制数字来表示。

举例如表 2-1 所示。

表 2-1　数据进制举例

二进制数据	对应的八进制	对应的十六进制	对应的十进制
01	1	1	1
10	2	2	2
100	4	4	4
111	7	7	7
1010	12	A	10

（续）

二进制数据	对应的八进制	对应的十六进制	对应的十进制
1111	17	F	15
1111111	177	7F	127
11111111	377	FF	255

通常将 8 个比特组合起来称为一个字节（Byte），一个字节可以表示十进制的 0 ～ 255，用十六进制表示就是 0x00 ～ 0xFF（通常在十六进制数字前面加 0x 前缀，以示区别）。

如，有以下 4 个字节的数据，我们可以用十六进制形式将其表示为 0xB4 0xBA 0xCC 0xEC，即两个十六进制数字表示一个字节。

10110100	10111010	11001100	11101100

更大一些的存储单位就是 KB、MB、GB 和 TB 等，它们之间的换算关系是乘以 1024，如 1KB=1024 Byte，1MB=1024KB，1GB=1024MB 等。

2.1.2 文本数据与二进制数据的区别

文本数据的最小单位是字符，每个字符实际上是以数字形式来表示的（字符与数字的对应关系即为编码）。文本数据本质上还是二进制数据，两者的区别在于处理方式不同。

应用程序处理文本数据时，会以字符为单位，一个字符可能占用 1 个字节、两个字节或多个字节，而二进制数据是以字节为单位进行处理的。

以下面的 4 个字节数据为例。

10110100	10111010	11001100	11101100

如果认为它是 GB2312 编码的文本数据，那么它就是"春天"这两个字。前两个字节对应"春"字，后两个字节对应"天"字。如果认为它是二进制数据，那么它就仅仅是 4 个字节的数据而已。

如何处理一段数据，取决于应用程序本身。如用记事本打开或保存文件时，是以字符为单位的，如果用它打开图像文件，则只能看到乱码，而用图片浏览器打开文本文件也不能正常显示。

2.1.3 数据类型与内存存储的关系

下文中未加特殊说明的，所讨论的编程语言均为 VBScript。

在文本与二进制数据转换中，涉及的数据类型主要是 Byte、Integer、Long 和 String 这 4 种。这几种数据类型与它们的内存存储的对应关系如表 2-2 所示。

表 2-2 数据类型与内存存储的关系

数据类型	占用空间	赋值语句	变量 x 的内存存储（十六进制形式）
Byte	1 个字节	x = CByte(65)	41
Integer	2 个字节	x = CInt(65)	41 00
Long	4 个字节	x = CLng(65)	41 00 00 00
String	每个字符 2 个字节	x = " A"	41 00

　　某些人可能会疑惑，以 Integer 为例，为什么内存存储的是"41 00"，不应该是"00 41"吗？没错，从概念上来说，应该是"00 41"。这里有一个字节顺序的问题，字节顺序主要分为 Big Endian 和 Little Endian 两种，"00 41"是 Big Endian 的写法，即高位字节在前、低位字节在后，而在 VbScript 语言中，实际内存存储使用的是 Little Endian 的写法。内存变量使用哪种字节顺序，是受 CPU、操作系统、编程语言等多个因素影响的，属于底层实现机制，在这个问题上我们不必过于纠结。通常，按概念上的理解来处理二进制数据即可，这里是为了便于后面的 AscB 等函数的讲解，所以才写成了 Little Endian 的形式。

　　从表 22 可以看出，字符"A"的内存存储与 Integer 型的 65 是一致的，其实，65 就是字符"A"的编码数字。在一些语言中，字符是可以当作数字来参与计算的，因为字符的实质就是数字。

　　如下是一段 C 语言的程序。

```
#include<stdio.h>
#include<conio.h>
main()
{
  Char ch = 'A';
  ch = ch + 32;
  printf("%c",ch);
  getch();
  Return 0;
}
```

　　该程序在字符"A"上直接加上了 32，输出结果是一个字符"a"，因为后者的编码是 97。大写字母 A ~ Z 的编码范围是 65 ~ 90，小写字母 a ~ z 的编码范围是 97 ~ 122。只要取得字母的编码数字，然后加上或减去 32，即可实现大小写字母之间的转换。

　　在 VBScript 中也可以这样做，不过不能如此直接，需要借助 Asc 和 Chr 函数进行类型转换。如下例也会输出字符"a"。

```
ch = "A"
ch = Asc(ch) +32
response.write Chr(ch)
```

2.1.4 VBScript 中的位运算

VBScript 支持位运算，即以二进制形式计算两个整数的值。位运算符会比较相对应的位，然后根据运算规则得到结果。

可用的位运算符如表 2-3 所示。

表 2-3　VBScript 中的位运算符

位运算符	用　途	运算规则	举　例
NOT	按位取反	位是 0 则返回 1，位是 1 则返回 0	NOT 101 = 010
AND	检查对应的两个位是否都是 1	两个位都是 1，则返回 1，否则返回 0	101 AND 100 = 100
OR	检查对应的两个位是否有一个是 1	两个位至少有 1 个是 1，就返回 1，否则返回 0	101 OR 100 = 101
XOR	检查对应的两个位是否只有一个是 1	两个位只有 1 个是 1，就返回 1，否则返回 0	101 XOR 100 = 001
EQV	检查对应的两个位是否一样	两个位一样，就返回 1，否则返回 0	101 EQV 100 = 110
IMP	对两个位进行逻辑蕴涵运算	0 Imp 0 = 1 0 Imp 1 = 1 1 Imp 1 = 1 1 Imp 0 = 0	101 IMP 100 = 110

表 2-3 中的举例只是一种示范，在实际应用中，数字通常是 Integer 或 Long 型，或用以 &H 开头的十六进制形式来表示。

下面看一个简单的范例。

bitwiseOperators.asp

```
<%
' 数字 106，二进制形式为 00000000 01101010，十六进制形式为 00 6A
' 数字 153，二进制形式为 00000000 10011001，十六进制形式为 00 99
response.write (NOT 106) & "<br>"
response.write (106 AND 153) & "<br>"
response.write (106 OR 153) & "<br>"
response.write (&H006A XOR &H0099) & "<br>"
response.write (&H006A EQV &H0099) & "<br>"
response.write (&H006A IMP &H0099) & "<br>"
%>
```

运行结果如图 2-1 所示。

图 2-1　位操作运行结果

结果中出现了负数，是因为最高位是1，而该位是符号位，1表示负数。

在进行位运算时，应该考虑数据类型、数据字节长度和符号位等问题，参与运算的数值尽量使用十六进制形式表示，把位数写全，这样可以对运算过程看得更清楚一些，避免一些小问题。如对于 NOT 106，如果忽略了106的高字节，那么会想当然地以为结果是二进制的10010101，也就是十进制的149，可实际结果是 –107，这是天壤之别啊。

2.1.5　常用的转换函数

1. 字符与数字的转换

Asc 函数返回与字符对应的编码数字，Chr 函数则反之，根据编码数字返回与之对应的字符。转换的对应关系如图 2-2 所示。

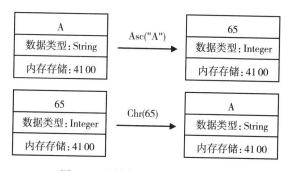

图 2-2　字符与数字的转换关系图

应该注意到，这两个函数只是改变了数据类型，内存存储并没有发生变化，而且转换双方的内存占用的都是两个字节。

这两个函数概括起来就是一句话：字符就是数字，数字就是字符。

2. 字节与数字的转换

AscB 和 ChrB 函数的作用类似，只是它们的作用范围是字节，而不是字符。转换的对应关系如图 2-3 所示。

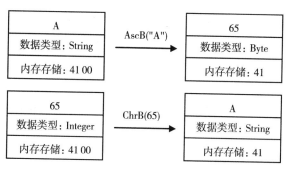

图 2-3　字节与数字的转换关系图

AscB 函数根据字符的第一个字节返回对应的数字，它返回的是一个 Byte 类型。ChrB 函数是根据数字返回对应字符，但是，它返回的是一个单字节字符，它的数据类型是 String，但是只有一个字节。

要注意理解 Chr 和 ChrB 两个函数的区别，前者返回一个字符，它是 Unicode 编码的，总是占用两个字节，后者则返回一个字节。Chr 函数的参数是在 0 ~ 65535 之间，而 ChrB 函数的参数只能在 0 ~ 255 之间。

ChrB 函数的参数类型可以是 Byte、Integer 或者 Long，这个对结果没有丝毫影响，因为该函数只使用参数的第一个字节。

这两个函数概括起来说，AscB 函数是截取字符串的第一个字节，ChrB 函数则将一个字节还原为字符串。主要作用还是转换类型，这一个字节的数据存储本身并没有改变。

3. 其他常见函数

其他一些可能用到的函数就是 LeftB、MidB、RightB、LenB、InstrB 等一些以字节为单位进行操作的函数，都比较好理解，不再细说。

还有两个函数容易让人困惑，就是 AscW 和 ChrW。其实不难理解，在使用这两个函数进行字符和数字转换时，这个数字始终是指字符的 Unicode 编码数字，而使用 Asc 和 Chr 函数时，数字是指 GBK、BIG5 或 SHIFT_JIS 等编码数字，具体是哪个编码，取决于程序控制。

举一个例子，如汉字"啊"字的 GBK 编码是 B0A1，Unicode 编码是 554A，几个函数的转换结果如表 2-4 所示。

Asc 和 AscW 函数可能返回负值，如 Asc(" 啊 ") 返回的就是 –20319。很多人都知道处理方法是在这个数字上加上 65536，下面就来分析一下为何要这样做。

表 2-4　转换举例

语　句	输　出
Hex(Asc(" 啊 "))	B0A1
Chr(&HB0A1)	啊
Hex(AscW(" 啊 "))	554A
Chrw(&H554A)	啊

字符"啊"的 GBK 编码是 B0 A1，即十进制的 45217。Asc 和 AscW 函数的返回类型是 Integer，它最大只能表示 32767。

相关数字的二进制形式如表 2-5 所示。

在 Integer 数据类型中，最高位的 1 个比特是用来表示正负的，0 表示正数，1 表示负数。数字 45217 的二进制形式最高位是 1，

表 2-5　数字为 Integer 型时的二进制形式

数　字	二进制形式
45217	10110000 10100001
32767	01111111 11111111
–20319	10110000 10100001

这个二进制形式单独说说当然是没问题的，但是当把它作为 Integer 类型处理时，它就成了 –20319。

补救方法就是把数据类型转换为 Long 型，这两个数字为 Long 型时的二进制形式如表 2-6 所示。

表 2-6 数字为 Long 型时的二进制形式

数　字	二进制形式	十六进制形式
45217	00000000 00000000 10110000 10100001	00 00 B0 A1
–20319	11111111 11111111 10110000 10100001	FF FF B0 A1

要把 Long 型的 –20319 变为 45217，其实就是要把左边两个字节的 1 全变为 0。其实，首先想到的应该是"位与"操作，即按位进行与操作。

```
b = CLng(-20319)
d = b AND &H0000FFFF&
response.write d
```

前两个字节用 0 进行与操作，结果一定是 0，后两个字节用 1 进行与操作，结果一定和原数据一致。于是，清晰明了地实现了前两个字节置 0 的操作。

而给 –20319 加上 65536，其实是有点取巧的方法，在第二个字节的最后一位加上 1，结果为 0，并向前进位，如此类推，直到最后一个进位溢出，从而实现前两个字节的置 0。

还有一种方式，是利用 Hex 函数，如 CLng("&H" & Hex(-20319))，也会得到正确结果。

4. 字节数组与 BSTR

在一些编程语言中是有字节数组的这个概念的（如 Java 中是 byte[]）。在 VBScript 中，是无法直接创建字节数组的。各位可能会想，创建一个数组，然后在每个元素中放入一个字节数据不就可以了吗？看一下例子。

```
Dim x(2)
x(0)=Cbyte(60)
x(1)=cbyte(61)
x(2)=cbyte(62)
response.write typename(x) &"<br>"
response.write vartype(x) &"<br>"
```

输出的是 Variant() 和 8204，说明它只是一个变量数组，而非字节数组。真正的字节数组，应该输出为 Byte() 和 8209。

想要创建字节数组，只能依靠一些组件（如 Adodb.Stream）的帮助，使用 Request. BinaryRead 方法所读取的表单数据也是字节数组。

在很多程序中，会使用多个 ChrB() 拼接，从而得到一个字符串，它的实际内存存储是对应的字节数据，本书将这种字符串称为二进制字符串，简写为 BSTR。

一个 ChrB() 返回的是一个字节的数据，即使输出也是乱七八糟的字符，但是多个 ChrB() 的字节连起来就不同了。如下面两行代码效果是一样的：

```
response.write chrB(&H4A) & chrB(&H55&) &"<br>"
response.write "啊" & "<br>"
```

两个字节的数据连起来，4A 55 对应的正是"啊"字。

2.2 常用转换举例

2.2.1 取得字符串的内存存储形式

只要利用 LenB、MidB、AscB 等函数，即可输出字符串的内存存储形式。
范例如下所示。

getStringMemoryFormat.asp

```
<%
text = "今天下雪了。"
result = ""

'输出字节长度
response.write "字节长度: " & LenB(text) & "<br>"

'循环每一个字节
For i=1 To LenB(text)
    oneByte = MidB(text,i,1)        '得到一个字节
    number = AscB(oneByte)          '该字节对应的数字
    numberHex = Hex(number)         '数字的十六进制形式

    '如果十六进制形式只有一位，则前面补一个 0
    If Len(numberHex) = 1 Then
            numberHex = "0" & numberHex
    End If

    '拼接结果
    result = result & " " & numberHex
Next
response.write result '输出结果
%>
```

运行结果如图 2-4 所示。

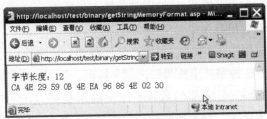

图 2-4　字符串的内存存储形式

在 VBScript 运行时，每个字符在内存中都是以 Unicode 编码形式存在的，每个字符占

用两个字节，所以该例中 LenB 函数返回了 12。

2.2.2 取得字符串的某种编码形式

对上例略加修改，得到下例。

getStringGBKFormat.asp

```
<%
text = "今天下雪了。"
result = ""

'输出字符长度
response.write "字符长度：" & Len(text) & "<br>"

'循环每一个字符
For i=1 To Len(text)
    oneByte = Mid(text,i,1)        '得到一个字符
    number = Asc(oneByte)          '该字符对应的数字
    numberHex = Hex(number)        '数字的十六进制形式

    '如果十六进制形式只有一位，则前面补一个 0
    If Len(numberHex) = 1 Then
            numberHex = "0" & numberHex
    End If

    '拼接结果
    result = result & " " & numberHex
Next
response.write result '输出结果
%>
```

运行结果如图 2-5 所示。

图 2-5 字符串的某种编码形式

输出的是几个字符的 GBK 编码，而非内存存储形式。将程序中的 Asc 函数换为 AscW 函数，得到另一个示例 getStringUnicodeFormat.asp。

运行结果如图 2-6 所示。

该例输出的是几个字符的 Unicode 编码。对照变量的内存存储形式，可以发现，每个字符的两个字节顺序是相反的。如"今"字的内存存储形式是"CA 4E"，而该例输出的是

"4E CA"。这是为什么呢？其实还是字节顺序的问题。"今"字的 Unicode 编码其实就是 "4E CA"，其中"4E"是高字节，"CA"是低字节，内存变量采用的是 Little Endian 方式，所以是"CA 4E"。

图 2-6　字符串的 Unicode 编码形式

简单总结一下，涉及字节操作的时候（如使用 LenB、MidB、LeftB 等函数），才需要考虑变量的内存存储形式。如果只是字符操作，那么在字符这一层面考虑即可，Asc 等函数会屏蔽掉字节顺序的问题，返回正确的结果。

2.2.3　字符串转换为 BSTR

看到 BSTR，就应该想到 ChrB 函数，想到 ChrB，就应该想到 Asc 和 AscB，然后就是如何对字符串进行拆分的问题了。如果按字节拆分，那么得到的是每个字符的 Unicode 编码的形式，如果按字符拆分，则得到当前所用编码的形式。因为我们的目标是 BSTR，所以按字节拆分就没有意义了，因为先 AscB 然后再 ChrB，是个圈，得到的东西和原来一样。所以，一般转为 BSTR 都是按字符拆分，然后用 Asc 配合 ChrB 使用。

ChrB 的参数要求是 0 ~ 255，而 Asc 返回的范围要大得多。如果字符串中的每个字符都是英数字，那么没有问题，它们的编码数字都是小于 255 的。如果出现了汉字或其他编码数字大于 255 的字符，那么就需要对编码数字进行拆分了，拆分为两个字节即可。如"啊"字的编码十六进制形式是 B0 A1，那么拆分为 B0 和 A1 即可。

看一下范例。

String2BStr.asp

```
<%
text = "今天下雪了 o(0_0)o"
result = ""

'输出字符长度
response.write "字符长度: " & Len(text) & "<br>"

'循环每一个字符
For i=1 To Len(text)
    oneChar = Mid(text,i,1)            '得到一个字符
```

```
    number = Asc(oneChar)                  '该字符对应的数字
    numberHex = Hex(number)                '数字的十六进制形式

    If Len(numberHex)>2 Then
            '汉字等，十六进制形式大于两位，即大于 FF，如 BDF1
            hexHigh = Left(numberHex,2)     '高字节，如 BD
            hexLow = right(numberHex,2)     '低字节，如 F1
            result = result & ChrB("&H" & hexHigh) & ChrB("&H" & hexLow) '拼接结果
    Else
            '英数字等
            result = result & ChrB("&H" & numberHex)     '拼接结果
    End If
Next
response.write "字符串内存形式：" & getMemoryFormat(text) & "<br>"
response.write "转换为 BSTR 形式：" & getMemoryFormat(result) & "<br>"
response.write "输出字符串形式：" & text & "<br>"
response.write "输出 BSTR 形式：" & result

'得到字符串的内存存储形式
Function getMemoryFormat(bstr)
    Dim result,i
    For i=1 To Lenb(bstr)
            numberHex = Hex(AscB(MidB(bstr,i,1)))
            If Len(numberHex) = 1 Then
                    numberHex = "0" & numberHex
            End If
            result = result & " " & numberHex
    Next
    getMemoryFormat = result
End Function
%>
```

运行结果如图 2-7 所示。

图 2-7　字符串转换为 BSTR

从结果可以看出 BSTR 形式与内存形式的不同，对于汉字来说，编码是不同的，对于英数字来说，在 BSTR 形式中，每个字符只需占用一个字节。

字符串转换为 BSTR，概括起来理解，就是 Unicode 编码到某种编码的转换。

2.2.4　BSTR 转换为字符串

从 BSTR 转换为字符串，就是将上例的过程反过来。首先，应该以字节为单位处理 BSTR，读取一个字节数据后，使用 AscB 函数取得该字节数据对应的数字，然后用 Chr 函数转换为字符，此时，该字符就是 Unicode 编码形式的内存变量了。

稍微难点的地方还是汉字等多字节字符的处理。取得一个字节的数据后，如何知道这个字节是一个英数字，还是汉字的一部分呢？如果是后者，那么应该再读取后面的一个字节，将这两个字节组合起来，然后使用 Asc 函数取得数字。

那么如何判断呢？下面就简单介绍一下。

英数字的编码是小于 255 的，更确切一点说，是小于 128 的，而 128 ～ 255 这段范围是提供给各种编码自己扩充的。某些语言的编码会在这段范围内直接填充字符，因为它们语言中的字符用 255 个表示已经足够了，而对于汉字来说，这么做是不行的，因为 255 个实在是太少了。

一个汉字需要用两个字节来表示，为了避免单个字节与英数字混淆，每个字节都是大于 128 的。即在简体中文的编码中，如果一个字节是小于 128 的，那么它对应的是英数字；如果是大于 128 的，那么表示这个字节与之后的那个字节是一起表示一个汉字的。不存在单个字节大于 128 却单独表示一个字符的情况，128 ～ 255 这段范围（即一个字节的最高位是 1）是纯粹作为汉字的前导标识而存在的。那么，相信大家已经知道该如何做了。

下面看一下范例。

BStr2String.asp

```
......
' 前面接上例的 String 转换为 BSTR，这里省略了

' 从 BSTR 转换为字符串
For i=1 To LenB(result)
    oneByte = MidB(result,i,1)       ' 得到一个字节
    number = AscB(oneByte)           ' 字节对应的数字

    ' 大于 127，说明是汉字，特殊处理一下
    If number>127 Then
            numberLow = AscB(MidB(result,i+1,1))  ' 取得后面一个字节
            number = number * 256 + numberLow      ' 计算两个字节对应数值，高位 *256 即可
            i=i+1                                   ' 下次循环跳过后面那个字节
    End If

    ' 输出每个字符的解析结果
    response.write "<span style='width:50px;border:1px solid;margin:5px'>"
    response.write Hex(number) & "<br>" & chr(number) & "</span>"
Next
```

运行结果如图 2-8 所示。

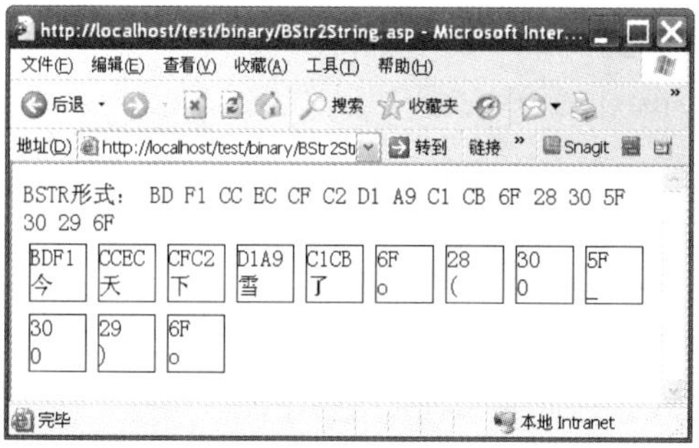

图 2-8 BSTR 转换为字符串

从以上范例可以看出，字符串与 BSTR 的相互转换需要了解很多知识，处理很多细节问题，比较烦琐。下文会介绍 Adodb.Stream 组件，它在编码转换方面的能力比较强大，而且容易使用。

2.2.5 十六进制字符串转换为二进制数据

在某些应用场合，我们可能拥有数据的十六进制形式的字符串，如何将它转换回真正的数据呢？还是使用 ChrB 函数。

看一下范例。

hexString2binary.asp

```
<%
Dim hexStr,bstr

' 数据的十六进制字符串表示形式
hexStr = "47494638396112001200B30D00800000C0C0C0FFFF0E8080008080809A3434FB"&_
    "FBFBFF0A0A303030FF0000FFFF00FFFFFF000000FFFFFF00000000000021F904"&_
    "0100000D002C00000000120012000046DB0C949ABA528E75B33FB1BD7644BC0"&_
    "94E1859CDF02725E799A29F6310371338855AC0C8550082A540E89C427774B1C"&_
    "3A88A4740A487914000035E00A691409807041266B243D0436115094CD238C60"&_
    "3C260B7A16F5D0BD50E08F070C040284020603074F80898A0D8C8D222211003B"

' 循环，每两个字符对应一个字节数据
For i=1 To Len(hexStr) Step 2
    byteHex = Mid(hexStr,i,2)         ' 如开始的 47
    byteNumber = "&H" & byteHex       ' 用 &H47 转换为数字
    byteStr = ChrB(byteNumber)        ' 转换类型为字符串

    ' 拼接数据
    bstr = bstr & byteStr
Next
```

```
' 指定数据类型为 Gif
Response.ContentType="image/gif"

' 输出二进制数据
Response.BinaryWrite bstr
%>
```

运行结果如图 2-9 所示。

此例提供了一种比较有趣的思路，我们可以把
一些二进制文件，如图片、文档、压缩包或可执行
文件等，以文本文件的形式保存起来，需要使用的
时候，再反过来恢复即可。

图 2-9　十六进制字符串数据转换为
二进制数据

如何将二进制数据转换为十六进制形式的字符串，相信大家都知道怎么做了，不赘述。

2.2.6　字符串转换为 HTML 实体形式

HTML 实体形式，即类似 "今" 这样的形式，用于在 HTML 中显示字符。其中
的数字是字符的 Unicode 编码，可以用 AscW 函数得到该编码数字。如果想在中文的网页
中显示德文、法文等语言的文字，或在纯英文的网页中显示中文，就可以考虑使用 HTML
实体形式。

看一个简单的范例。

String2HtmlEntity.asp

```
<%@codepage=936%>
<%
response.charset="GBK"

result = ""
str = " 春眠不觉晓 "

' 循环每一个字符
For i = 1 To Len(str)
    numberHex = Hex(AscW(Mid(str,i,1)))    ' 得到 Unicode 编码的十六进制形式
    number = CLng("&H" & numberHex)        ' 转换为数字
    result = result & "&#" & number & ";"  ' 拼接 HTML 实体形式
Next
' 输出结果
response.write str                         ' 原始字符
response.write result                      ' HTML 实体形式
%>
```

运行结果如图 2-10 所示。

两次输出在表面上看起来是一样的，但它们对应的 HTML 源代码是不同的，源代码如
图 2-11 所示。

图 2-10 字符串转换为 HTML 实体形式 　　　　图 2-11 HTML 源代码

转换得到的 HTML 实体形式，可以用来在纯英文的网页中显示中文。

2.3 Stream 对象的使用

2.3.1 简介

Adodb.Stream 是用来处理文本或二进制数据的对象，是处理数据流、转换编码的利器。

Adodb.Stream 对象相当于一个临时的存储区域，将数据写入，进行处理，然后将数据读出。简单来说，就是一个进和出的过程，如图 2-12 所示。

图 2-12 数据进出 Stream 对象

（1）对象的创建

创建 Stream 对象使用以下语句即可：

```
Set stream = Server.CreateObject("ADODB.Stream")
```

（2）数据类型

Stream 对象可以处理二进制数据或文本数据，当前的数据类型，或者说处理方式，是通过 Type 属性来声明的，它的可选值如表 2-7 所示。

当处理方式为二进制数据时，Stream 对象以字节为单位处理数据，否则以字符为单位。处理

表 2-7 Type 属性可选值

值	含 义
1	二进制数据
2	文本数据，默认值

方式并不是一成不变的，可以动态地改变它。我们可以先以二进制方式写入数据，然后变更 Type 属性为 2，以文本方式来处理，反之亦可。但是，需要提醒一下，只有指针指向位置 0 的时候，才可以变更 Type 属性。

（3）对象的打开与关闭

刚创建完的 Stream 对象是关闭的，而写入数据、读取数据等操作都要求 Stream 对象是打开的。打开对象使用 Open 方法，虽然它有几个可选参数，但实际应用中很少用到，所以

不再介绍。

关闭对象使用 Close 方法，没有参数。一个对象关闭后，可以再次打开，重复使用。

下面看一个简单的例子，熟悉一下写法。

StreamExample.asp

```
<%
Dim stream
Set stream = Server.CreateObject("ADODB.Stream")    '建立 Stream 对象
stream.Type = 2                    '文本方式
stream.Charset = "GBK"             '字符集为 GBK
stream.Open                        '打开 Stream 对象
stream.WriteText "哈哈"            '写入数据
stream.Position=0                  '指针移动到位置 0
response.write stream.ReadText     '读取所有文本
stream.close                       '关闭 Stream 对象
Set stream = nothing               '释放内存
%>
```

代码不多，看注释就可以懂了。

2.3.2　文本数据

1. 写入文本数据

处理方式为文本时，即 Type 属性为 2 时，写入数据使用 WriteText 方法，如：

```
stream.WriteText "哈哈"
```

如果要写入行分隔符，可以这样：

```
stream.WriteText "哈哈" & vbCrLf
```

实际上，可以更简单一些：

```
stream.WriteText "哈哈",1
```

这里使用了 WriteText 方法的第二个参数，它的可选值是 0 和 1，默认是 0，只写数据，如果是 1 的话，则写入数据之后，会再写入一个行分隔符。

行分隔符默认的就是 vbCrLf，可以通过 Stream 对象的 LineSeparator 属性来修改它，它的可选值如表 2-8 所示。

表 2-8　行分隔符的可选值

值	含　义
−1	vbCrLf，即 Chr(13)+ Chr(10)
10	vbLf，即 Chr(10)
13	vbCr，即 Chr(13)

2. 读取文本数据

处理方式为文本时，读取数据使用 ReadText 方法，它只有一个参数，是要读取字符的个数。注意是字符个数，不是字节数。如果参数省略，则从当前位置一直读到数据流的末尾。

该参数还有两个特殊值，–1 和 –2。前者的作用与省略参数一样，后者则表示读取一行数据。如果指针位于一行的中间，则从当前位置读到行分隔符之前。如果想跳过一行不读取，可以使用 SkipLine 方法。

看一下范例。

TextWriteAndRead.asp

```
<%
Dim stream
Set stream = Server.CreateObject("ADODB.Stream")
stream.Type = 2                    '文本方式
stream.Charset = "GBK"
stream.Open

'写入数据
stream.WriteText "哈哈 ",1          '写入行分隔符
stream.WriteText "Hello World" & vbCrLf
stream.WriteText "你好 "

'读取所有文本
stream.Position=0
response.write "<textarea rows='5' cols='20'>"
response.write stream.ReadText
response.write "</textarea>"

'读取文本
stream.Position=0
stream.SkipLine                    '跳过第一行
response.write "<textarea rows='3' cols='20'>"
response.write stream.ReadText(-2)   '读取一行
response.write stream.ReadText(-2)   '读取一行
response.write "</textarea>"

stream.close
Set stream = nothing
%>
```

运行结果如图 2-13 所示。

为了看出换行符的作用，这里使用了 <textarea> 文本框来显示文字。右边文本框中的"Hello World"和"你好"是显示在一行的，说明使用参数 –2 读取的一行文字是不包含行分隔符的。

图 2-13　文本数据写入与读取

3. 指针的移动

指针就是指向当前位置的一个东西，它指向哪里，哪里就是开始处理的位置。使用 Position 属性可以得到指针当前的位置，如果指针位于数据流的开头位置，则 Position 属性为 0。

我们来看一下指针移动的示意图，如图 2-14 所示。

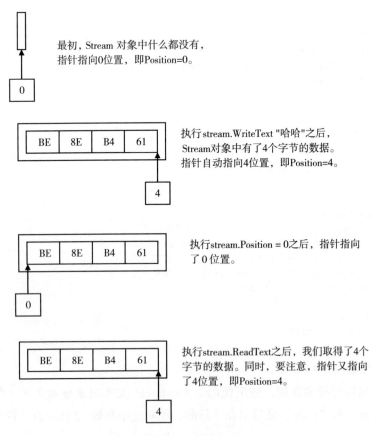

图 2-14　指针移动的示意图

从图 2-14 可以看出，伴随着数据的读写操作，指针一直在移动。所以，读取数据之前要留意一下指针的位置，必要时，先把它移动到正确的位置，再读取数据。

处理形式为二进制时，指针的移动也是类似的。

4. Charset 的作用

处理方式为文本时，可以通过 Charset 属性指定文本的字符集，不指定则默认的是 Unicode。处理方式为二进制时，不要使用 Charset 属性，会报错。变更 Charset，要求指针必须指向位置 0，其他位置该属性是只读的。

为了理解 Charset 的作用，我们做一个简单的试验。

首先，先看一下 getMemoryFormat 方法，它的功能是取得二进制数据的字符串表示形式，后面的例子中将省略它。

```
Function getMemoryFormat(bstr)
    Dim result,i
    For i=1 To Lenb(bstr)
            numberHex = Hex(AscB(MidB(bstr,i,1)))
            If Len(numberHex) = 1 Then
                    numberHex = "0" & numberHex
            End If
            result = result & " " & numberHex
    Next
    getMemoryFormat = result
End Function
```

再看一下例子中要用到两个字符："编码"，没错，是两个繁体字，它们在各种字符集中的编码如表 2-9 所示。

试验程序如下，我们不输出文本，而是输出 Stream 对象中二进制数据的字符串表示形式。

表 2-9 "编码"两字的各种编码

字符集	编 码
GBK	BE8E B461
Big5	BD73 BD58
Shift_JIS	95D2 E1F9
Unicode	7DE8 78EC（高位在前）
UTF-8	E7B7A8 E7A2BC

StreamCharset.asp

```
<%@codepage=936%>
<!--#include File="getMemoryFormat.asp" -->
<%
Response.Charset="GBK"

Dim stream
Set stream = Server.CreateObject("ADODB.Stream")
stream.Type = 2     '文本方式
stream.Charset = "GBK"
stream.Open

'写入文本
```

```
stream.WriteText " 编码 "

' 变更为二进制方式，读取并输出字符串形式
stream.Position = 0
stream.Type = 1        ' 二进制方式
response.write getMemoryFormat(stream.Read)

stream.close
Set stream = nothing
%>
```

运行结果如图 2-15 所示。

图 2-15　Charset 的作用

这表明 Stream 对象的 4 个字节中保存的二进制数据是：BE 8E B4 61。这是什么？没错，正是"编码"两个字对应的 GBK 的编码。

我们再将程序中的 Charset 依次变更为 Big5、Shift_JIS、Unicode 和 UTF-8，运行并汇总之后，我们得到表 2-10。

表 2-10　不同 Charset 的结果比较

Charset	Stream 中二进制数据	字符对应编码
GBK	BE 8E B4 61	BE8E B461
Big5	BD 73 BD 58	BD73 BD58
Shift_JIS	95 D2 E1 F9	95D2 E1F9
Unicode	FF FE E8 7D EC 78	7DE8 78EC（高位在前）
UTF-8	EF BB BF E7 B7 A8 E7 A2 BC	E7B7A8 E7A2BC

对比一下，可以得知：

❑ Charset 为 GBK、Big5 和 Shift_JIS 时，Stream 中保存的就是字符对应的编码，没有前缀。

❑ Charset 为 Unicode 时，保存的是低位在前的编码，而且有两个字节的前缀：FF FE。

❑ Charset 为 UTF-8 时，有前缀 EF BB BF。

再深入想一下，ASP 运行时，内部变量都是以 Unicode 编码形式存在的，也就是说，Stream 的入口数据是 Unicode 编码的。那么，我们可以说，向 Stream 对象写入数据时，进

行了 Unicode 编码到 Charset 指定编码的转换。

对应地，使用 ReadText 方法读取文本时，也进行了 Charset 指定编码到 Unicode 编码的转换，Stream 的出口数据是 Unicode 编码的。还有一点，数据写入之后，再变更 Charset 并不会影响已有的数据，只会影响之后写入的数据。

范例如下所示。

StreamCharsetChange.asp

```
<%@codepage=936%>
<!--#include File="getMemoryFormat.asp" -->
<%
Response.Charset="GBK"

Dim stream
Set stream = Server.CreateObject("ADODB.Stream")
stream.Type = 2              '文本方式
stream.Charset = "GBK"
stream.Open

'写入文本
stream.WriteText " 编码 "

'变更 Charset（指针需要移到位置 0）
stream.Position = 0
stream.Charset = "UTF-8"

'再写入文本
stream.Position = 4          '跳过已有的数据，以防被覆盖
stream.WriteText " 编码 "

'变更为二进制方式，读取并输出字符串形式
stream.Position = 0
stream.Type = 1              '二进制方式
response.write getMemoryFormat(stream.Read)

stream.close
Set stream = nothing
%>
```

运行结果如图 2-16 所示。

图 2-16　变更 Charset 的影响

可以看到，变更 Charset 为 UTF-8 后，之前的 4 个字节并没有变化，而后写入的文字则是按 UTF-8 编码写入的。

5. 前缀写入的时机

Charset 为 Unicode 或 UTF-8 的时候，在位置 0 时调用 WriteText 方法，它就会自动写入前缀。如 Charset 为 UTF-8 时，写入一个字符"a"后，Stream 的 Size 是 4，而不是 1。

写入的前缀没有任何特殊之处，它像普通的数据一样，可以被覆盖，所以处理的时候要注意跳过前缀。但覆盖了也不要紧，把指针移到位置 0 再写入数据，前缀就回来了。

中途变更 Charset 时要留意一下前缀。Unicode 和 UTF-8 之间变更的时候，由于都有前缀，变更之后写入的数据会覆盖之前的前缀。从二者变更为 GBK、Big5 或 Shift_JIS 等没有前缀的 Charset 时，前缀就遗留了下来，要留意它们的存在。

下面看一个例子，以加深理解。

StreamCharsetPrefix.asp

```asp
<%@codepage=936%>
<!--#include File="getMemoryFormat.asp" -->
<%
Response.Charset="GBK"

'输出流中的数据
Sub printStream(stream)
    Dim savePosition
    savePosition = stream.Position        '保存指针位置

    '输出数据
    stream.Position = 0
    stream.Type = 1
    response.write "流中的数据: " & getMemoryFormat(stream.read) & "<br><br>"

    stream.Position = 0
    stream.Type = 2
    stream.Position = savePosition        '恢复指针位置
End Sub

Dim stream
Set stream = Server.CreateObject("ADODB.Stream")
stream.Type = 2                          '文本方式
stream.Charset = "UTF-8"
stream.Open
stream.WriteText "哈哈"
Call printStream(stream)                 '看看流中的数据

stream.Position = 0
stream.Charset = "Unicode"               '变更 Charset 为 Unicode
```

```
Call printStream(stream)

stream.WriteText "a"        ' 在位置 0 写入一个字符，将自动写入前缀
Call printStream(stream)

stream.Position = 1         ' 在位置 1 写入一个字符，将覆盖前缀
stream.WriteText "b"
Call printStream(stream)

stream.Position = 0         ' 在位置 0 写入一个字符，将自动写入前缀
stream.WriteText "c"
Call printStream(stream)

stream.Close
Set stream = nothing
%>
```

运行结果如图 2-17 所示。

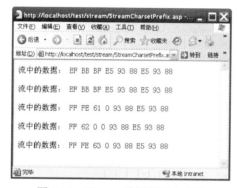

图 2-17　Charset 前缀的写入时机

还有一点需要提醒一下，以文本方式保存到文件并且 Charset 为 Unicode 或 UTF-8 时，如果数据流中没有前缀或者前缀被破坏，那么文件内容的前部还是会被插入前缀的。

2.3.3　二进制数据

写入二进制数据使用 Write 方法（即 Type 属性为 2 时使用），就一个参数，就是要写入的数据。读取二进制数据使用 Read 方法，参数是读取的字节数，省略则从当前位置一直读到流的末尾。

Write 方法的参数要求是真正的二进制数据，使用 ChrB 方法拼接的二进制字符串是不行的。下面的范例使用了 Request.BinaryRead() 方法，以二进制方式读取表单提交的内容，它返回的正是一个字节数组。

StreamBinaryData.asp

```
<%@codepage=936%>
<!--#include File="getMemoryFormat.asp" -->
<% Response.Charset="GBK" %>

<form method="post">
<input type="text" name="inputText" value=" 编码 ">
<input type="submit" value="Go">
</form>

<%
If Request.TotalBytes > 0 Then
    Dim byteArray
    byteArray = Request.BinaryRead(Request.TotalBytes)
    response.write TypeName(byteArray) & "<br>"
    response.write VarType(byteArray) & "<br>"
    response.write "接收的数据: " & getMemoryFormat(byteArray) & "<br>"

    Dim stream
    Set stream = Server.CreateObject("ADODB.Stream")
    stream.Type = 1                         '二进制方式
    stream.Open
    stream.Write byteArray                  '写入二进制数据

    stream.Position = 0                     '移动指针到位置0
    response.write "流中的数据: " & getMemoryFormat(stream.Read) & "<br>"

    stream.Position = 0                     '移动指针到位置0
    stream.Type = 2                         '变更为文本方式
    stream.Charset="GBK"
    response.write stream.ReadText          '输出文本

    stream.close
    Set stream = nothing
End If %>
```

运行结果如图 2-18 所示。

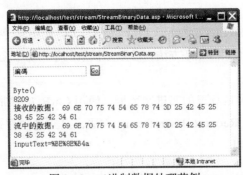

图 2-18　二进制数据处理范例

从运行结果可以看出，二进制数据是原样写入的，没有任何变化。

此例中，我们先写入二进制数据，然后变更为文本方式，按 GBK 编码读取文本，从而实现了二进制数据到文本的转换，这正是 Stream 对象的一大用途。

2.3.4 从文件读取数据

读取文件，可以使用 LoadFromFile 方法，它只有一个参数，就是文件路径。该方法会抛弃 Stream 对象中原有的数据，它们占据的空间也被收回，从文件读入的数据有多大，Stream 就有多大。执行该方法后，指针会自动指向位置 0，即 Position 属性为 0。

不管 Stream 对象的数据类型是文本还是二进制，从文件读入数据的过程中，都没有进行编码转换，数据是原样写入 Stream 对象的。

下面看一下例子，例子中所用的 LoadFromFile.txt 中只有"编码"两个字，文件以GBK 编码保存。

LoadFromFileByText.asp

```
<%@codepage=936%>
<!--#include File="getMemoryFormat.asp" -->
<%
Response.Charset="GBK"

Dim stream
Set stream = Server.CreateObject("ADODB.Stream")    '建立 Stream 对象
stream.Type = 2           '文本方式
stream.Charset = "GBK"
stream.Open

'读入文件内容
stream.LoadFromFile Server.MapPath("LoadFromFile.txt")

'输出所有内容(不必移动指针)
response.write stream.ReadText

'看看数据的二进制形式
stream.Position=0           '移动指针到位置 0
stream.Type = 1            '二进制方式
response.write getMemoryFormat(stream.Read)

stream.close
Set stream = nothing
%>
```

运行结果如图 2-19 所示。

可以看到，Stream 对象中保存的正是"编码"两个字的 GBK 编码。保持 txt 文件不变，修改 Stream 对象的 Charset，可以总结出表 2-11。

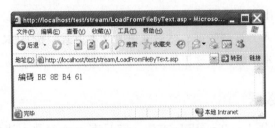

图 2-19　从文件读取数据

表 2-11　不同 Charset 的结果

Charset	Stream 中二进制数据	字符对应编码
GB2312	BE 8E B4 61	BE8E B461
Big5	BE 8E B4 61	BD73 BD58
Shift_JIS	BE 8E B4 61	95D2 E1F9
Unicode	FF FE BE 8E B4 61	7DE8 78EC（高位在前）
UTF-8	EF BB BF BE 8E B4 61	E7B7A8 E7A2BC

从表可以看出，Stream 中的数据在几种情况下都与 txt 文件内容一致，只是 Charset 为 Unicode 和 UTF-8 时，被自动加了前缀。处理方式为二进制时，则不会自动加前缀。所以，推荐以二进制方式载入文件。

2.3.5　操作 Stream 对象

Stream 对象就像一个容器，刚开始的时候，它是空的，我们写入一些数据的时候，它就自动扩大，以容纳这些数据。我们紧接着再写入一些数据，它就再次扩大，以此类推。但是，它只会主动扩大，而不会主动缩小，缩小这个动作需要我们指示它来做。Write、WriteText 和 CopyTo 方法，都是从当前位置开始写入数据，写到哪里算哪里，之后的数据不会被删除。

下面看一下 Stream 对象的基本操作。

1. Stream 对象的大小

Size 属性返回当前 Stream 对象中数据的字节数，不管是文本方式还是二进制方式，返回的始终是字节数。对于从文件读入的数据，Size 属性不一定代表文件的大小，因为数据的开头可能加入了前缀。

2. 移动指针

变更 Position 属性即可，最小为 0，最大为 Size 属性的值，超过则报错。指针移动的单位是字节。

3. 当前位置是否是末尾

使用 EOS 属性即可，如果是末尾，即 Position 等于 Size 的时候返回 True，否则返回 False。

4. 追加数据

当指针位于流的末尾时，即 EOS 属性为 True 时，写入的数据是追加到流的末尾的。如果想在流的中间插入数据，那么，很遗憾，没有直接的方法。但我们可以将数据复制到另一个 Stream 对象，在复制的过程中插入数据即可，然后使用复制后的 Stream 对象。

5. 修改数据

移动指针到指定的位置，再次写入数据即可，写入几个字节就覆盖几个字节。如果超过了流的末尾，则流会自动扩大，以容纳多余的数据。

6. 截断数据

如果某个位置之后的数据不要了，可以将指针移动到那里，然后调用 SetEOS 方法，之后的数据就会被抛弃，当前位置变为流的末尾，流的 Size 属性也变小了。如果流中间位置的某段数据不要了，想要截断抛弃，也是没有直接的方法的，也可以通过 Stream 对象间的数据复制来间接实现。

下面的例子演示的是 Size 属性、Position 属性和 EOS 属性。

StreamPosition.asp

```
<%@codepage=936%>
<%
Response.Charset="GBK"
Dim stream
Set stream = Server.CreateObject("ADODB.Stream")
stream.Type = 2    '文本方式
stream.Charset = "GBK"
stream.Open
stream.WriteText "编码"

' 输出大小等信息
response.write "大小:" & stream.Size & "<br>"
response.write "位置:" &stream.Position & "<br>"
response.write "末尾:" &stream.EOS & "<br>"
response.write "字符长度:" &Len(stream.ReadText) & "<br><br>"

' 移动到位置 0，即从第一个字节开始读取
stream.Position = 0
response.write "字符:" &stream.ReadText(1) & "<br>"
response.write "位置:" &stream.Position & "<br>"
response.write "末尾:" &stream.EOS & "<br><br>"

' 再读一个字符
```

```
response.write "字符:" &stream.ReadText(1) & "<br>"
response.write "位置:" &stream.Position & "<br>"
response.write "末尾:" &stream.EOS & "<br>"

stream.close
Set stream = nothing
%>
```

运行结果如图 2-20 所示。

图 2-20　Stream 对象操作范例

当指针指向流的末尾时，读取数据将得到空字符串（图中输出字符长度为 0），同时指针是不会移动的，仍然指向末尾。

如果将 Charset 变更为 UTF-8，则运行结果如图 2-21 所示。流的长度变为 9，因为在 UTF-8 编码中，一个汉字占 3 个字节，两个汉字是 6 个字节，另外还有 3 个字节的前缀。读取第一个字符的时候，指针从 0 跳到了 6，它自动跳过了 3 个字节的前缀。

图 2-21　Charset 为 UTF-8 时的运行结果

下面看一下追加数据、修改数据和截断数据的范例。

StreamCutData.asp

```
<%@codepage=936%>
<%
Response.Charset="GBK"
twoSpace = "  "

'输出流中的数据
```

```
Sub printStream(stream)
    Dim savePosition
    savePosition = stream.Position          '保存指针位置

    '输出数据
    stream.Position = 0
    response.write "流中的数据: " & stream.ReadText & "<br><br>"

    stream.Position = savePosition          '恢复指针位置
End Sub

Dim stream
Set stream = Server.CreateObject("ADODB.Stream")
stream.Type = 2                             '文本方式
stream.Charset = "GBK"
stream.Open

'写入数据
stream.WriteText "0000000000"
response.write "大小:" & stream.Size & twoSpace
response.write "位置:" &stream.Position & "<br>"
Call printStream(stream)

'继续写入数据，此时数据是追加的
stream.WriteText "1111111111"
response.write "大小:" & stream.Size & twoSpace
response.write "位置:" &stream.Position & "<br>"
Call printStream(stream)

'移动到位置5
stream.Position = 5
stream.WriteText "22222"
response.write "大小:" & stream.Size & twoSpace
response.write "位置:" &stream.Position & "<br>"
Call printStream(stream)

'移动到位置15
stream.Position = 15
stream.WriteText "3333333333"
response.write "大小:" & stream.Size & twoSpace
response.write "位置:" &stream.Position & "<br>"
Call printStream(stream)

'移动到位置20，截断数据
stream.Position = 20
stream.SetEOS
response.write "大小:" & stream.Size & twoSpace
response.write "位置:" &stream.Position & "<br>"
call printStream(stream)

stream.close
```

```
Set stream = nothing
%>
```

运行结果如图 2-22 所示。

图 2-22　追加数据、修改数据和截断数据的范例

2.3.6　保存到文件

我们可以使用 SaveToFile 方法将流中的数据保存到文件，格式如下：

```
objStream.SaveToFile 文件路径,参数
```

参数的可选值是 1 和 2，前者是默认的，指文件不存在则自动创建，后者指文件已存在则覆盖它。如果参数使用 1，而文件已经存在的话，则运行会报错。

不管处理方式是文本形式还是二进制形式，SaveToFile 方法都会忠实地将数据以二进制的形式写入文件，不会进行任何转换，数据流是什么样子，文件中就是什么样子。调用此方法后，指针会自动指向位置 0。

下面看一下范例。

SaveToFile.asp

```
<%@codepage=936%>
<%
Response.Charset="BIG5"

Dim stream
Set stream = Server.CreateObject("ADODB.Stream")
stream.Type = 2              ' 文本方式
stream.Charset = "GBK"
stream.Open
stream.WriteText " 编码 "
```

```
' 变更 Charset，输出看一下
stream.Position=0
stream.Charset = "BIG5"
response.codepage=950
response.write stream.ReadText & "<br>"

'保存到文件
stream.SaveToFile Server.MapPath("SaveToFile_Result.txt"),2
response.write stream.Position

stream.close
Set stream = nothing
%>
```

运行结果如图 2-23 所示。

图 2-23　保存到文件的范例

可以看到，屏幕上输出的是"？徨"，这是因为"编"字的编码是 BE8E，在 Big5 中没有对应字符，"码"字的编码是 B461，在 Big5 中对应的是"徨"字。

以 GB2312 编码打开文件的显示结果如图 2-24 所示。实际文件中是正确的"编码"二字，说明 Charset 并不会影响保存到文件中的数据，保存的过程中没有进行转换。但是文本方式时，Charset 可能会影响前缀的写入，这一点前文已经提过了。

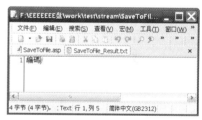

图 2-24　以 GB2312 打开文件的
显示结果

2.3.7　Stream 对象间的数据复制

两个 Stream 对象间是可以相互复制数据的，在源 Stream 对象上使用 CopyTo 方法即可，格式如下：

```
objStream.CopyTo 目标 Stream,字符数/字节数
```

第二个参数是要复制的字符数或字节数，文本方式时指字符数，二进制方式时指字节数。如果省略，则复制的是从源 Stream 当前位置到末尾的所有数据。

StreamCopy.asp

```
<%@codepage=936%>
<%
Response.Charset="BIG5"

'复制源
Dim stream
Set stream = Server.CreateObject("ADODB.Stream")
stream.Type = 2              '文本方式
stream.Charset = "GBK"
stream.Open
stream.WriteText " 编码 "
stream.Position = 0          '指针移回0位置，以便读取文本

'复制目标
Dim streamTo
Set streamTo = Server.CreateObject("ADODB.Stream")
streamTo.Type = 2            '文本方式
streamTo.Charset = "BIG5"
streamTo.Open
streamTo.WriteText "A"

'复制一个字符，即"编"字
stream.copyTo streamTo,1

'输出目标流中的文本
streamTo.position=0          '指针移回0位置
response.codepage=950
response.write streamTo.ReadText

streamTo.close
Set streamTo = nothing

stream.close
Set stream = nothing
%>
```

运行结果如图 2-25 所示。

图 2-25   Stream 对象间复制数据

使用 CopyTo 方法后，源 Stream 对象和目标 Stream 对象的指针的位置都会变化。此例

中，只复制了一个字符，那么执行 CopyTo 方法后，源 Stream 对象的指针指向位置 2，即
Position=2，而目标 Stream 对象的指针指向位置 3。

指针移动过程如图 2-26 所示。

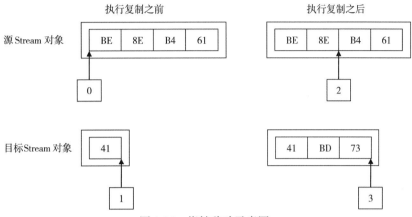

图 2-26　指针移动示意图

如果你够细心的话，会发现复制过去的数据是 BD 73，而不是 BE 8E，这是为什么呢？

复制的过程，实际上就相当于从源 Stream 对象读取指定的文本，然后再写入目标
Stream 对象。读取时，是 Charset 指定编码到 Unicode 编码的转换，写入时则反之。概括来
说，文本方式时，CopyTo 方法暗含编码转换的过程。

二进制方式时，数据是原样复制的，不进行任何转换。

执行数据复制的两个 Stream 对象，原则上类型应该是一致的，要么都是文本数据，要
么都是二进制数据。但实际上，源 Stream 对象是文本数据、目标 Stream 对象是二进制数据
也是可以的，而反过来则不行。

2.3.8　Stream 对象的用途

网络上对 Stream 进行详细讲解的文章是不多的，很多文章只是一些属性和方法的简单
列举，更多的只是贴上一段代码，然后告诉你这样用就可以了。这样是学不到东西的，遇
到新问题的时候，仍然是不知所措。

前文讲解的都是 Stream 操作的基础知识，希望大家能够多加练习，真正把它们弄透，
达到随心所欲的地步，因为 Stream 对象实在是太有用了。

下面就从用途的角度出发，进行一下整理。为了代码的重复利用，这里使用 Sub 或
Function 的形式进行了封装，所有方法都在 StreamFunction.asp 文件中。

（1）按指定的字符集读取文件内容

Stream 对象操作文本的一大优点就是它可以指定字符集，这是 FSO 无能为力的。读取

文件和保存文件的例子上面都说过，不再多说，直接看方法。

```
'filePath: 文件物理路径
'CharSet: 文件的字符集
Function ReadTextFile(filePath,CharSet)
    Dim stream
    Set stream = Server.CreateObject("adodb.stream")
    stream.Type = 1                         '二进制方式
    stream.Open
    stream.LoadFromFile filePath            '载入文件
    stream.Type=2                           '文本方式
    stream.Charset = CharSet                '设置字符集
    ReadTextFile = stream.ReadText          '读取文本
    stream.Close
    Set stream = nothing
End Function
```

使用该方法时，需要事先知道文件使用的编码，若设置错误的话，读取到的文字将是乱码。

（2）按指定的字符集保存内容到文件

对于 Unicode 编码，前面我们都是直接使用"unicode"来指定的，它对应的其实就是 Unicode Little Endian，前缀是"FF FE"。实际上，还有一个 Unicode Big Endian，它的前缀是"FE FF"。想显式指定，Unicode LE 可以用"unicodeFFFE"，Unicode BE 可以用"unicodeFEFF"。

这些前缀被称为 BOM（byte order mark），即字节顺序标识。一些情况下，可能不想在文件开头写入 BOM，可以通过数据流之间复制数据的办法来跳过 BOM。

看一下实现的方法。

```
'filePath: 文件物理路径
'fileContent: 文件内容
'CharSet: 文件的字符集
'isWriteBOM: 是否写入 BOM
Sub WriteTextFile(filePath,fileContent,CharSet,isWriteBOM)
    Dim stream
    Set stream = Server.CreateObject("adodb.stream")
    stream.Type = 2         '文本方式
    stream.Charset = CharSet
    stream.Open
    stream.WriteText fileContent

    '如果是 Unicode 或 UTF8，并且不写入 BOM，则特殊处理一下
    If instr("unicode|unicodefffe|unicodefeff|utf-8",Lcase(CharSet))>0 and NOT isWriteBOM Then

            '创建另外一个 Stream 对象
            Set streamNoBOM = Server.CreateObject("adodb.stream")
```

```
        streamNoBOM.Type = 1    '二进制方式
        streamNoBOM.Open

        '原 Stream 对象跳过 BOM，UTF-8 是 3 个字节，Unicode 是 2 个字节
        If Lcase(CharSet)="utf-8" Then
                stream.Position = 3
        Else
                stream.Position = 2
        End If

        '复制数据
        stream.CopyTo streamNoBOM

        '写入文件
        streamNoBOM.SaveToFile filePath,2        '文件存在则覆盖

        streamNoBOM.Close
        set streamNoBOM = nothing
    Else
        stream.SaveToFile filePath,2             '文件存在则覆盖
    End If
    stream.Close
    Set stream = nothing
End Sub
```

（3）编码转换

首先，请不要试图在写入数据后变更 Charset 来实现编码转换，那只是错误的读取，并不是转换。

Stream 对象间进行数据复制的例子，实际就是一个编码转换的例子。这种转换以 Unicode 为中介，将某种编码的字符，转换为另一种编码中相同字形的字符。目标字符集中可能不存在对应的字符，所以转换结果中可能存在问号（不存在的字符会以问号代替）。

要记住，目标编码的数据只存在于 Stream 对象内，得到它的原型的最好办法就是使用 SaveToFile 方法。所以，比较实用的一个转换方式就是，读入文件数据，变更编码，写回文件，从而实现文件编码的转换。当然，这种转换只适用于 GBK、Big5、Shift_JIS 等编码与 Unicode 或 UTF-8 之间的转换，而不适用于 Big5 与 Shift_JIS 之间的转换，因为二者不是包含关系，会有一些字符无法转换。

其实想一想，你就会发现，只要调用前面提供的 ReadTextFile() 和 WriteTextFile() 两个方法就能实现编码转换过程。所以，这里就不提供单独的方法了。

（4）二进制数据转换为文本

这里所说的二进制数据是指由文本转换过去的，并不说任意的二进制数据都可以。把一个图片的数据转换为文本没有什么意义，而且图片数据中可能包含 0x00 这个字符（这个字符通常作为字符串的结束符），会影响文本的读取。

看一下实现的方法。

```
'byteData: 二进制数据
'CharSet: 字符集
Function BinaryToText(byteData,CharSet)
    Dim stream
    Set stream = Server.CreateObject("ADODB.Stream")
    stream.Type = 1          '二进制方式
    stream.Open
    stream.Write byteData  '写入二进制数据
    stream.Position = 0
    stream.Type = 2          '变更为文本方式
    stream.Charset = CharSet
    BinaryToText = stream.ReadText      '读取文本
    stream.Close
    Set stream = nothing
End Function
```

（5）BSTR 数据转换为文本

由于 Stream 对象的 Write 方法要求参数必须是真正的字节数组，所以在 BinaryToText()方法中直接传入 BSTR 作为参数是不行的。那么，BSTR 数据应该怎样转换为文本呢？下面就提供一种思路。

假设内存中有这样一段 BSTR 数据，"E698A5E79CA0E4B88DE8A789E69993"，它是"春眠不觉晓"几个字的 UTF-8 编码形式。

首先，以字节为单位，将每个字节转换为一个 Unicode 字符，那么"E6"将变为"E6 00"，"98"将变为"98 00"，以此类推，这些字符组成了新的字符串。然后，将此字符串写入 Stream 对象，设定 CharSet 为"iso-8859-1"，那么将发生 Unicode 编码到 iso-8859-1编码的转换，"E6 00"变回了"E6"，"98 00"变回了"98"，以此类推。到此，我们已经将 BSTR 的数据写入了 Stream 对象，剩下的工作就简单了。将 Stream 对象的 Charset 变更为目标编码，这里设置为"UTF-8"，然后读取文本即可。

那么，为什么第二步中 CharSet 要使用"iso-8859-1"呢，因为它在 128 ~ 255 这个范围内有字符定义（因为 BSTR 数据可能包含汉字，所以一个字节可能大于128）。这一步如果使用 ASCII、GBK 或 Big5 等编码是不行的，这些编码在 128 ~ 255 范围内都没有字符定义，转换后字符会变成问号。

下面看一下范例。

BSTR2Text.asp

```
<%@codepage=936%>
<%
Response.Charset = "GBK"
```

```
' 十六进制数据
Dim hexStr,bstr
hexStr = "E698A5E79CA0E4B88DE8A789E69993"

' 拼接 BSTR 数据
For i=1 To Len(hexStr) Step 2
    bstr = bstr & ChrB("&H" & Mid(hexStr,i,2))
Next
response.write "BSTR 的数据: " & getMemoryFormat(bstr) & "<br>"

' 进行转换
result = bstr2Text(bstr,"UTF-8")

' 输出转换结果
response.write result

'---------------BSTR 转换为文本 -----------------------
'bstr: BSTR 数据
'targetCharset: 目标字符集
Function bstr2Text(bstr,targetCharset)

    ' 首先将 BSTR 数据转换为字符串。
    Dim str
    str = ""
    For i = 1 To LenB(bstr)
            '将每个字节的数据转换为两个字节的字符。如 E6 将变为 E6 00
            '一定要使用 ChrW()，不要使用 Chr()，后者受当前 CodePage 影响
            str = str & chrw(AscB(MidB(bstr,i,1)))
    Next
    response.write " 内存的数据: " & getMemoryFormat(str) & "<br>"

    ' 将字符串写入 Stream 对象，实现 Unicode 到 ISO 8859-1 的转换
    Dim stream
    Set stream = Server.CreateObject("adodb.stream")
    stream.Type = 2 ' 文本方式
    stream.Charset = "iso-8859-1"              '字符集使用 ISO 8859-1
    stream.Open
    stream.WriteText str

    ' 打印 Stream 对象中的数据
    Call printStream(stream)

    'Stream 对象中的数据，已经是我们想要的二进制形式了，可以读取了
    stream.Position=0
    stream.Charset = targetCharset             '按指定编码读取文本
    bstr2Text = stream.ReadText
    stream.Close
    Set stream = nothing
End Function
%>
```

运行结果如图 2-27 所示。

图 2-27　BSTR 转换为文本

（6）文本转换为二进制数据

文本转换为二进制数据很简单，写入文本，按二进制方式读取即可。Charset 为 Unicode 或 UTF-8 时，会自动加入 2 个或 3 个字节的前缀。如果不需要它们，则读取时应该跳过，以下的范例是跳过前缀的。

```
'textData: 文本数据
'CharSet: 字符集
Function TextToBinary(textData,CharSet)
    Dim stream
    Set stream = Server.CreateObject("ADODB.Stream")
    stream.Type = 2                 '文本方式
    stream.Charset = CharSet
    stream.Open
    stream.WriteText textData        '写入文本数据
    stream.Position = 0
    stream.Type = 1                 '二进制方式
    If UCase(CharSet) = "UTF-8" Then
            stream.Position= 3        '跳过3个字节的前缀
    ElseIf UCase(CharSet) = "UNICODE" Then
            stream.Position= 2        '跳过2个字节
    End If
    TextToBinary = stream.Read       '读取二进制数据
    stream.Close
    Set stream = nothing
End Function
```

（7）读取文件的二进制数据

在文件下载的系统中，通常需要用到此功能。使用 Stream 对象读入文件的数据，然后使用 Response 对象的 BinaryWrite 方法输出给客户端。

```
'filePath: 文件物理路径
Function LoadFileContent(filePath)
    Dim stream
```

```
    Set stream = Server.CreateObject("adodb.stream")
    stream.Type = 1                    '二进制方式
    stream.Open
    stream.LoadFromFile filePath
    LoadFileContent = stream.Read    '读取文件内容
    stream.Close
    Set stream = nothing
End Function
```

（8）二进制数据保存到文件

此功能的用途是很广泛的，如将接收到的 Request 数据、XMLHttp 远程取得的数据或数据库的文件数据等二进制数据保存到文件。

```
'-------------- 写入文件 ----------------------
'filePath: 文件物理路径
'byteData: 二进制数据
Sub WriteToFile(filePath,byteData)
    Dim stream
    Set stream = Server.CreateObject("adodb.stream")
    stream.Type = 1                    '二进制方式
    stream.Open
    stream.Write byteData
    stream.SaveToFile filePath,2    '文件存在则覆盖
    stream.Close
    Set stream = nothing
End Sub
```

2.3.9　常见错误

如果仔细阅读了以上内容，对提醒的地方都略加留意，相信很少会出现错误。

（1）文件无法被打开

该错误的原因通常是文件不存在，如使用 LoadFromFile 方法读入一个并不存在的文件。

（2）写入文件失败

可能是路径不对，或没有写入权限，也可能是文件已经存在，而 SaveToFile 的第二个参数不是 2。

（3）在此环境中不允许操作

通常是因为指针没有指向位置 0，而又试图变更 Type 或 Charset 属性。

（4）参数类型不正确

该错误完整的信息可能是："参数类型不正确，或不在可以接受的范围之内，或与其他参数冲突。"原因可能是 Write 或 WriteText 方法使用得不对，如文本方式时使用了 Write 方法，或二进制方式时使用了 WriteText 方法，也可能是二进制方式时，你试图写入的数据不是二进制数据。

Chapter 3 第 3 章

编码与乱码

3.1 常见编码

字符集就是字符的集合，编码就是字符与数字的对应表，因为计算机只认识数字，所以我们需要告诉它哪个数字代表哪个字符。

为什么有如此多的编码？因为世界上有如此多的国家，它们制定字符编码的时候，不可能为其他国家着想。幸好，还有 ISO（International Organization for Standardization），即国际标准化组织。它是一个跨越国界的全球性的非政府组织，它的任务是促进全球范围内的标准化，其中，就包括了字符编码的标准化。

编码的发展过程是错综复杂的。下面只能简要介绍一下常用编码的主要分支的大致情况。

3.1.1 ASCII

ASCII 编码是由美国国家标准局制定的，全称是 American Standard Code for Information Interchange，即美国标准信息交换码。它在 1972 年就被 ISO 定为国际标准，即 ISO 646 标准。

因为英文字母很少，再加上符号、控制字符之类的符号，一共才 100 多个，所以，当初采用了数字 0 ~ 127 作为字符的编码，即 7 位二进制码就可以表示这些字符。于是，最终就是一个字节对应一个字符，最高位没用到，直接置 0，一共就是 128 个字符。

ASCII 编码的编排如下（十六进制按惯例使用 "0x" 作为前缀来表示，下同）：

- 0 ～ 31（0x00 ～ 0x1F）和 127（0x7F）是控制字符或通信专用字符。如控制符有 LF（换行符）、CR（回车符）、FF（换页符）、DEL（删除符）、BEL（振铃）等，通信专用字符有 SOH（文头）、EOT（文尾）、ACK（确认）等。
- 32（0x20）就是我们常用的空格。
- 33 ～ 126（0x21 ～ 0x7E）称为"可打印字符"。其中 48 ～ 57（0x30 ～ 0x39）是 0 ～ 9 这 10 个数字，65 ～ 90（0x41 ～ 0x5A）是 26 个大写英文字母，97 ～ 122（0x61 ～ 0x7A）是 26 个小写英文字母，其余是一些标点符号、运算符号等。

ASCII 编码表见表 3-1，第一行的编码范围是 0x00 ～ 0x0F，第二行是 0x10 ～ 0x1F，以此类推。

表 3-1　ASCII 编码表

	00	01	02	03	04	05	06	07	08	09	0A	0B	0C	0D	0E	0F
00	NUL	SOH	STX	ETX	EOT	ENQ	ACK	BEL	BS	HT	LF	VT	FF	CR	SO	SI
10	DLE	DC1	DC2	DC3	DC4	NAK	SYN	ETB	CAN	EM	SUB	ESC	FS	GS	RS	US
20	SP	!	"	#	$	%	&	'	(	)	*	+	,	-	.	/
30	0	1	2	3	4	5	6	7	8	9	:	;	<	=	>	?
40	@	A	B	C	D	E	F	G	H	I	J	K	L	M	N	O
50	P	Q	R	S	T	U	V	W	X	Y	Z	[	\	]	^	_
60	`	a	b	c	d	e	f	g	h	i	j	k	l	m	n	o
70	p	q	r	s	t	u	v	w	x	y	z	{	|	}	~	DEL

ISO 646 标准允许各国根据需要替换其中的一些字符，从而又形成了一些扩展的标准。如中国的 GB 1988-80（别名 ISO646-CN）就将其中的美元符号"$"替换为了人民币符号"¥"，还把波浪线"~"替换为了上划线"‾"。

3.1.2　ISO 8859 系列

ISO 8859 不是一个标准，而是一系列的标准，它的特色就是以相同的码位来对应不同的字符集。表 3-2 所示就是每个标准与它们对应的语言。

表 3-2　ISO 8859 系列标准

标　准	语言或字符
ISO 8859-1	即 Latin-1，是该系列标准中使用最广泛的。它覆盖了大部分的西欧语言，如英语、法语、西班牙语、意大利语、德语、芬兰语等
ISO 8859-2	东欧语言，如波斯尼亚语、波兰语、克罗地亚语等
ISO 8859-3	南欧语言，如土耳其语、马耳他语、世界语等
ISO 8859-4	北欧语言，如爱沙尼亚语、拉脱维亚语、立陶宛语等
ISO 8859-5	斯拉夫语系，如保加利亚语、马其顿语、俄语等

（续）

标　准	语言或字符
ISO 8859-6	阿拉伯语系字符
ISO 8859-7	希腊字符
ISO 8859-8	希伯来字符
ISO 8859-9	土耳其字符
ISO 8859-10	北欧（主要指斯堪的纳维亚半岛）字符
ISO 8859-11	泰国字符
ISO 8859-12	未定义
ISO 8859-13	对波罗的海字符的补充
ISO 8859-14	凯尔特字符
ISO 8859-15	将 Latin-1 中很少用到的字符进行了替换，完整覆盖了法语、芬兰语和爱沙尼亚语

ISO 8859 的编码编排如下：

❑ 为了与 ASCII 编码兼容，0 ～ 127 这个范围不使用，它使用的是 128 ～ 255 这个范围，即字节的最高位置为 1。

❑ 128 ～ 159（0x80 ～ 0x9F），保留给扩充定义的 32 个控制码。

❑ 160（0xA0），对应 ASCII 中 SP（空格）的码位，代表 Non-breakable space。NBSP 是不是有点眼熟？没错，就是 HTML 中常用的" "。

❑ 161 ～ 255（0xA1 ～ 0xFF），用来定义每个标准自己的字符。

表 3-3 是 ISO 8859-1 字符部分的编码表。

表 3-3　ISO 8859-1 编码表（字符部分）

	00	01	02	03	04	05	06	07	08	09	0A	0B	0C	0D	0E	0F
A0	NBSP	¡	¢	£	¤	¥	¦	§	¨	©	ª	«	¬		®	¯
B0	°	±	²	³	´	µ	¶	·	¸	¹	º	»	¼	½	¾	¿
C0	À	Á	Â	Ã	Ä	Å	Æ	Ç	È	É	Ê	Ë	Ì	Í	Î	Ï
D0	Ð	Ñ	Ò	Ó	Ô	Õ	Ö	×	Ø	Ù	Ú	Û	Ü	Ý	Þ	ß
E0	à	á	â	ã	ä	å	æ	ç	è	é	ê	ë	ì	í	î	ï
F0	ð	ñ	ò	ó	ô	õ	ö	÷	ø	ù	ú	û	ü	ý	þ	ÿ

3.1.3　GB2312

从 1980 年开始，我国就陆续颁布了一系列编码字符集标准和规范，其中最有影响的是下面几个：

❑ GB2312-80《信息交换用汉字编码字符集 – 基本集》（1980 年）

❑ GB13000.1-93《信息技术通用多八位编码字符集（UCS）第一部分：体系结构和基本多文种平面》（1993 年）

❑《汉字内码规范（GBK）》1.0 版（1995 年）

❑ GB18030-2000《信息技术和信息交换用汉字编码字符集、基本集的扩充》(2000 年)

但在实际应用中，长期以来其实是以 GB2312 和 GBK 为主。下面首先介绍一下 GB2312-80 标准。

GB2312-80《信息交换用汉字编码字符集 – 基本集》是我国制定的使用最广泛的汉字编码，它是强制性的国家标准，1980 年批准，1981 年 5 月 1 日起开始实施，中国大陆和新加坡等地使用此编码。

GB2312 对应的是汉字的基本集，共收录汉字 6763 个，使用频率可达到 99.99%。因此，除了极少数生僻的人名、地名和古文外，GB2312 中的汉字已经能基本满足平时的使用。

除了汉字外，GB2312 还收录了 682 个非汉字图形符号，包括 202 个一般符号（含间隔符、标点、运算符和制表符）、60 个序号符、22 个数字符、52 个英文字母、169 个日文假名、48 个希腊字母、66 个俄文字母、26 个汉语拼音符号和 37 个汉语注音字母。

所以，在 GB2312-80 标准中，共收录了 7445 个图形字符（6763 个汉字 + 682 个图形符号）。

1. 区位码

GB2312 标准的编码表是一个 94 行、94 列的二维表。行号称为区号，列号称为位号，分别用一个字节表示，每个字节只使用 7 位（因为是 94 行、94 列，小于 128，7 位足够了）。习惯上称第一个字节为高位字节，第二个字节为低位字节。

编排结构如下：

❑ 1 ~ 9 区为符号、数字区。

❑ 16 ~ 87 区为汉字区。其中一级汉字是常用汉字，共 3755 个，置于 16 ~ 55 区，按汉语拼音字母 / 笔形顺序排列；二级汉字是次常用汉字，共 3008 个，置于 56 ~ 87 区，按部首 / 笔画顺序排列。

❑ 10 ~ 15 区、88 ~ 94 区是有待"进一步标准化"的"空白位置"区域。

每一个汉字或符号的位置，可以用它所在的区号和位号来表示，如"啊"字区号为 16，位号为 01，它的区位码就是 1601。

表 3-4 是 16 区的字符定义。

表 3-4　GB2312 区位码编码表（16 区）

	00	01	02	03	04	05	06	07	08	09	10	11	12	13	14	15
1600		啊	阿	埃	挨	哎	唉	哀	皑	癌	蔼	矮	艾	碍	爱	隘
1616	鞍	氨	安	俺	按	暗	岸	胺	案	肮	昂	盎	凹	敖	熬	翱
1632	袄	傲	奥	懊	澳	芭	捌	扒	叭	吧	笆	八	疤	巴	拔	跋

（续）

	00	01	02	03	04	05	06	07	08	09	10	11	12	13	14	15
1648	靶	把	耙	坝	霸	罢	爸	白	柏	百	摆	佰	败	拜	稗	斑
1664	班	搬	扳	般	颁	板	版	扮	拌	伴	瓣	半	办	绊	邦	帮
1680	梆	榜	膀	绑	棒	磅	蚌	镑	傍	谤	苞	胞	包	褒	剥	

GB2312 标准定义的其实就是区位码。

2. 交换码

区位码每一个字节的编码范围为 1 ~ 94，与控制码 0 ~ 31 有冲突，所以，将每个字符的区号和位号分别加上 32，以避免冲突。这样，每一个字节的编码范围变为 33 ~ 126，此处理后的编码就是交换码。

3. 机内码

交换码的每一个字节的编码范围变为 33 ~ 126，这又与 ASCII 编码 0 ~ 127 有重叠。所以，将交换码的两个字节的最高位都置为 1（即加上 128），以示区别。

此时，每一个字节的编码范围变为 161 ~ 254（即 0xA1 ~ 0xFE），此处理后的编码就是机内码。所以，实际应用中，GB2312 的编码范围为 0xA1A1 ~ 0xFEFE。

GB2312 机内码的编排结构如表 3-5 所示。从该表可以看出，汉字的编码区域为 0xB0A1 ~ 0xF7FE，0xB0A1 就是"啊"字。

表 3-5　GB2312 机内码的编排结构

编码范围	对应字符
A1 ~ A9	非汉字图符（682 个）
AA ~ AF	空白区
B0 ~ D7	一级汉字（3755 个）
D8 ~ F7	二级汉字（3008 个）
F8 ~ FE	空白区

4. 区位码、交换码和机内码的计算关系

由以上的介绍，很容易得出以下的计算公式（两个字节分别这样计算）。

交换码 = 区位码 + 0x20

机内码 = 交换码 + 0x80

机内码 = 区位码 + 0xA0

3.1.4　GBK

在 GB2312 之后，陆续有一些标准或规范颁布，其中就有 1993 年颁发的 GB13000.1-93《信息技术通用多八位编码字符集（UCS）第一部分：体系结构与基本多文种平面》。

它的字符编码采用 UCS（Universal Multiple-Octet Coded Character Set，通用多八位编码字符集）的体系结构，在行、位之外又引进了面和组的概念，即采用 4 个字节来表征组、面、行、位的四维空间，它能表示的字符是超级海量的。

但是，它与 GB2312 标准的字符编码不兼容（因为它直接采用了 UCS 的结构，而 UCS

是要涵盖所有语言的，对汉字的编排结构与 GB2312 根本不同），而且实现还是一个长期的过程。为了过渡，国家信息技术标准化委员会于 1995 年颁布了《汉字内码扩展规范（GBK）》。

GBK 只是一个指导性技术规范，而非标准，但是 GBK 比 GB13000 更有生命力，至今仍被广泛应用。GBK 完全兼容 GB2312。

1. 收录字符

GBK 规范收录了 ISO 10646.1 中的全部 CJK 汉字（即中日韩 3 个国家的汉字）和符号，并有所补充。具体包括：

- GB2312 中的全部汉字、非汉字符号。
- GB13000.1 中的其他 CJK 汉字，以上合计 20902 个 GB 化汉字。
- 《简化字总表》中未收入 GB13000.1 中的 52 个汉字。
- 《康熙字典》及《辞海》中未收入 GB 13000.1 中的 28 个部首及重要构件。
- 其他一些字符和符号，这里省略。

2. 编排结构

GBK 也采用双字节表示，总体编码范围为 0x8140 ~ 0xFEFE（首字节在 0x81 ~ 0xFE 之间，尾字节在 0x40 ~ 0xFE 之间），但是要去掉 0x7F 这一条线。总计 23940 个码位，共收入 21886 个汉字和图形符号，其中汉字（包括部首和构件）21003 个，图形符号 883 个。

GBK 的编排结构如表 3-6 所示。

表 3-6 GBK 编排结构

类　别	区　名	码位范围	码位数	字符数	内　容
符号区	GBK/1	A1A1 ~ A9FE	846	717	GB2312 符号、10 个小写罗马数字和 GB12345 增补的符号
	GBK/5	A840 ~ A9A0	192	166	Big-5 符号、结构符和 "○"
汉字区	GBK/2	B0A1 ~ F7FE	6768	6763	GB2312 汉字
	GBK/3	8140 ~ A0FE	6080	6080	GB13000.1 中的 CJK 汉字
	GBK/4	AA40 ~ FEA0	8160	8160	CJK 汉字和增补的汉字
用户自定义区	自定义区 1	AAA1 ~ AFFE	564		用户自定义字符
	自定义区 2	F8A1 ~ FEFE	658		
	自定义区 3	A140 ~ A7A0	672		

编排结构图如图 3-1 所示。

从长远来看，GBK 的替代者应该是 GB18030。它在兼容 GBK 的基础上，做了 4 字节的扩展，可以容纳更多字符。但是，GB18030 目前没有被广泛使用，所以就不详细介绍了。大家可以到微软网站单独下载 GB18030 的补丁。

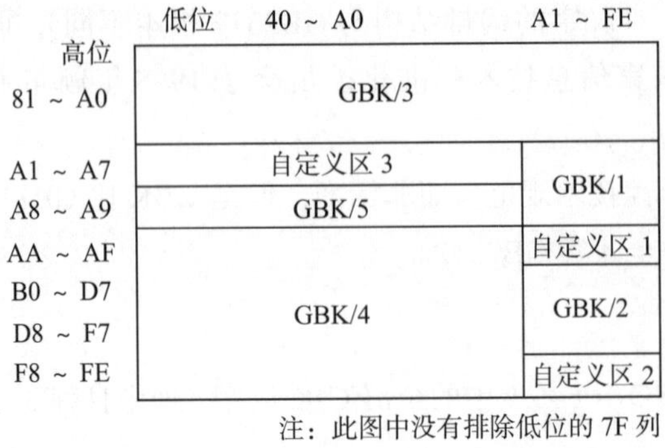

图 3-1　GBK 编排结构图

3.1.5　Big5

中国大陆使用的是简体汉字，而中国台湾、香港、澳门等地区使用的是传统的繁体汉字。繁体汉字有 Big5、CCCII、CNS11643、Big5E、Big5+、ISO 10646、CP950、EUC-TW 等多种编码，其中使用最普遍的还是 Big5。

Big5 有很多版本的扩展。如 Big5_ETen 是倚天中文在原始的 Big5 码的基础上，增加了日文、俄文、输入法特殊符号、7 个扩充字符及表格符号区，而 CP950 是 Windows 在原始的 Big5 码的基础上，增加了欧元符号、7 个扩充字符及制表符号区，它的全名是 Windows Codepage 950 (Traditional Chinese Big5)。

CP950 的总体编排结构如表 3-7 所示。

表 3-7　CP950 的编排结构

第一字节	第二字节	字　区	说　明
00 ~ 7F		ASCII 字符	
A1 ~ A2	40 ~ 7E, A1 ~ FE	各种符号区	
A3	40 ~ 7E, A1 ~ BF	各种符号区 (标点符号、ASCII 符号、注音符号等)	
A3	E1	欧元符号	CP950 追加
A4 ~ C5	40 ~ 7E, A1 ~ FE	常用字区，按笔画排序	
C6	40 ~ 7E	常用字区，按部首排序	
C9 ~ F8	40 ~ 7E, A1 ~ FE	次常用字区，按笔画排序	
F9	40 ~ 7E, A1 ~ D5	次常用字区，按部首排序	
F9	D6 ~ FE	7 个扩充字符及制表符号	CP950 追加

对单个字节来说有如下情况：

❑ 如果是 0x00 ~ 0x7F 的范围，那么该字节对应着一个 ASCII 字符。图 3-2 是 0x00 ~ 0x7F 范围的 ASCII 字符的定义。

	00	01	02	03	04	05	06	07	08	09	0A	0B	0C	0D	0E	0F
00	NUL 0000	STX 0001	SOT 0002	ETX 0003	EOT 0004	ENQ 0005	ACK 0006	BEL 0007	BS 0008	HT 0009	LF 000A	VT 000B	FF 000C	CR 000D	SO 000E	SI 000F
10	DLE 0010	DC1 0011	DC2 0012	DC3 0013	DC4 0014	NAK 0015	SYN 0016	ETB 0017	CAN 0018	EM 0019	SUB 001A	ESC 001B	FS 001C	GS 001D	RS 001E	US 001F
20	SP 0020	! 0021	" 0022	# 0023	$ 0024	% 0025	& 0026	' 0027	(0028	) 0029	* 002A	+ 002B	, 002C	- 002D	. 002E	/ 002F
30	0 0030	1 0031	2 0032	3 0033	4 0034	5 0035	6 0036	7 0037	8 0038	9 0039	: 003A	; 003B	< 003C	= 003D	> 003E	? 003F
40	@ 0040	A 0041	B 0042	C 0043	D 0044	E 0045	F 0046	G 0047	H 0048	I 0049	J 004A	K 004B	L 004C	M 004D	N 004E	O 004F
50	P 0050	Q 0051	R 0052	S 0053	T 0054	U 0055	V 0056	W 0057	X 0058	Y 0059	Z 005A	[005B	\ 005C	] 005D	^ 005E	_ 005F
60	` 0060	a 0061	b 0062	c 0063	d 0064	e 0065	f 0066	g 0067	h 0068	i 0069	j 006A	k 006B	l 006C	m 006D	n 006E	o 006F
70	p 0070	q 0071	r 0072	s 0073	t 0074	u 0075	v 0076	w 0077	x 0078	y 0079	z 007A	{ 007B	| 007C	} 007D	~ 007E	DEL 007F

图 3-2　0x00 ~ 0x7F 范围的字符定义

- 如果是 0x80 或 0xFF，那么该字节不对应字符，因为这两个位置没有定义。
- 如果是 0x81 ~ 0xFE，那么该字节就是前导字节，它与后一个字节组合起来表示一个字符。实际有字符定义的前导字节的范围是 0xA1 ~ 0xC6 和 0xC9 ~ 0xF9 这两段。图 3-3 所示是 0x80 ~ 0xFF 范围的字符定义，深黑色背景的方块是未使用的区域。

	00	01	02	03	04	05	06	07	08	09	0A	0B	0C	0D	0E	0F
80		81	82	83	84	85	86	87	88	89	8A	8B	8C	8D	8E	8F
90	90	91	92	93	94	95	96	97	98	99	9A	9B	9C	9D	9E	9F
A0	A0	A1	A2	A3	A4	A5	A6	A7	A8	A9	AA	AB	AC	AD	AE	AF
B0	B0	B1	B2	B3	B4	B5	B6	B7	B8	B9	BA	BB	BC	BD	BE	BF
C0	C0	C1	C2	C3	C4	C5	C6		C8	C9	CA	CB	CC	CD	CE	CF
D0	D0	D1	D2	D3	D4	D5	D6	D7	D8	D9	DA	DB	DC	DD	DE	DF
E0	E0	E1	E2	E3	E4	E5	E6	E7	E8	E9	EA	EB	EC	ED	EE	EF
F0	F0	F1	F2	F3	F4	F5	F6	F7	F8	F9	FA	FB	FC	FD	FE	

图 3-3　0x80 ~ 0xFF 范围的字符定义

- 出现前导字节后，它后面一个字节的范围是 0x40 ~ 0x7E 和 0xA1 ~ 0xFE 两段。图 3-4 所示是前导字节为 0xA1 时后一个字节的字符定义。

	00	01	02	03	04	05	06	07	08	09	0A	0B	0C	0D	0E	0F
40	3000	FF0C	3001	3002	FF0E	2027	FF1B	FF1A	FF1F	FF01	FE30	2026	2025	FE50	FE51	FE52
50	00B7	FE54	FE55	FE56	FE57	FF5C	2013	FE31	2014	FE33	2574	FE34	FE4F	FF08	FF09	FE35
60	FE36	FF5B	FF5D	FE37	FE38	3014	3015	FE39	FE3A	3010	3011	FE3B	FE3C	300A	300B	FE3D
70	FE3E	3008	3009	FE3F	FE40	300C	300D	FE41	FE42	300E	300F	FE43	FE44	FE59	FE5A	
80																
90																
A0		FE5B	FE5C	FE5D	FE5E	2018	2019	201C	201D	301D	301E	2035	2032	FF03	FF06	FF0A
B0	203B	00A7	3003	25CB	25CF	25B3	25B2	25CE	2606	2605	25C7	25C6	25A1	25A0	25BD	25BC
C0	32A3	2105	00AF	FFE3	02CD	FE49	FE4A	FE4D	FE4E	FE4B	FE4C	FE5F	FE60	FE61	FF0B	
D0	FF0D	00D7	00F7	00B1	221A	FF1C	FF1E	FF1D	2266	2267	2260	221E	2252	2261	FE62	FE63
E0	FE64	FE65	FE66	FF5E	2229	222A	22A5	2220	221F	22BF	33D2	33D1	222B	222E	2235	2234
F0	2640	2642	2295	2299	2191	2193	2190	2192	2196	2197	2199	2198	2225	2223	FF0F	

图 3-4　前导字节为 0xA1 时后一个字节的字符定义

图 3-5 是前导字节为 0xF9 时后一个字节 A1 ~ FE 的定义范围。

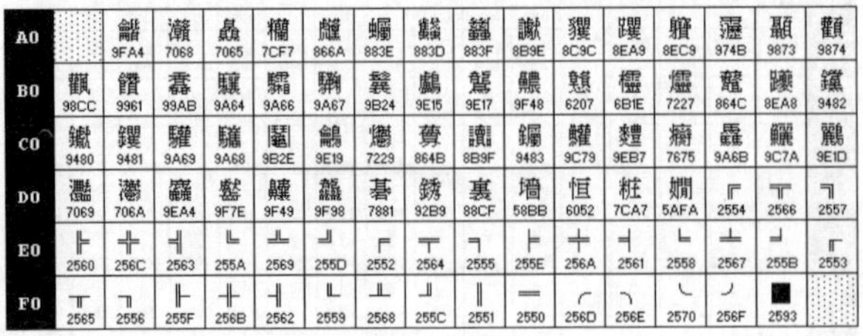

图 3-5　前导字节为 0xF9 时后一个字节 A1 ~ FE 的定义范围

由于第二个字节使用了 40 ~ 7E 这一段，而该段在 ASCII 编码中对应着一些特殊字符，所以一些英文软件处理 Big5 编码文件时可能会出一些小问题。如常用字"功"（0xA55C）、"盖"（0xBB5C）和"育"（0xA87C）中的 0x5C（即"\"）经常被用作转义字符，这意味着处理字符时 0x5C 就会丢失。

Big5 编码中还有两个字"兀"（0xA461 和 0xC94A）和"殼"（0xDCD1 和 0xDDFC）被收录了两次，比较奇怪。

虽然 Big5 使用两个字节表示一个字符，但是它的编码空间只有两万多个，对于数量庞大的汉字来说远远不够，所以很多字在 Big5 的系统中无法使用。

3.1.6　Shift_JIS

日语的编码也是多种多样，如 Shift_JIS、EUC-JP、ISO-2022-JP 等，在 Windows 系统上使用的主要是 Shift_JIS 编码。

Shift_JIS 的字符集合基本是按照 JIS X 0208 规定的，但实际上各个厂商各自进行扩展，包含了大量重复的、规格以外的文字。Windows 在原始 Shift_JIS 的字符集合基础上，又增加了 NEC 扩展、IBM 扩展所包含的字符，即称为 CP932，它的全名是 Windows Codepage 932（Japanese Shift-JIS）。

CP932 的总体编排结构如表 3-8 所示。

表 3-8　CP932 的编排结构

第一字节	第二字节	字　区	说　明
00 ~ 7F		ASCII 字符	
A1 ~ DF		半角片假名	
81	40 ~ FC	各种符号区	
82	40 ~ FC	全角英数字、平假名	
83	40 ~ FC	全角片假名、希腊字母	
84	40 ~ FC	西里尔字母、制表符号	
87	40 ~ FC	数字序号及一些特殊符号	

（续）

第一字节	第二字节	字 区	说 明
88 ~ 98	40 ~ FC	一级汉字，按发音排序	实际范围为 0x889F ~ 0x9872
98 ~ 9F E0 ~ EA ED ~ EE FA ~ FC	40 ~ FC	二级汉字，按部首排序	实际起始位置为 0x989F

对单个字节来说有如下情况：

- ❑ 如果是 0x00 ~ 0x7F 的范围，那么该字节对应着一个 ASCII 字符。图 3-6 所示是 0x00 ~ 0x7F 范围的 ASCII 字符的定义。

	00	01	02	03	04	05	06	07	08	09	0A	0B	0C	0D	0E	0F
00	NUL 0000	STX 0001	SOT 0002	ETX 0003	EOT 0004	ENQ 0005	ACK 0006	BEL 0007	BS 0008	HT 0009	LF 000A	VT 000B	FF 000C	CR 000D	SO 000E	SI 000F
10	DLE 0010	DC1 0011	DC2 0012	DC3 0013	DC4 0014	NAK 0015	SYN 0016	ETB 0017	CAN 0018	EM 0019	SUB 001A	ESC 001B	FS 001C	GS 001D	RS 001E	US 001F
20	SP 0020	! 0021	" 0022	# 0023	$ 0024	% 0025	& 0026	' 0027	(0028	) 0029	* 002A	+ 002B	, 002C	- 002D	. 002E	/ 002F
30	0 0030	1 0031	2 0032	3 0033	4 0034	5 0035	6 0036	7 0037	8 0038	9 0039	: 003A	; 003B	< 003C	= 003D	> 003E	? 003F
40	@ 0040	A 0041	B 0042	C 0043	D 0044	E 0045	F 0046	G 0047	H 0048	I 0049	J 004A	K 004B	L 004C	M 004D	N 004E	O 004F
50	P 0050	Q 0051	R 0052	S 0053	T 0054	U 0055	V 0056	W 0057	X 0058	Y 0059	Z 005A	[005B	¥ 005C	] 005D	^ 005E	_ 005F
60	` 0060	a 0061	b 0062	c 0063	d 0064	e 0065	f 0066	g 0067	h 0068	i 0069	j 006A	k 006B	l 006C	m 006D	n 006E	o 006F
70	p 0070	q 0071	r 0072	s 0073	t 0074	u 0075	v 0076	w 0077	x 0078	y 0079	z 007A	{ 007B	| 007C	} 007D	~ 007E	DEL 007F

图 3-6 0x00 ~ 0x7F 范围的 ASCII 字符的定义

其中，0x5C 仍然表示反斜杠，只是通常显示为日元货币符号的样子。

- ❑ 如果是 0x80、0xA0、0xFD、0xFE 或 0xFF，那么该字节不对应字符，因为这几个位置没有定义。
- ❑ 如果是 0xA1 ~ 0xDF，那么该字节对应日文中的半角片假名。
- ❑ 如果是 0x81 ~ 0x9F 或 0xE0 ~ 0xFC，那么该字节就是前导字节，它与后一个字节组合起来表示一个字符。实际有字符定义的前导字节范围是 0x81 ~ 0x84、0x87 ~ 0x9F、0xE0 ~ 0xEA、0xED ~ 0xEE 和 0xFA ~ 0xFC 这几段。图 3-7 是 0x80 ~ 0xFF 范围的字符定义，深黑色背景的方块是未使用的区域。

80		81	82	83	84	85	86	87	88	89	8A	8B	8C	8D	8E	8F
90	90	91	92	93	94	95	96	97	98	99	9A	9B	9C	9D	9E	9F
A0		｡ FF61	｢ FF62	｣ FF63	､ FF64	･ FF65	ｦ FF66	ｧ FF67	ｨ FF68	ｩ FF69	ｪ FF6A	ｫ FF6B	ｬ FF6C	ｭ FF6D	ｮ FF6E	ｯ FF6F
B0	ｰ FF70	ｱ FF71	ｲ FF72	ｳ FF73	ｴ FF74	ｵ FF75	ｶ FF76	ｷ FF77	ｸ FF78	ｹ FF79	ｺ FF7A	ｻ FF7B	ｼ FF7C	ｽ FF7D	ｾ FF7E	ｿ FF7F
C0	ﾀ FF80	ﾁ FF81	ﾂ FF82	ﾃ FF83	ﾄ FF84	ﾅ FF85	ﾆ FF86	ﾇ FF87	ﾈ FF88	ﾉ FF89	ﾊ FF8A	ﾋ FF8B	ﾌ FF8C	ﾍ FF8D	ﾎ FF8E	ﾏ FF8F
D0	ﾐ FF90	ﾑ FF91	ﾒ FF92	ﾓ FF93	ﾔ FF94	ﾕ FF95	ﾖ FF96	ﾗ FF97	ﾘ FF98	ﾙ FF99	ﾚ FF9A	ﾛ FF9B	ﾜ FF9C	ﾝ FF9D	ﾞ FF9E	ﾟ FF9F
E0	E0	E1	E2	E3	E4	E5	E6	E7	E8	E9	EA	EB	EC	ED	EE	EF
F0	F0	F1	F2	F3	F4	F5	F6	F7	F8	F9	FA	FB	FC			

图 3-7 0x80 ~ 0xFF 范围的字符定义

❑ 出现前导字节后，它后面一个字节的范围是 0x40 ~ 0xFC，图 3-8 所示是前导字节为 0xE6 时后一个字节的字符定义。

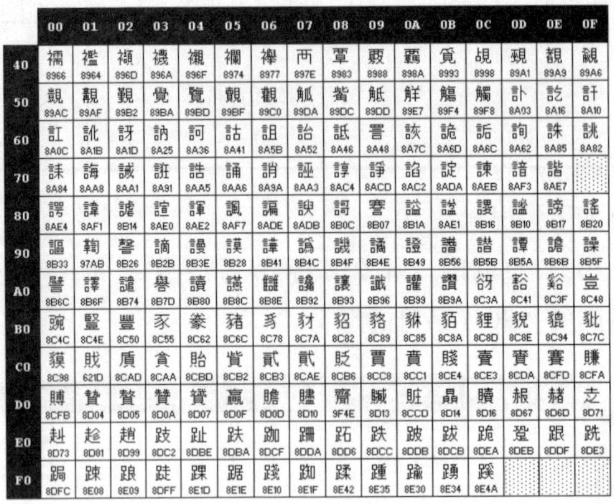

图 3-8　前导字节为 0xE6 时后一个字节的字符定义

但并不是说，0x40 ~ 0xFC 这个范围的每个点都会使用，图 3-9 所示是前导字节为 0x81 时后一个字节的字符定义，可以看到未定义的位置是毫无规律可循的。

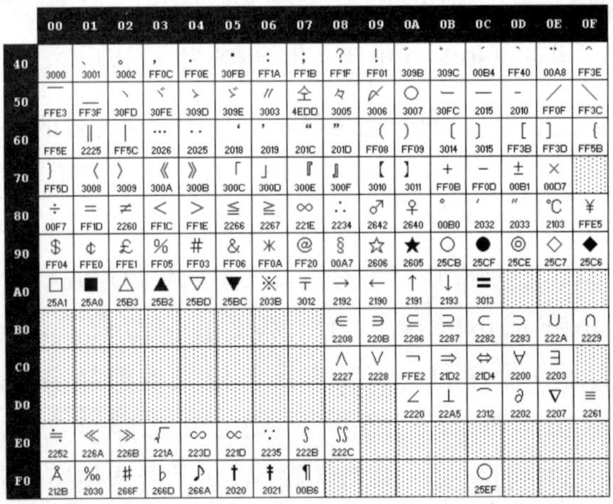

图 3-9　前导字节为 0x81 时后一个字节的字符定义

3.1.7　EUC_KR

韩语的编码同样很多，如 KSC_5601、ISO-2022-KR、EUC_KR 等。Windows 在 EUC_KR 的基础上添加了一些扩展字符，称为 CP949，它的全名是 Windows Codepage 949 (Korean)，它完全兼容 EUC_KR。

CP949 的总体编排结构如表 3-9 所示。

表 3-9 CP949 的编排结构

第一字节	第二字节	字 区	说 明
00 ~ 7F		ASCII 字符	
81 ~ A0	41 ~ 5A、61 ~ 7A、81 ~ FE	扩展韩语字符	CP949 扩展
A1 ~ C5	41 ~ 5A、61 ~ 7A、81 ~ A0	扩展韩语字符	CP949 扩展
C6	41-52	扩展韩语字符	CP949 扩展
A1 ~ AF	A1 ~ AF	特殊字符、符号等	
B0 ~ C8	A1 ~ FE	韩文字符	
CA ~ FD	A1 ~ FE	汉字	

对单个字节来说有如下情况:

❑ 如果是 0x00 ~ 0x7F 的范围,那么该字节对应着一个 ASCII 字符。图 3-10 所示是
0x00 ~ 0x7F 范围的 ASCII 字符的定义。

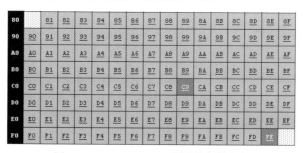

图 3-10 0x00 ~ 0x7F 范围的 ASCII 字符的定义

❑ 如果是 0x80 或 0xFF,那么该字节不对应字符,因为这两个点没有定义。

❑ 如果是 0x81 ~ 0xFE,那么该字节就是前导字节,它与后一个字节组合起来表示一
个字符。实际上 0xC9 和 0xFE 两个点没有使用。图 3-11 所示是 0x80 ~ 0xFF 范围
的字符定义,深黑色背景的方块是未使用的区域。

图 3-11 0x80 ~ 0xFF 范围的字符定义

❑ 出现前导字节后,它后面一个字节的范围是 0x40 ~ 0xFE,图 3-12 所示是前导字节

为 0xA1 时后一个字节的字符定义。

	00	01	02	03	04	05	06	07	08	09	0A	0B	0C	0D	0E	0F
40	C8A5	C8A6	C8A7	C8A8	C8A9	C8AA	C8AB	C8AC	C8AD	C8AE	C8AF	C8B0	C8B1	C8B2	C8B3	C8B4
50	C8B5	C8B6	C8B7	C8B8	C8B9	C8BA	C8BB	C8BC	C8BD	C8BE	C8BF	C8C0	C8C1			
60	C8C2	C8C3	C8C5	C8C6	C8C7	C8C8	C8C9	C8CA	C8CB		C8CD	C8CE	C8CF	C8D0	C8D1	C8D2
70	C8D6	C8D8	C8DA	C8DB	C8DC	C8DD	C8DE	C8DF	C8E2	C8E3	C8E5					
80	C8E6	C8E7	C8E8	C8E9	C8EA	C8EB	C8EC	C8ED	C8EE	C8EF	C8F0	C8F1	C8F2	C8F3	C8F4	
90	C8F6	C8F7	C8F8	C8F9	C8FA	C8FB	C8FE	C901	C902	C903	C907	C908	C909	C90A	C90B	
A0	C90E	3000	3001	3002	00B7	2025	2026	00A8	3003	00AD	2015	2225	FF3C	223C	2018	2019
B0	201C	201D	3014	3015	3008	3009	300A	300B	300C	300D	300E	300F	3010	3011	00B1	00D7
C0	00F7	2260	2264	2265	221E	2234	00B0	2032	2033	2103	212B	FFE0	FFE1	FFE5	2642	2640
D0	2220	22A5	2312	2202	2207	2261	2252	00A7	203B	2606	2605	25CB	25CF	25CE	25C7	25C6
E0	25A1	25A0	25B3	25B2	25BD	25BC	2192	2190	2191	2193	2194	3013	226A	226B	221A	223D
F0	221D	2235	222B	222C	2208	220B	2286	2287	2282	2283	222A	2229	2227	2228		FFE2

图 3-12　前导字节为 0xA1 时后一个字节的字符定义

在图 3-12 中，上半部分 0x40 ~ 0xA0 范围内的字符是 CP949 扩展追加的，而下半部分 0xA1 ~ 0xFE 是 EUC_KR 原有的字符。

虽然 CP949 在 CA ~ FD 区包含了一些汉字，但是只有 5000 个左右，所以想在 CP949 中找到所有汉字对应字符是不可能的。

3.1.8　Unicode

为了容纳全世界各种语言的字符和符号，各种组织陆续开始制定国际字符集编码标准。

Unicode 协会是 1991 年由 IBM、DEC、Sun、Xerox、Apple、Microsoft 和 Novell 等知名公司共同出资成立的，该协会所编订的编码标准称为 Unicode。

但是，它并不是先行者。在它之前，ISO 在 1984 年就已经开始制定新的国际字符集编码标准，最后定案的标准命名为 Universal Multiple-Octet Coded Character Set，简称 UCS，其编号则订为 ISO/IEC 10646。记住 UCS 和 ISO10646 这两个词，它们经常被人们与 Unicode 一词混用。

世界从来不需要两套标准，经过一番你来我往，ISO 架不住 Unicode 协会的"胡萝卜加大棒"，终于同意改用 Unicode 的编码方式。1991 年 10 月，ISO 和 Unicode 协会达成协议，将 Unicode 字符并入 ISO10646，成为第 0 字面。

Unicode 的官方网站是 http://www.unicode.org，现在的标准已经是以书籍的形式发布的了，它是收费的。

1. 总体结构

Unicode 提出了组、面、行、位的概念，整个空间包含 128 个组（0x00 组 ~ 0x7F 组），每组有 256 个平面（0x00 平面 ~ 0xFF 平面），每个平面有 256 行，每行又由 256 个字位构成，如图 3-13 所示。

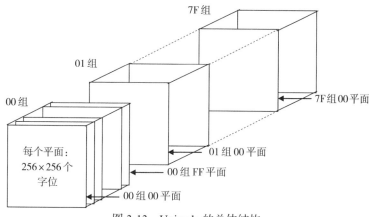

图 3-13 Unicode 的总体结构

它还规定每一个字面的最后两个编码位置 0xFFFE 和 0xFFFF 保留不用，所以，整个编码空间总共 $256 \times 128 = 32\ 768$ 个字面，每个字面为 $256 \times 256 - 2 = 65\ 534$ 个编码位置，合计 $65\ 534 \times 32\ 768 = 2\ 147\ 418\ 112$ 个编码位置。

第 00 组第 00 字面被称为基本多语言平面（Basic Multilingual Plane，BMP），BMP 之外的 32 767 个字面被分为辅助多语言平面（Supplementary Multilingual Plane，SMP）和专用平面（Private Use Planes）。辅助平面是用来扩展新的字符的，而专用平面是留给用户进行自定义的。

按 Unicode 的定义来说，一个字符是用 4 个字节来表示的（即 UCS-4 形式），每个字节分别代表组、面、行和位。如果计算机系统只使用 BMP，那么可以省略组的 8 位和面的 8 位，每个字符只需 2 个字节就可以表示（即 UCS-2 形式）。

我们提到的 Unicode 通常是指 UCS-2 形式，即每个字符是以两个字节表示的。

2. 收录字符及编排结构

BMP 收录的字符及编排结构大致如下。

❑ 0000 ~ 007F：基本拉丁字母区。

❑ 0080 ~ 00A0：句柄区。其中 0080 ~ 009F 为 C1 句柄，00A0 为不中断空格（no-break space）。

❑ 00A1 ~ 1FFF：拼音文字区。收容除基本拉丁字母以外的各种拼音文字字符，包括欧洲各国语言、希腊文、斯拉夫语文、希伯来文、阿拉伯文、亚美尼亚文、印度各地方言、马来文、泰文、寮文、柬埔寨文、满文、蒙文、藏文、印地安语等。

❑ 2000 ~ 28FF：符号区。收容各种符号，包括标点符号、上下标、钱币符号、数字、箭头、数学符号、工程符号、光学辨识符号、带圈或带括号的文数字、表格绘制符号、地理图标、盲用点字、装饰图形等。

❑ 2E80 ~ 33FF：中日韩符号区。收容康熙字典部首、中日韩辅助部首、注音符号、日本假名、韩文音符，中日韩的符号、标点、带圈或带括号的文数字、月份，以及日本的假名组合、单位、年号、月份、日期、时间等。

❑ 3400 ~ 4DFF：中日韩认同表意文字扩充 A 区，总计收容 6582 个中日韩汉字。

❑ 4E00 ~ 9FFF：中日韩认同表意文字区，总计收容 20 902 个中日韩汉字。

❑ A000 ~ A4FF：彝族文字区，收容中国南方彝族文字和字根。

❑ AC00 ~ D7FF：韩文拼音组合字区，收容以韩文音符拼成的文字。

❑ D800 ~ DFFF：S 区，专用于 UTF-16。

❑ E000 ~ F8FF：专用字区，其内容不予规定，保留供使用者自行添加字符。

❑ F900 ~ FAFF：中日韩兼容表意文字区，总计收容 302 个中日韩汉字。

❑ FB00 ~ FFFD：文字表现形式区，收容组合拉丁文字、希伯来文、阿拉伯文、中日韩直式标点、小符号、半角符号、全角符号等。

3.1.9 UTF-8 和 UTF-16

Unicode 标准还有一些变形的编码方式，如 UTF-32、UTF-16 和 UTF-8 等，常见的就是 UTF-8 和 UTF-16 编码。UTF 是 Unicode/UCS Transformation Format 的缩写。

1. UTF-8

UTF-8 采用变长的编码方式，一个字符可能占用一个字节、两个字节或多个字节，取决于该字符所在的序号。

Unicode 到 UTF-8 编码的转换表如表 3-10 所示。

表 3-10　Unicode 到 UTF-8 编码的转换表

Unicode 编码（十六进制）	UTF-8 编码（二进制）
00000000 - 0000007F	0xxxxxxx
00000080 - 000007FF	110xxxxx 10xxxxxx
00000800 - 0000FFFF	1110xxxx 10xxxxxx 10xxxxxx
00010000 - 001FFFFF	11110xxx 10xxxxxx 10xxxxxx 10xxxxxx
00200000 - 03FFFFFF	111110xx 10xxxxxx 10xxxxxx 10xxxxxx 10xxxxxx
04000000 - 7FFFFFFF	1111110x 10xxxxxx 10xxxxxx 10xxxxxx 10xxxxxx 10xxxxxx

UTF-8 编码形式还是非常巧妙的。

从表 3-10 中可以看出，0 ～ 7F 之间的 ASCII 字符仍然被编码为一个字节，所以 UTF-8 仍然是兼容 ASCII 编码的。对于英文用户来说，一个文件不论保存为 ASCII 编码还是 UTF-8 编码，结果都是一样的。

对于多字节的编码来说，UTF-8 编码的第一个字节的前缀都是不一样的，绝不会混淆，而且其中 1 的数量就代表了该编码的字节数，如 110 表示占用 2 个字节，1110 表示占用 3 个字节，以此类推。其余字节都以 10 开头，它不会与 ASCII 字符的编码混淆，也不会与第一个字节的前缀混淆。

UTF-8 编码能够表示所有的 Unicode 字符，但通常 BMP 的字符就已经基本够用。Windows 系统的 Unicode 就只使用了 BMP，所以一个字符的 UTF-8 编码最多使用 3 个字节。中日韩 3 国文字的 Unicode 序号都在 07FF 之外，所以对应 UTF-8 编码都是 3 个字节的。如"啊"字的 Unicode 编码是 554A，UTF-8 编码是 E5958A，转换过程如图 3-14 所示。

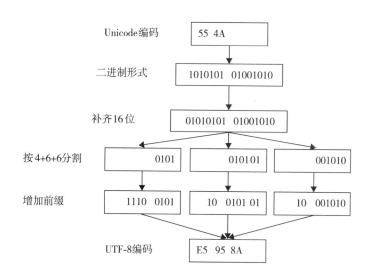

图 3-14 "啊"字的 Unicode 到 UTF-8 编码的转换过程

一个字符的 UTF-8 编码形式是固定的，不受字节顺序的影响。如"啊"字 Unicode 的 Big Endian 形式是"554A"，Little Endian 形式是"4A55"，但它的 UTF-8 编码形式就是"E5958A"，没有其他形式。

2. UTF-16

UTF-16 也是变长编码，但它和 UTF-8 不太一样。UTF-16 在 Unicode 的 BMP 基础上进行了一些扩充，它能表示 Unicode 的 0 ～ 0x10FFFF 之间的字符。

对于 0 ～ 0xFFFF 之间的字符，UTF-16 编码直接采用 Unicode 的编码，即两个字节，所以对于 BMP 字符来说，UTF-16 等于 Unicode。

对于 0x10000 ~ 0x10FFFF 之间的字符，UTF-16 编码使用 4 个字节来表示。在 Unicode 的定义中，0xD800 ~ 0xDFFF 这段区间是专为 UTF-16 保留的，称为代理区间。该区间共包含 2048 个位置，其中，0xD800 ~ 0xDBFF 是高位代理，0xDC00 ~ 0xDFFF 是低位代理。UTF-16 编码从两个区域分别取一个编码，组成 4 个字节来表示一个字符，这样就可以在 BMP 基础上扩充 1024 × 1024 共 1 048 576 个字符，已经足够包含目前 Unicode 实际定义的字符。

图 3-15 复杂的特殊字符

如图 3-15 所示的字符是在 CJK 扩展 B 区中定义的，该区不在 BMP 范围内。

该字的 Unicode 编码是 0x27144，对应的 UTF-16 编码为 0xD85CDD44，转换过程如图 3-16 所示。

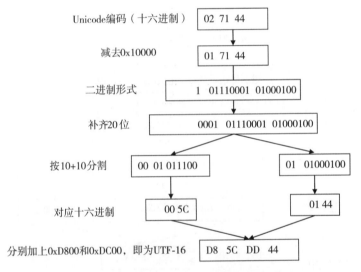

图 3-16 Unicode 到 UTF-16 编码的转换过程

UTF-16 也是基于实际现状而采用的一种变通方式。假设未来 BMP 之外定义的字符数超过了 1 048 576，那么 UTF-16 也就不太适用了。不过目前来看，这个日子还早得很。

3.1.10 字体

编码只是定义了一个字符所对应的数字，这个字符最终显示的样式是由字体文件定义的。如图 3-17 所示是不同字体显示同一些文字的效果。

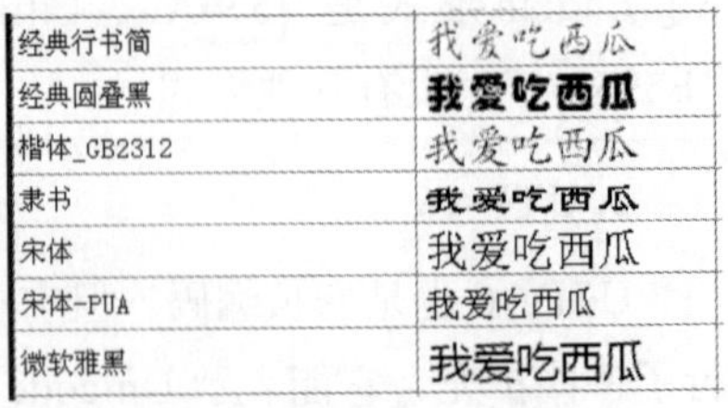

Windows 系统的字体文件通常在 C:\WINDOWS\

图 3-17 不同字体的显示效果

Fonts 目录下。一个字体文件可能包含多种字体，可能支持多个平台、多种编码，这些完全由设计者决定。系统显示字符时，根据字符编码（通常是 Unicode 编码），从字体文件中取得该字符的描述信息，进行处理并显示。

一种字体通常只会定义 Unicode 的部分字符，根据它支持的主体字符，通常有一些习惯的叫法。如宋体、黑体、楷体等通常被称为简体中文字体，细明体通常被称为繁体中文字体，MS 明朝和 MS ゴシック通常被称为日文字体。实际它们定义的范围是相互混杂的。

如果一个字符在选择的字体中不存在，那么可能显示为空白、方块或问号等形式，这是由字体文件本身定义的。

如图 3-18 中有 5 个字符，此时选择的字体是 PMingLiu-ExtB，由于该字体包含了这几个字符的定义，所以它们都能被正确显示。

图 3-18　字体为 PMingLiu-ExtB 的显示效果

将字体切换为 Arial Unicode MS 后，显示效果如图 3-19 所示。

图 3-19　字体为 Arial Unicode MS 的显示效果

将字体切换为 Calibri 后，显示效果如图 3-20 所示。

图 3-20　字体为 Calibri 的显示效果

将字体切换为"宋体"后，显示效果如图 3-21 所示。

图 3-21　字体为"宋体"的显示效果

对于简体中文系统来说，通常应用程序使用的默认字体是宋体，如果发现字符显示为空白，那么并不一定是编码错误，有可能是因为该字符的编码在字体文件的定义范围之外。

字体文件也有版本的概念，随着版本的升级，支持的字符和表现信息可能有一些差别。

3.2 产生乱码的原因

为什么会产生乱码呢？概括地说，就是因为转换过程中没有使用正确的编码。

以 Windows 系统为例，在系统内部传递的所有字符串都是 Unicode 编码的，但是在输入文件、输出文件等场合却使用 ISO-8859-1、GBK、Big5 等各种编码，所以系统在读入文件时，需要将各种编码的字符转换为对应的 Unicode 编码，然后再进行处理，在保存文件时再转换回去。如果在转换时没有使用正确的编码，那么就会产生乱码。

下面展示几个小例子，讲解一下乱码的产生。

3.2.1 打开文件时的编码

在网络上，经常可以见到一些网友在问：下载了繁体中文或日文的 txt 文件，用记事本打开时怎么全是乱码呢？

这是因为文件以某种编码保存后，只有以同样的编码打开，才能正确显示。当然，文件内容全是英文这种情况是例外的，因为各种编码都是兼容 ASCII 编码的。

图 3-22 是使用记事本打开 big5.txt 的截图，该文件是 Big5 编码的。

看了图 3-22，相信大家对乱码有了更直观的印象。为什么会出现乱码呢？因为记事本打开该文件时，没有检测出它使用的编码，所以使用了系统默认的编码，而我们通常使用的都是简体中文系统，默认的编码是 GBK，所以产生乱码了。

如果将该文件复制到繁体中文系统中，使用它的记事本打开，就可以正常显示。该文件的真实面目如图 3-23 所示。

图 3-22　简体中文系统中记事本打开　　　　图 3-23　繁体中文系统中记事本打开

big5.txt 的显示效果　　　　　　　　　big5.txt 的显示效果

文件中相关字符的编码如表 3-11 所示。

表 3-11　相关字符的编码

字符	GBK 编码	Big5 编码	Unicode 编码
程	B3CC	B57B	7A0B
式	CABD	A6A1	5F0F
祢	B57B	不存在	7958
A	A6A1	A344	0391

字节流 "B5 7B A6 A1" 本应该转换为 "7A 0B 5F 0F"，也就是 "程式" 二字，却因为错误地使用了 GBK 的转换表，而转换为 "79 58 03 91"，也就是 "祢 A" 二字。

难道为了看一个 txt 文件，就需要安装繁体中文系统吗？不是的。

这里推荐一下 Emeditor 这个编辑器，它对文件编码的支持非常好。使用 Emeditor 打开该文件后，也是乱码，如图 3-24 所示。

图 3-24　使用 Emeditor 打开 big5.txt

这时，只要双击状态栏的 "简体中文（GB2312）"，在弹出的编码列表中选择 "繁体中文（Big5）" 即可以 Big5 编码打开文件，结果如图 3-25 所示。

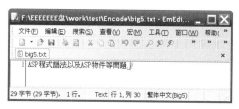

图 3-25　切换编码为繁体中文

Emeditor 支持简体中文、繁体中文、日文、韩文、泰文、越南文、UTF-8 和 Unicode 等多种编码，有了它，在简体中文系统中，就可以方便地打开多种编码的文件了。

以正确的编码打开文件，或者说，以正确的编码将字节流还原为字符串，是保证结果正确的基础。这一步错了，后面就全错了。

3.2.2　保存文件时的编码

使用记事本打开某个文件后，在编辑时所面对的就是 Unicode 编码的字符了。直到保存文件时，才会转换为指定的编码。

看一下记事本的保存选项，如图 3-26 所示。可以选择的编码有 ANSI、Unicode 和 UTF-8。

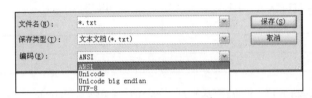

图 3-26 保存文件时的选项

- ANSI 就是指系统默认的编码，如简体中文系统就是 GBK，繁体中文就是指 Big5，日文系统就是指 Shift-JIS 等。系统的控制面板中的区域设置会影响该项的实际编码。
- Unicode 指的是 UTF-16 Little Endian，简称为 UTF-16 LE，就是字符的 Unicode 编码的低字节在前，高字节在后。
- Unicode big endian，简称为 UTF-16 BE，就是字符的 Unicode 编码的高字节在前，低字节在后。
- UTF-8 就是 UTF-8 编码。

假设在记事本中输入"春天"两个字，它们的编码如表 3-12 所示。

表 3-12 "春天"两字的编码

字符	GBK 编码	Unicode 编码	UTF-8 编码
春	B4BA	6625	E698A5
天	CCEC	5929	E5A4A9

保存时，在对话框中分别使用 4 种编码保存文件，文件中的实际存储数据如表 3-13 所示。

可以看到，除了 ANSI 编码以外，其他几种编码保存文件时，文件的开头被自动插入了 2 ~ 3 个字节的标志数据，此标志数据被称为 BOM（Byte-Order Mark）。编码与 BOM 的关系如表 3-14 所示。

表 3-13 保存编码与实际存储数据

保存编码	实际存储数据
ANSI	B4 BA CC EC
Unicode	FF FE 25 66 29 59
Unicode big endian	FE FF 66 25 59 29
UTF-8	EF BB BF E6 98 A5 E5 A4 A9

表 3-14 编码与 BOM 的关系

编码	BOM
Unicode	FF FE
Unicode big endian	FE FF
UTF-8	EF BB BF

通常，BOM 的存在有利于快速辨别文件的编码，但在某些应用中，BOM 的存在可能

反倒造成一些错误，那么就需要去掉 BOM。一些文本编辑器（如 Emeditor）保存文件时，可以选择是否添加 BOM。

除了 Unicode 和 UTF-8，以其他编码保存文件时是没有 BOM 的。换句话说，给你一个文件，它没有 BOM，那么你无法直接知道它本来的编码是什么，可能是 Unicode（别忘了 Unicode 也可以不添加 BOM），可能是 Big5，可能是 Shift_JIS，也可能是阿拉伯语，也可能是土耳其语等。你所能做的，就是根据各种线索去猜测。

保存文件时会有乱码产生吗？会的，这取决于输入的字符与保存编码之间的关系。

以"浅水"两字为例，它们的 GBK 编码为"C7 B3 CB AE"。使用记事本保存为 ANSI 编码文件后，查看可知实际保存的字节就是"C7 B3 CB AE"。

然后使用 Emeditor 以简体中文正确打开该文件，另保存为 Big5 编码文件。查看后，发现实际保存的字节是"3F A4 F4"。在繁体中文系统中打开，显示内容如图 3-27 所示。

图 3-27 另存为 Big5 编码后

可以看到，"浅"字丢失了，变成了问号。"3F"就是传说中的问号，在很多乱码的场景中都可以看到它的身影。将一个字符由一种编码转换为另一种编码时，如果目标编码中不存在该字符，则转换结果将是"3F"。在此例中，Big5 编码中并没有"浅"字，所以结果是一个问号，而"水"字是存在的，可以正常转换。

此例的转换过程如图 3-28 所示。

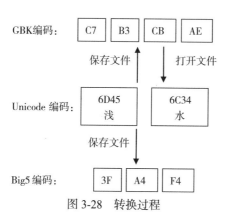

图 3-28 转换过程

看到问号，就应该想到转换过程中丢失字符了。这种乱码是不可逆的，原字符已经丢失，现在看到的只是一个问号。除了通过上下文推测它是什么文字，别无他法。

3.2.3 显示网页时的编码

如图 3-29 所示是百度首页的乱码情况。

图 3-29 百度首页乱码

乱码的原因是在右键菜单的"编码"中，故意选择了"简体中文 GB2312"，而该网页实际使用的是 UTF-8 编码。

如图 3-30 所示是使用 UTF-8 编码时的显示结果。

图 3-30 百度首页正常效果

让我们来分析一下。以图中的"新闻"两个字为例，这两个字符的编码如表 3-15 所示。

在浏览器接收到的数据中，"新闻"两个字其实是"E696B0E997BB"这样 6 个字节的数据。浏览器通过 Charset 检测出该网页使用的是 UTF-8 编码，所以使用 UTF-8 编码对字节流进行解码，正确地显示出"新闻"两个字。

将编码切换为 GB2312 时，浏览器使用 GB2312 编码对字节流进行解码，于是，字节流"E696B0E997BB"被解码为"鏂伴椈"，这 3 个字符的编码如表 3-16 所示。

表 3-15 "新闻"两字的编码

字符	GBK 编码	UTF-8 编码
新	D0C2	E696B0
闻	CEC5	E997BB

表 3-16 "鏂伴椈"3 个字的编码

字符	GBK 编码	UTF-8 编码
鏂	E696	E98F82
伴	B0E9	E4BCB4
椈	97BB	E6A488

此例和打开文件的乱码其实是类似的，都是字节流到字符的转换，而保存文件是字符到字节流的转换。在实际应用处理中，可能混杂着多个转换过程，如果能够保证每个转换都使用了正确的编码，那么就不会出现乱码。

3.2.4　ASP 程序中的编码

ASP 程序其实和记事本是类似的。ASP 程序运行时，内部字符串变量是 Unicode 编码的。这就意味着，它会将输入的数据转换为 Unicode 编码，输出数据时则从 Unicode 编码转换为指定的编码，如图 3-31 所示。

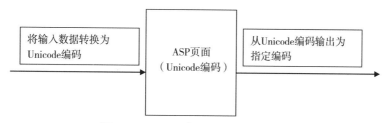

图 3-31　ASP 程序运行时的编码转换

ASP 程序接收客户端的 GET 请求、POST 请求相当于用记事本打开文件，只不过前者的数据是使用 HTTP 协议经过网络传送的，而后者打开的是本地文件，但本质都是字节流到字符串的转换。

ASP 程序输出 HTML、输出文件相当于记事本保存文件，本质同样是字符串到字节流的转换。

那么，在输入和输出的转换过程中，是如何实现某种编码和 Unicode 编码的相互转换的呢？靠的是转换表，也就是下面要讲的 CodePage。

3.3　CodePage 简介

CodePage 是某个字符集的字符编码与 Unicode 编码的转换表。每个字符集都有这样一张表，通过它可以得到每个字符的 Unicode 编码，或者反之。

CodePage 不仅仅是 Windows 下的概念，其他操作系统及一些数据库都有 CodePage 的概念。对于同一个字符集，各个厂商的 CodePage 可能略有不同。

3.3.1　CodePage 的形式

让我们看一下 GBK 的 CodePage 的片段。

0xB09C　　0x76BD #CJK UNIFIED IDEOGRAPH

```
0xB09D    0x76BE  #CJK UNIFIED IDEOGRAPH
0xB09E    0x76C0  #CJK UNIFIED IDEOGRAPH
0xB09F    0x76C1  #CJK UNIFIED IDEOGRAPH
0xB0A0    0x76C3  #CJK UNIFIED IDEOGRAPH
0xB0A1    0x554A  #CJK UNIFIED IDEOGRAPH
0xB0A2    0x963F  #CJK UNIFIED IDEOGRAPH
0xB0A3    0x57C3  #CJK UNIFIED IDEOGRAPH
0xB0A4    0x6328  #CJK UNIFIED IDEOGRAPH
0xB0A5    0x54CE  #CJK UNIFIED IDEOGRAPH
0xB0A6    0x5509  #CJK UNIFIED IDEOGRAPH
0xB0A7    0x54C0  #CJK UNIFIED IDEOGRAPH
0xB0A8    0x7691  #CJK UNIFIED IDEOGRAPH
0xB0A9    0x764C  #CJK UNIFIED IDEOGRAPH
0xB0AA    0x853C  #CJK UNIFIED IDEOGRAPH
0xB0AB    0x77EE  #CJK UNIFIED IDEOGRAPH
0xB0AC    0x827E  #CJK UNIFIED IDEOGRAPH
```

第一列是 GBK 编码，第二列是对应的 Unicode 编码，第三列是字符的说明。看到其中的"0xB0A1"了吗？它就是常说的"啊"字，它的 Unicode 编码是"0x554A"。

此处展示的只是文本形式的 CodePage，实际应用中的 CodePage 自然是便于编程语言利用的形式。

CodePage 中的字符集合不一定完全与原字符集定义一致，因为 Unicode 一直在发展，大大小小的补充及修正一直在进行中。某个版本的操作系统的 CodePage 采用的只能是某个标准或规范的某个版本，随着操作系统的升级 CodePage 的定义也可能发生变更。

3.3.2 CodePage 编号

表 3-17 列出了常用的一些 CodePage 编号。

表 3-17　常用的 CodePage 编号

CodePage 编号	对应编码	CodePage 编号	对应编码
1252	Latin1	950	繁体中文 Big5
28591	ISO-8859-1	932	日文 Shift-JIS
936	简体中文 GBK	949	韩文 EUC-KR

其中，CodePage 1252 类似于 ISO 8859-1，但是略有不同。前者在 80 ~ 9F 之间定义了可见字符，而后者定义的是控制字符，也就是说，前者包含了后者定义的所有字符，是后者的父集。如果想使用真正的 ISO 8859-1，那么 CodePage 应该使用 28591。不过，建议还是使用 1252。

查看全部的 CodePage 可以打开"控制面板 - 区域和语言选项 - 高级"，下方的代码页转换表列出了可用的 CodePage，如图 3-32 所示。

图 3-32　查看所有 CodePage

3.4　ASP 中的 CodePage

在 ASP 中，当前的 CodePage 由 @codepage、Session. Codepage、Response. Codepage、IIS 设置、系统默认等几个方式决定，下面就一一详解。

3.4.1　@codepage

@codepage 通常位于程序的第一行，它指定了当前页面的 CodePage，它的作用范围是当前页面。

除了指定当前 CodePage，@codepage 还有一个独一无二的重要作用，它指定了引擎读取 ASP 源文件所用的 CodePage。这一点是 Session.Codepage 和 Response.Codepage 无法做到的。

建议总是使用 @codepage，并使其与 ASP 文件保存的编码对应一致。如保存编码为 GBK，那么 @codepage 就用 936，保存编码为 Big5，那么 @codepage 就用 950，以此类推。很多 ASP 系统只要放在外文系统上就一塌糊涂，根本无法运行，大部分原因是没有使用 @codepage。

下面的范例，源文件保存为 Big5 编码，但 @codepage 使用了 936，同时在程序中输出内存变量的编码，以进行对照。

Codepage_936_Big5.asp，Big5 编码

```
<%@codepage=936%>
<%
```

```
Response.Charset = "GBK"

str = " 打地鼠遊戲範例 "
For i=1 To LenB(str)
    Response.Write hex(ascb(midb(str,i,1)))&","
    If i mod 10 =0 Then
            Response.Write "<br>"
    End If
Next
Response.Write "<br>" & str
%>
```

运行结果如图 3-33 所示。

从图中可以看出，静态字符串"打地鼠遊戲範例"毫无疑问地变乱码了，下面分析一下为什么会有乱码。

"打地鼠遊戲範例"这几个字的编码如表 3-18 所示。

图 3-33　运行结果

表 3-18　"打地鼠遊戲範例"几个字的编码

字符	GBK 编码	Big5 编码	Unicode 编码
打	B4F2	A5B4	6253
地	B5D8	A661	5730
鼠	CAF3	B9AB	9F20
遊	DF5B	B943	904A
戲	91F2	C0B8	6232
範	B9A0	BD64	7BC4
例	C0FD	A8D2	4F8B

使用十六进制编辑器打开源文件，可以看到字符串的字节流是正确的 Big5 编码，如图 3-34 所示。

```
Offset(h) 00 01 02 03 04 05 06 07 08 09 0A 0B 0C 0D 0E 0F
00000000  3C 25 40 63 6F 64 65 70 61 67 65 3D 39 33 36 25   <%@codepage=936%
00000010  3E 0D 0A 3C 25 0D 0A 52 65 73 70 6F 6E 73 65 2E   >..<%..Response.
00000020  43 68 61 72 73 65 74 20 3D 20 22 47 42 4B 22 0D   Charset = "GBK".
00000030  0A 0D 0A 73 74 72 20 3D 20 22 A5 B4 A6 61 B9 AB   ...str = "¥ {a¹«
00000040  B9 43 C0 B8 BD 64 A8 D2 22 0D 0A 66 6F 72 20 69   ¹CÀ¸½d¨Ò"..for i
00000050  3D 31 20 74 6F 20 4C 65 6E 42 28 73 74 72 29 0D   =1 to LenB(str).
00000060  0A 09 52 65 73 70 6F 6E 73 65 2E 57 72 69 74 65   ..Response.Write
```

图 3-34　源文件的字节流

由于 @codepage 错误地使用了 936，所以读取源文件时，将这段字节流当作 GBK 字符进行了转换，最终导致错误结果。编码与字符的对应关系如表 3-19 所示。

表 3-19 编码与字符的对应表

GBK 编码	Unicode 编码	对应字符
A5B4	30B4	ゴ
A661	E6C7	
B9AB	516C	公
B943	7B34	笃
C0B8	680F	栏
BD64	7D5B	條
A8D2	3112	ㄒ

表中的 Unicode 编码（如 30B4），和我们输出的变量的编码（如 B430）顺序是相反的，是因为内存中的 Unicode 编码是低位在前、高位在后的。

将范例中的 @codepage 依次变更为 932、949、950 和 65001，可以得到表 3-20。

表 3-20 不同 CodePage 时的结果

@codepage	内存变量的编码
932	65,FF,74,FF,66,FF,61,0,79,FF,6B,FF,79,FF,43,0,80,FF,78,FF, 7D,FF,64,0,68,FF,92,FF,
936	B4,30,C7,E6,6C,51,34,7B,F,68,5B,7D,12,31,
949	64,21,C6,CA,34,BB,2E,D2,3C,C7,FB,D3,D5,24,
950	53,62,30,57,20,9F,4A,90,32,62,C4,7B,8B,4F,
65001	61,0,43,0,64,0,

可以看出，只有使用 950 的时候，内存变量才是正确的。使用 932 的时候，字节流实际上已经转换成了 14 个字符，而 65001 时，干脆转换为 3 个字符了，所以不要寄希望于补救，使用正确的 @codepage 才是根本。

3.4.2 Session.Codepage

Session.Codepage，是用来设定访问者在会话有效期内所访问的每个页面的 CodePage 的。有些文章认为它是用来设定 Session 变量的编码的，这是不对的。

Session.Codepage 和 @codepage 的主要区别如下：

❑ Session.Codepage 不能影响读取 ASP 源文件的 CodePage，而 @codepage 则可以。

❑ Session.Codepage 影响会话内的所有页面，设置一次即可，而 @codepage 只影响当前页面，每个页面都需要设置。

❑ Session.Codepage 可以动态设定，而且可以多次设定，而 @codepage 在代码中是固定的，只能设置一次。

❑ Session.Codepage 的优先级大于 @codepage。

下面看一下范例。

A 页面通过 URL 将文字传给 B 页面，B 页面接收、解码再输出。打开两个页面时都不要刷新，否则影响结果。

SessionCodepage_A.asp，GBK 编码

```
<%@codepage=936%>
<%
Response.charset="GBK"

' 此时 Codepage 是 936
str = "春天来了"
Response.Write str
Response.Write "<a href='SessionCodepage_B.asp?a="
Response.Write Server.URLEncode(str)
Response.Write "'>Link</a><br>"

' 把 Session.CodePage 改为 950
Session.CodePage=950
%>
```

SessionCodepage_B.asp，Big5 编码

```
<%@codepage=936%>
<%
Response.charset="Big5"

' 输出当前 Session.Codepage
response.write Session.Codepage & "<br>"

' 输出 URL 参数
response.write Request.ServerVariables("QUERY_STRING") & "<br>"

' 看看内存变量的编码
str = Request.QueryString("a")
For i=1 To LenB(str)
    Response.Write hex(ascb(midb(str,i,1)))&","
Next
Response.Write "<br>" & str & "<br>"

' 把 CodePage 改为 936
Session.Codepage=936
%>
```

A 页面没什么特殊的，只是输出一个链接而已。单击后，B 页面的运行结果如图 3-35 所示。

URL 传递的参数是 "%B4%BA%CC%EC%C0%B4%C1%CB"，将百分号去掉，"B4BA" "CCEC" 等正是 "春天来了" 4 个字对应的 GBK 编码。本来 B 页面的 @codepage 设置是 936，可以将 URL 参数正确解码（解码是由 Request.QueryString("a") 这句话来做的，它

受 CodePage 影响）。但是 A 页面设置了 Session.Codepage 为 950，它的优先级大于 @codepage，所以 B 页面实际是使用 950 这个 CodePage 进行的解码，于是，结果错误，编码对应如表 3-21 所示。

图 3-35　B 页面的运行结果

在实际应用中，一些空间是不支持设置 Web Application 的。将多套 ASP 程序放在网站的不同目录下，实际上它们是位于同一个 Web Application 下。换句话说，Session 是共通的，用户从 A 系统跳转到 B 系统的时候，Session 是同一个。假设 A 系统是 UTF-8 编码，它设置

表 3-21　编码与字符的对应表

Big5 编码	Unicode 编码	对应字符
B4BA	666F	景
CCEC	6BDE	毟
C0B4	61C2	懂
C1CB	8CF8	臕

了 Session.Codepage 为 65001，而 B 系统是 GBK 编码的，根本没有设置 Session.Codepage 或 Response.Codepage，那么，从 A 系统跳转到 B 系统时就会产生乱码。

在代码中临时变更 Session.Codepage 时，请注意保存之前的值，处理完之后要记得变更回来，以免对以后的程序产生影响。

还有一点非常重要，如果整个程序没有显式地设置 Session.Codepage 属性值，那么它是不起作用的。虽然它的值可以输出，但是它处于非激活状态，根本不会影响当前的 CodePage 值，可以完全无视它。只要任何一个页面设置了 Session.Codepage 属性值，即使等于默认值，那么它的优先作用就被激活了，页面的 @codepage 值将被忽略。

3.4.3　Response.Codepage

Response.Codepage 类似于 Session.Codepage，但是它的作用范围只是当前页面。它的优先级大于 Session.Codepage，一旦设置，CodePage 马上变更。

Response.Codepage 的初始值是受 Session.Codepage 和 @codepage 影响的，如果前者生效，则与前者的值相同，否则与后者的值相同。如果两者都没有，则与 IIS 设置值相同。

下面看一下范例。

ResponseCodepage.asp，GBK 编码

```
<%@codepage=936%>
<%
Response.charset="GBK"

str = "春天来了"

' 此时 Codepage 是 936
response.write Session.Codepage & "<br>"
response.write response.codepage & "<br>"
Response.Write str & "<br>"

' 改为 932
Session.Codepage=932
response.write Session.Codepage & "<br>"
response.write response.codepage & "<br>"
Response.Write str & "<br>"

' 改为 950
Response.Codepage=950
response.write Session.Codepage & "<br>"
response.write response.codepage & "<br>"
Response.Write str & "<br>"

' 记得把 Session.Codepage 改回来
Session.Codepage=936
response.write Session.Codepage & "<br>"
response.write response.codepage & "<br>"
%>
```

运行结果如图 3-36、图 3-37 和图 3-38 所示。

图 3-36 简体中文系统下的运行结果

从运行结果可以看出，在不同的系统中，Session.Codepage 的初值是不同的，但由于它处于非激活状态，所以没有影响 Response.Codepage，后者的值与 @codepage 的值相同。之

后，范例中设置了 Session.Codepage 的值，则 Response.Codepage 的值也随之改变。但是，改变 Response.Codepage 的值，不会影响 Session.Codepage 的值。

图 3-37 繁体中文系统下的运行结果　　　图 3-38 英文系统下的运行结果

3.4.4 IIS 设置

IIS 的配置信息都保存在 MetaBase 中，IIS5 是指 MetaBase.bin 文件，IIS6 是指 MetaBase.xml 文件。这两个文件通常都在 C:\WINDOWS\system32\inetsrv\ 目录下，是非常重要的系统文件。

MetaBase 的结构类似于注册表，其中 LM/W3SVC/ 下是 HTTP 服务的配置信息。如图 3-39 就是使用 IIS Metabase Explorer 编辑 IIS5 的 Meta 信息的界面，使用右键即可编辑数据。

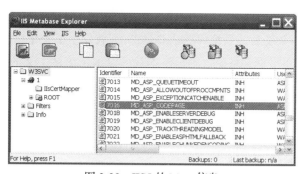

图 3-39 IIS5 的 Meta 信息

图 3-40 是使用 IIS Metabase Explorer 编辑 IIS6 的 Meta 信息的界面。其实，IIS6 的配置文件是 xml 形式，直接用文本编辑器进行编辑即可。

MetaBase 中的 AspCodepage 属性是用来设定 Web Application 的默认 CodePage 的。如果设置为 0，则将使用系统默认的 CodePage。

对 ASP 来说，此处的设置优先级低于 @codepage、Session.Codepage 和 Response.Codepage。

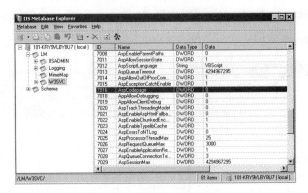

图 3-40   IIS6 的 Meta 信息

3.4.5 系统默认 CodePage

系统默认的 CodePage 由系统的设置决定，可以打开"控制面板／区域和语言选项／高级"进行设置，如图 3-41 所示。

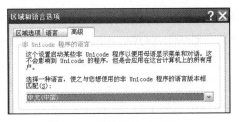

图 3-41   系统默认 CodePage

修改此处，并重启系统后，系统的默认 CodePage 就发生了变化。如在英文系统中将此处修改为 Chinese(PRC) 并重启系统，则记事本就可以编辑简体中文的 txt 文件了，效果如图 3-42 所示。

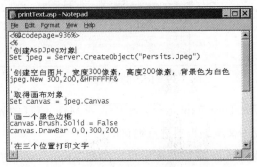

图 3-42   英文系统记事本编辑中文 txt 文件

3.4.6　文件 BOM 的奇特作用

ASP 引擎不能识别 Unicode 编码的文件，所以 BOM 主要是指 UTF-8 编码的 BOM。

如果 ASP 文件保存为 UTF-8 编码格式（带有 BOM），并且代码中没有指定 @codepage 的话，则初始 CodePage 自动为 65001，相当于使用了 <%@codepage=65001%>。当然，同样的，它的优先级没有 Session.Codepage 高。

此特性对于 Global.asa 文件来说特别有用，因为在该文件中是无法显式指定 CodePage 的，如果需要在 Global.asa 中使用中文，并且程序需要放到外国空间运行，那么另存为 UTF-8 编码格式（带有 BOM）就可以了。

3.4.7　当前 CodePage

当前 CodePage 的决定过程如图 3-43 所示。

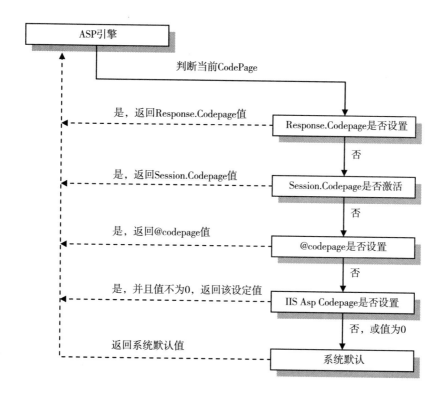

图 3-43　当前 CodePage 的决定过程

文件 BOM 的作用，作为特殊情况，没有在图中展现。

3.5 CodePage 的具体影响

3.5.1 影响 Request 解码

通常，我们使用 Request.Cookies、Request.QueryString 和 Request.Form 取得客户端的输入数据，如 Cookie 值、URL 传值或提交的表单数据。这些输入数据实际只是一些字节流，而通过 Request 集合取得的已经是 Unicode 字符。Request 集合自动对输入数据进行了解析，它根据当前的 CodePage 将字节流转换为 Unicode 字符。此解析动作只执行一次，也就是第一次访问集合时进行。

看一下范例。

CurrentCodepage_Form.asp，GBK 编码

```
<%@codepage=936%>
<%
response.charset="GBK"

' 设置 Cookie
response.cookies("fromCookie")=" 打地鼠游戏范例 "
response.cookies("fromCookie").Expires=Date()+1

' 字符的 URL 编码
fromURL = Server.URLEncode(" 打地鼠游戏范例 ")

' 表单的提交地址
formAction = "CurrentCodepage_Result.asp?fromURL="&fromURL
%>
<form action="<%=formAction%>" method="post">
<input type="text" name="fromForm" value=" 打地鼠游戏范例 ">
<input type="submit" value=" 提交表单 ">
</form>
```

这是一个表单页面，分别设置了 Cookie 值、URL 传递的值和表单提交的值。提交表单时，将同时通过 3 种方式将数据传递给处理页面。

CurrentCodepage_Result.asp，GBK 编码

```
<%@codepage=936%>
<%
Response.Charset = "GBK"

' 输出变量的 Unicode 编码的十六进制形式
Sub PrintMemory(str)
    For i=1 To LenB(str)
            Response.Write hex(ascb(midb(str,i,1)))&","
    Next
    Response.Write "<br>"
```

```
End Sub

' 直接输出字符串做参考
str = " 打地鼠游戏范例 "
Call PrintMemory(str)
Response.Write str &"<hr>"

' 先取得 Cookie 值（这一步进行了解码）
fromCookie = Request.cookies("fromCookie")

' 输出内存变量的编码
Call PrintMemory(fromCookie)

' 输出值
Response.Write "Cookie:" & fromCookie &"<hr>"

' 变更 CodePage
Response.Codepage=950

' 取得 URL 值
fromURL = Request.QueryString("fromURL")
Call PrintMemory(fromURL)
Response.Write "URL:" & fromURL &"<hr>"

' 取得表单值
fromForm = Request.Form("fromForm")
Call PrintMemory(fromForm)
Response.Write "Form:" & fromForm &"<hr>"

' 再取一遍 Cookie 值
fromCookie2 = Request.cookies("fromCookie")
Call PrintMemory(fromCookie2)
Response.Write "Cookie:" & fromCookie2 &"<hr>"
%>
```

运行结果如图 3-44 所示。

图 3-44　Request 解码结果

在接收页面中，首先在 CodePage 为 936 时取得了 Cookie 的值，可以看到它和直接输出的字符串是完全一致的，不管是内存编码还是显示结果。

然后将 CodePage 改为 950，再取得 URL 传递和表单提交的值，可以看到内存编码已经不对了，已经出现问号（即"3F,0"）。

再往下，第二次取得的 Cookie 值为什么是正确的（看内存编码）呢？原因很简单，Request.Cookies 集合已经解析过了、第二次及以后的访问会直接返回对应项目的值，不会再进行解析。此时 CodePage 是什么都无所谓了，不会影响结果。换句话说，想以指定编码解析输入数据时，应该在访问对应集合之前设定 CodePage。

3.5.2　影响 Server.URLEncode

常见的例子就是搜索引擎的参数编码格式。如百度的页面是用 GBK 编码的，Google 的页面是用 UTF-8 编码的，在两个搜索引擎输入同样的汉字，它们对应的 URL 编码是不同的。

某些情况下，可能需要在页面上输出到两个搜索引擎的链接，以方便用户检索我们的关键字。那怎样在一个页面输出汉字的两种 URL 编码呢？CodePage 就大显身手了。

Session.Codepage 和 Response.Codepage 都可以动态设置 CodePage，建议使用后者，因为它只影响当前页面。

Codepage_URLEncode.asp，GBK 编码

```
<%@codepage=936%>
<%
Response.Charset = "GBK"

str = " 大西瓜 "

Response.Codepage=65001
encodeUTF8 = Server.URLEncode(str)

Response.Codepage=936
encodeGBK = Server.URLEncode(str)
%>
<a href="http://www.google.com.hk/search?hl=zh-CN&q=<%=encodeUTF8%>">在 Google 搜
索 <%=str%></a>
<br>
<a href="http://www.baidu.com/s?wd=<%=encodeGBK%>">在百度搜索 <%=str%></a>
```

3.5.3　影响字符函数

对于同一个数字或字符，CodePage 不同时，Chr 和 ASC 函数的结果可能是不同的。

看一下范例。

Codepage_Chr.asp，GBK 编码

```
<%@codepage=936%>
<%
Response.Charset = "BIG5"

' 输出变量的 Unicode 编码的十六进制形式
Sub PrintMemory(str)
    For i=1 To LenB(str)
            Response.Write hex(ascb(midb(str,i,1)))&","
    Next
    Response.Write "<br>"
End Sub

str = " 鳥 "

' 先看Big5 的
Response.Codepage=950
Response.Write asc(str) & "<br>"
Response.Write hex(asc(str)) & "<br>"
Call PrintMemory(chr(&HB3BE))
Response.Write chr(&HB3BE) & "<br>"

' 再看GBK 的
Response.Codepage=936
Response.Write asc(str) & "<br>"
Response.Write hex(asc(str)) & "<br>"
Call PrintMemory(chr(&HB3BE))
Response.Write chr(&HB3BE) & "<br>"
%>
```

例子中使用了一个繁体的"鳥"字，它的 GBK 编码是 F842，Big5 编码是 B3BE，Unicode 编码是 9CE5，运行结果如图 3-45 所示。

图 3-45 CodePage 影响字符函数

CodePage 为 950 时，ASC 函数结果是 B3BE，CHR 函数结果是"鳥"字，它的 Unicode 编码是 9CE5，都没错。

CodePage 变为 936 后，ASC 函数结果是 F842，是该字符的 GBK 编码，CHR 函数取得的则是"尘"字，Unicode 编码是 5C18。但"尘"字最后的显示结果却是"鳥"字，这是因为输出时 CodePage 是 936，输出的字节流是 B3BE，而网页显示用的 CharSet 是 Big5。

AscW 和 ChrW 函数则不受 CodePage 影响，它们永远以 Unicode 编码为准。以字节为单位的函数也不受影响，如 AscB 和 ChrB 等函数。

3.5.4　影响 Response.Write

Response.Write 暗含了编码转换的过程，它的入口数据是 Unicode 编码的字符串，出口数据则是当前 CodePage 对应编码。这个就无需多言了，前面每个例子几乎都有它。

3.6　Charset 的重要作用

3.6.1　影响网页的显示

浏览器接收到网页的字节流后，将根据 HTTP Header 信息中的 CharSet 或 HTML 中的 Charset 指定的字符集显示网页。如果二者都没有设定，将使用默认的字符集显示。

为了保证页面的正确显示，应该使 CharSet 与输出时所用的 CodePage 相对应。如 CodePage 是 936，那么 CharSet 就用 GBK，950 就用 Big5，932 就用 Shift-JIS 等。

由于 CharSet 只有一个值，如果程序中变换 CodePage 进行输出的话，那么一定有一部分字符是不能正确显示的。如何在一个页面同时显示两种字符集的字呢？可以尝试使用 HTML 实体。

HTML 实体就是类似" 鳥"（这个是"鳥"字）的样子，其中的"40165"是字符的 Unicode 编码的十进制数字。

看一下范例。

Codepage_Charset.asp，GBK 编码

```
<%@codepage=936%>
<%
Response.Charset = "BIG5"

'先看 Big5 的
Response.Codepage=950
Response.Write chr(&HB3BE) & "<br>"

'再看 GBK 的
Response.Codepage=936
Response.Write chr(&HB3BE) & "<br>"
```

```
' 转换为 HTML 实体再显示
str = chr(&HB3BE)
hexStr = hex(ascW(str))              'Unicode 编码的十六进制形式
codeNumber = Clng("&H" & hexStr) ' 取得十进制数值
Response.Write "&#" & codeNumber & ";"
%>
```

运行结果如图 3-46 所示。

因为 Charset 是 Big5，意味着 CodePage 为 950 时输出的字符可以正确显示，936 时输出的字符则不能，所以 936 时输出的"尘"字被显示成了"鳥"字。不过，只要将字符转换为 HTML 实体形式就可以正常显示了，转换方法很简单，只要通过 AscW 函数取得字符的 Unicode 编码，然后转为十进制数字，按格式拼接即可。

图 3-46　Charset 影响显示效果

3.6.2　影响提交数据的编码

Charset 不仅影响网页的显示效果，它还影响表单的提交编码，看一下范例。

CharsetTest.html，UTF-8 编码

```
<Form id="form1" action="CharsetTestResult.asp" method="post">
<Input type="text" id="bird" name="bird">
<Input type="submit" value=" 提交 ">
<br>
<Input type="button" value="GBK" onclick="changeCharset('GBK')">
<Input type="button" value="Big5" onclick="changeCharset('BIG5')">
<Input type="button" value="Shift-JIS" onclick="changeCharset('SHIFT_JIS')">
<Input type="button" value="UTF-8" onclick="changeCharset('UTF-8')">
</form>
<script>
// 变更 Charset
Function changeCharset(newCharset){
    // 设置 charset
    document.charset = newCharset;
    // 输入"鳥"字
    document.getElementById("bird").value=String.fromCharCode(40165);
    // 表单的 action 追加 charset 参数
    document.getElementById("form1").action +="?charset=" + newCharset;
}
</script>
```

在表单页面中，单击不同的按钮，通过 JavaScript 动态变更页面的 Charset，同时在表单的 action 地址上追加 charset 参数，传递当前的 charset 给处理页面。

页面效果如图 3-47 所示。

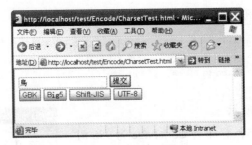

图 3-47   表单页面

CharsetTestResult.asp，GBK 编码

```
<%@codepage=936%>
<%
' 根据 URL 中的 charset 设置 CodePage
charset = Request.QueryString("charset")
If charset = "GBK" Then
    response.codepage=936
Elseif charset = "Big5" Then
    response.codepage=950
Elseif charset = "Shift_JIS" Then
    response.codepage=932
Elseif charset = "UTF-8" Then
    response.codepage=65001
End If
response.charset=charset

' 接收 Form 数据
bird = request.form("bird")
response.write bird & "<br>"

' 看看 Form 数据
response.write request.form & "<br>"
%>
```

单击“Big5”按钮，然后单击“提交”按钮，运行结果如图 3-48 所示。

单击“UTF-8”按钮，然后单击“提交”按钮，运行结果如图 3-49 所示。

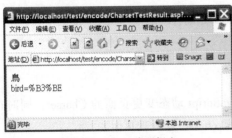

图 3-48   Big5 编码提交

图 3-49   UTF-8 编码提交

单击不同的按钮并提交表单，可以看到提交的编码也不同。但是，由于处理页面中根据 URL 中的 charset 参数动态变更了 CodePage，所以，表单数据的解码结果始终是正确的。

还有非常重要的一点需要注意，当输入的字符无法转换为 charset 对应的编码时，该字符会转变为 HTML 实体形式。如在上例中，首先单击"Shift_JIS"按钮，然后输入"竹简"两个字，单击"提交"按钮，运行结果如图 3-50 所示。

图 3-50 "竹简"两字的提交结果

实际提交的是"竹 简"的 URL 编码，即"%92%7C%26%2331616%3B"。虽然页面中"简"字显示正常，但它已经不是一个字符了，它是"简"，是 8 个字符。这样的数据直接保存到数据库的话，以后就无法直接检索了。

3.7 数据库操作中的编码转换

ASP 操作的数据库通常为 Access 和 SQL Server。下面以 SQL Server 为重点，讲解一下数据库操作过程中的编码转换问题。

3.7.1 排序规则

在 SQL Server 中，与编码转换相关的一个重要概念就是排序规则。排序规则指定了数据的排序方式、是否区分大小写、是否区分重音等属性。对于非 Unicode 列（char、varchar 和 text 类型的列），排序规则指定了转换所用的代码页以及可以表示哪些字符。

SQL Server 支持下列级别的排序规则。

1. 服务器级排序规则

默认服务器排序规则是在 SQL Server 安装过程中设置的，将成为系统数据库和所有用户数据库的默认排序规则。如果想更改该排序规则，只能导出所有数据库对象和数据，重新生成 master 数据库，然后再导入所有数据库对象和数据。

2. 数据库级排序规则

创建或修改数据库时，可使用 CREATE DATABASE 或 ALTER DATABASE 语句的

COLLATE 子句指定默认数据库排序规则。 如果未指定排序规则，将为该数据库分配服务器排序规则。除了更改服务器的排序规则外，无法更改系统数据库的排序规则。

数据库排序规则将应用于数据库中的所有元数据，并且是所有字符串列、临时对象、变量名称和数据库中使用的任何其他字符串的默认排序规则。

3. 列级排序规则

当创建或更改表时，可使用 COLLATE 子句指定每个字符串列的排序规则。 如果未指定排序规则，则为该列分配数据库的默认排序规则。

4. 表达式级排序规则

表达式级排序规则在语句运行时设置，并且影响结果集的返回方式。如使用以下的 COLLATE 子句可以实现表达式级排序规则：

```
SELECT name FROM customer ORDER BY name COLLATE Latin1_General_CS_AI;
```

3.7.2 创建数据库、表

下面，通过实例直观地展现一下排序规则的作用。

首先，在简体中文系统上安装 SQL Server 2005，排序规则使用默认的 Chinese_PRC_CI_AS。如图 3-51 所示是安装完毕后，使用企业管理器连接服务器后，属性页中的显示情况。

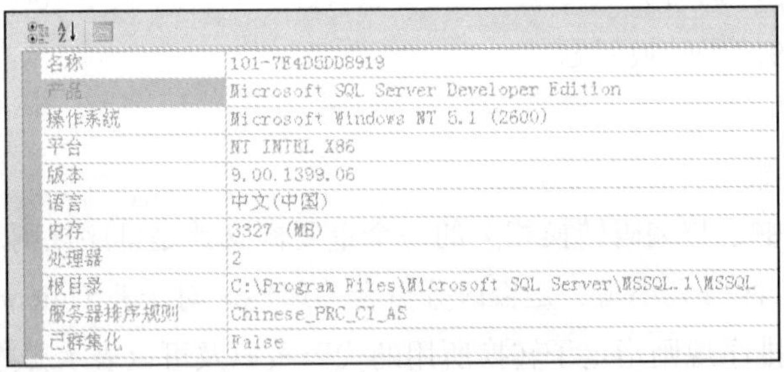

图 3-51　SQL Server 的属性

然后，创建 test、test2 和 test3 三个数据库，排序规则分别使用 Latin1_General_CI_AI、Chinese_PRC_CI_AI 和 Chinese_Taiwan_Stroke_90_CI_AI。

在 3 个数据库中，分别使用以下 SQL 语句创建 news 表。

```
CREATE TABLE [dbo].[news](
    [NV] [nvarchar](50) COLLATE Latin1_General_CI_AI NULL,
    [V] [varchar](50) COLLATE Latin1_General_CI_AI NULL,
    [NV2] [nvarchar](50) COLLATE Chinese_PRC_90_CI_AI NULL,
    [V2] [varchar](50) COLLATE Chinese_PRC_90_CI_AI NULL,
```

```
[NV3] [nvarchar](50) COLLATE Chinese_Taiwan_Stroke_90_CI_AI NULL,
    [V3] [varchar](50) COLLATE Chinese_Taiwan_Stroke_90_CI_AI NULL
) ON [PRIMARY]
```

简单来说，就是 3 种排序规则的数据库、3 种排序规则的列、varchar 和 nvarchr 两种数据类型的组合。下文将测试这些组合在插入数据和检索数据时的具体表现。

3.7.3 插入数据

1. 使用企业管理器插入数据

使用企业管理器，分别打开 3 个 news 表，在每个数据列中输入"啊浅 A"这 3 个字符，它们的编码如表 3-22 所示。

表 3-22　3 个字符的编码

字符	Latin1	GBK	Big5	Unicode
啊	不存在	B0A1	B0DA	554A
浅	不存在	C7B3	不存在	6D45
A	41	41	41	41

保存后检索数据，结果如图 3-52 所示。

企业管理器实际上也是数据库的一个消费者，它的显示结果也是经过转换的，可能会影响结果的判断。使用二进制编辑器查看数据库文件，可以得到实际存储的字节数据，如表 3-23 所示。

从表中可以看出，对于所有的 nvarchar 列，它们的数据是完全一致的，实际保存的数据就是 3 个字符的 Unicode 编码，不受数据库和列的排序规则的影响。

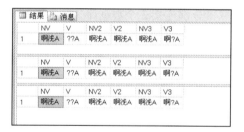

图 3-52　企业管理器中的数据检索结果

表 3-23　数据库文件中的实际存储

库 / 列	Latin1		GBK		Big5	
	NV	V	NV2	V2	NV3	V3
GBK	4A 55 45 6D 41 0	3F 3F 41	4A 55 45 6D 41 0	B0 A1 C7 B3 41	4A 55 45 6D 41 0	B0 DA 3F 41
GBK	4A 55 45 6D 41 0	3F 3F 41	4A 55 45 6D 41 0	B0 A1 C7 B3 41	4A 55 45 6D 41 0	B0 DA 3F 41
Big5	4A 55 45 6D 41 0	3F 3F 41	4A 55 45 6D 41 0	B0 A1 C7 B3 41	4A 55 45 6D 41 0	B0 DA 3F 41

所有的 varchar 列，则按照列的排序规则对应的 Codepage 进行了编码转换。V 列中实际保存的是 Latin1 编码，V2 列保存的是 GBK 编码，V3 列保存的是 Big5 编码。库的排序规则对结果没有影响。

查看排序规则对应的 CodePage 可以使用 COLLATIONPROPERTY 方法，举例如下：

```
SELECT COLLATIONPROPERTY('Latin1_General_CI_AI', 'CodePage');
SELECT COLLATIONPROPERTY('Chinese_PRC_CI_AI', 'CodePage');
SELECT COLLATIONPROPERTY('Chinese_Taiwan_Stroke_90_CI_AI', 'CodePage');
```

执行结果如图 3-53 所示。

2. 使用 ADO 插入数据

ADO 是一个编程接口，它实际是通过 OLE DB 或 ODBC 操作数据库。由于 ODBC 是要逐渐被淘汰的，所以下面的例子只考虑 OLE DB 的形式。

图 3-53　排序规则对应的 CodePage

使用 OLE DB 的连接字符串连接数据库，并使用 insert 语句插入数据，代码简单范例如下：

```
Set conn = Server.CreateObject("ADODB.Connection")
connstr="Provider=sqloledb;Data Source=192.168.2.1;Initial Catalog=test1;User
Id=sa;Password=123456;"
conn.open connstr
sql="insert into news(NV,V,NV2,V2,NV3,V3) values('啊浅 A','啊浅 A','啊浅 A','啊浅
A','啊浅 A','啊浅 A')"
conn.execute sql
```

分别连接 3 个数据库，插入数据，然后在企业管理器中检索数据，结果如图 3-54 所示。

每个表的第二行是刚插入的数据，可以发现，与第一行的数据是有不同的，尤其是 Latin1 编码时，差距非常大。

查看数据库文件，实际存储的字节数据如表 3-24 所示。

图 3-54　ADO 插入数据后的检索结果

表 3-24　数据库文件中的实际存储

库 / 列	Latin1		GBK		Big5	
	NV	V	NV2	V2	NV3	V3
Latin1	3F 00 3F 00 41 00	3F 3F 41	3F 00 3F 00 41 00	3F 3F 41	3F 00 3F 00 41 00	3F 3F 41
GBK	4A 55 45 6D 41 0	3F 3F 41	4A 55 45 6D 41 0	B0 A1 C7 B3 41	4A 55 45 6D 41 0	B0 DA 3F 41
Big5	4A 55 3F 00 41 00	3F 3F 41	4A 55 3F 00 41 00	B0 A1 3F 41	4A 55 3F 00 41 00	B0 DA 3F 41

可以看出，nvarchar 列的数据变得不一致了，varchar 列的数据则有些怪异。从结果可以推测出，数据库级别的排序规则在列级别的排序规则之前也发挥了作用。

对于 Latin1 库来说，"啊浅"两个汉字在 Latin1 中不存在，所以变成了"3F 00"，也就是问号。GBK 库没什么变化，而 Big5 的字符集较小，"浅"字不存在，也变为了问号。所以说，数据库的字符集比 ASP 中使用的字符集小的话，就会产生字符丢失。在使用国外空

间数据库，并且数据类型使用的是 char、varchar 和 text 的时候，要特别注意设置数据库的排序规则，避免数据丢失。

3. 前缀 N 的重要性

那为什么使用 ADO 插入数据，与使用企业管理器中插入数据，结果会不一样呢？使用 SQL Server Profiler 跟踪后，可以发现，企业管理器中实际执行的 SQL 如下：

```
Exec sp_executesql
N'INSERT INTO news(NV, V, NV2, V2, NV3, V3) VALUES (@NV, @V, @NV2, @V2, @NV3, @V3)'
,N'@NV nvarchar(3),@V nvarchar(3),@NV2 nvarchar(3),@V2 nvarchar(3),@NV3
nvarchar(3),@V3 nvarchar(3)'
,@NV=N'啊浅A',@V=N'啊浅A',@NV2=N'啊浅A',@V2=N'啊浅A',@NV3=N'啊浅A',@V3=N'啊浅A'
```

sp_executesql 的 3 个参数分别为 SQL 语句、参数类型和参数值。可以看到，在每个字符串常量之前都使用了大写字母 N，它在 SQL Server 中是 Unicode 字符串常量的前缀。

有前缀 N，则表示后面跟着的是 Unicode 编码的字符串，无需转换。没有前缀 N，则字符串将根据数据库的 CodePage 进行相应转换。

这就是上述两种方式插入数据结果不同的原因。

在使用 ADO 方式插入数据时，字符串实际经过了 ASP 变量→ ADO → OLE DB →数据库这样几步。由于 ASP、ADO 始终以 Unicode 编码处理字符串，OLE DB 也支持 Unicode 编码，所以实际上，整个 SQL 语句是以 Unicode 编码形式一路畅通无阻地直达数据库的，中间没有任何多余的转换过程。所以，在 SQL 语句中传递字符串时，建议始终使用前缀 N。

修改 ADO 例子中的 SQL 语句，增加前缀 N，如下所示：

```
sql="insert into news(NV,V,NV2,V2,NV3,V3) values(N'啊浅A',N'啊浅A',N'啊浅A',N'啊
浅A',N'啊浅A',N'啊浅A')"
conn.execute sql
```

再次执行，插入数据，重新检索，结果如图 3-55 所示。

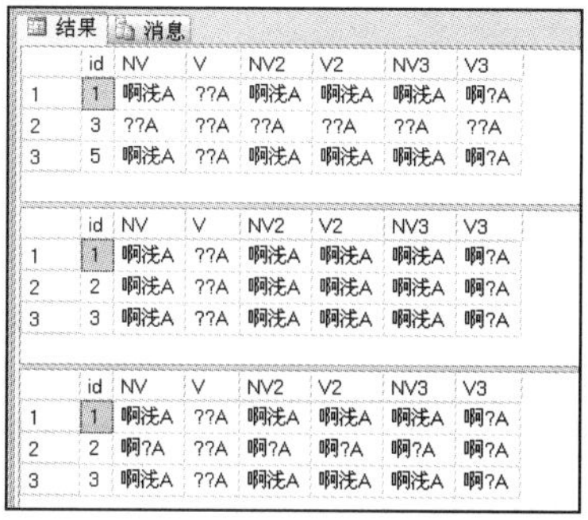
结果 消息

	id	NV	V	NV2	V2	NV3	V3
1	1	啊浅A	??A	啊浅A	啊浅A	啊浅A	啊?A
2	3	??A	??A	??A	??A	??A	??A
3	5	啊浅A	??A	啊浅A	啊浅A	啊浅A	啊?A

	id	NV	V	NV2	V2	NV3	V3
1	1	啊浅A	??A	啊浅A	啊浅A	啊浅A	啊?A
2	2	啊浅A	??A	啊浅A	啊浅A	啊浅A	啊?A
3	3	啊浅A	??A	啊浅A	啊浅A	啊浅A	啊?A

	id	NV	V	NV2	V2	NV3	V3
1	1	啊浅A	??A	啊浅A	啊浅A	啊浅A	啊?A
2	2	啊?A	??A	啊?A	啊?A	啊?A	啊?A
3	3	啊浅A	??A	啊浅A	啊浅A	啊浅A	啊?A

图 3-55 带前缀 N 插入数据后的检索结果

可以看到，第三行数据与第一行数据完全一致了。

3.7.4 检索数据

1. 使用 ADO 检索数据

下面看一下，使用 ADO 检索数据时，字符串是如何从数据库的字节存储变为 ASP 的内存变量的。检索的代码如下所示。

News_index.asp

```
<%@ CODEPAGE="936"%>
<!--#include File="conn.asp" -->
<%
response.charset="gbk"
Set rs=server.CreateObject("adodb.recordset")
sql="select * from news"
rs.open sql,conn,0,1
Do While not rs.eof
    PrintMemory "NV",rs("NV")
    PrintMemory "V",rs("V")
    PrintMemory "NV2",rs("NV2")
    PrintMemory "V2",rs("V2")
    PrintMemory "NV3",rs("NV3")
    PrintMemory "V3",rs("V3")
    rs.movenext
Loop
rs.close
Set rs=nothing
conn.close
Set conn=nothing

'打印内存变量
Sub PrintMemory(field,str)
    response.write field & ":"
    For i=1 To LenB(str)
            response.write hex(ascb(midb(str,i,1))) & " "
    Next
    response.write "<br>"
End Sub
%>
```

分别连接 3 个数据库，打印内存变量的字节流，表 3-25 只列出了第一行的数据。

表 3-25 简体中文系统下的检索结果

库 / 列	Latin1		GBK		Big5	
	NV	V	NV2	V2	NV3	V3
Latin1	4A 55 45 6D 41 0	3F 0 3F 0 41 0	4A 55 45 6D 41 0	B0 0 3F 0 3F 0 33 0 0 0	4A 55 45 6D 41 0	4A 55 3F 0 41 0
GBK	4A 55 45 6D 41 0	3F 0 3F 0 41 0	4A 55 45 6D 41 0	4A 55 45 6D 41 0	4A 55 45 6D 41 0	4A 55 3F 0 41 0
Big5	4A 55 45 6D 41 0	3F 0 3F 0 41 0	4A 55 45 6D 41 0	5B 96 3F 0 41 0	4A 55 45 6D 41 0	4A 55 3F 0 41 0

将 ASP 文件放到繁体系统中运行，连接同一数据库，结果如表 3-26 所示。

表 3-26　繁体中文系统下的检索结果

库 / 列	Latin1		GBK		Big5	
	NV	V	NV2	V2	NV3	V3
Latin1	4A 55 45 6D 41 0	3F 0 3F 0 41 0	4A 55 45 6D 41 0	4A 55 3F 0 41 0	4A 55 45 6D 41 0	B0 0 55 0 3F 0 0 0
GBK	4A 55 45 6D 41 0	3F 0 3F 0 41 0	4A 55 45 6D 41 0	4A 55 3F 0 41 0	4A 55 45 6D 41 0	3F 0 3F 0 41 0
Big5	4A 55 45 6D 41 0	3F 0 3F 0 41 0	4A 55 45 6D 41 0	4A 55 3F 0 41 0	4A 55 45 6D 41 0	4A 55 3F 0 41 0

将 ASP 文件放到英文系统中运行，连接同一数据库，结果如表 3-27 所示。

表 3-27　英文系统下的检索结果

库 / 列	Latin1		GBK		Big5	
	NV	V	NV2	V2	NV3	V3
Latin1	4A 55 45 6D 41 0	3F 0 3F 0 41 0	4A 55 45 6D 41 0	3F 0 3F 0 41 0	4A 55 45 6D 41 0	3F 0 3F 0 41 0
GBK	4A 55 45 6D 41 0	3F 0 3F 0 41 0	4A 55 45 6D 41 0	3F 0 3F 0 41 0	4A 55 45 6D 41 0	3F 0 3F 0 41 0
Big5	4A 55 45 6D 41 0	3F 0 3F 0 41 0	4A 55 45 6D 41 0	3F 0 3F 0 41 0	4A 55 45 6D 41 0	3F 0 3F 0 41 0

从 3 个表中可以看出，所有的 nvarchar 列，ASP 变量内存编码与实际存储是完全一致的，Unicode 编码全程无转换，直达 ASP 变量。

varchar 列中 V2 和 V3 的表现则相当混乱、毫无章法，根本无法推测转换的过程。只能初步地判断出，数据库的排序规则和客户端的 CodePage 设置都影响结果。虽然结果比较混乱，但是从中也可以看出，当列排序规则、数据库排序规则和客户端 CodePage 相对应的时候，结果都是正确的。如 V2 列只有上述三者都对应 GBK 的时候才是正确的。

那为什么在企业管理器的检索结果中，V2 列的 3 个值看起来都正常呢？如图 3-56 所示。这是因为企业管理器是使用 .net 的控件连接的数据库，处理细节是不同的。对于 ASP 编程来说，企业管理器中的显示结果只能仅供参考了。

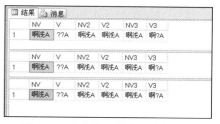

图 3-56　企业管理器中的检索结果

2. 使用 Auto Translate 属性

使用 ADO 检索数据时，数据变得很混乱，实际上是因为 OLE DB 在其中做了一些编码转换动作。在检索数据时，ASP 通过 ADO 调用 OLE DB，后者从数据库取得数据。注意，数据库是将存储数据原封不动地传递给 OLE DB 的，同时也将数据库的 CodePage 和每个列的 CodePage 传递给 OLE DB，然后由 OLE DB 进行编码转换工作。

那么 OLE DB 到底做了哪些转换动作呢？按我们的想法，只要按照列的 CodePage 将数据转回 Unicode 编码就可以了，但实际上 OLE DB 似乎做了更多的事情，导致结果不是那么好预测。好在 OLE DB 提供了 Auto Translate 属性，它的默认值是 True，即进行自动转换。那么将它置为 False，结果会如何呢？

修改连接字符串，在其中增加"Auto Translate=False"，代码如下所示。

```
Set conn = Server.CreateObject("ADODB.Connection")
connstr="Provider=sqloledb;Data Source=192.168.2.1;Initial Catalog=test1;User
Id=sa;Password=123456;Auto Translate=False;"
conn.open connstr
```

重新执行检索，简体系统中的结果如表 3-28 所示。

表 3-28   简体中文系统下的检索结果

库 / 列	Latin1		GBK		Big5	
	NV	V	NV2	V2	NV3	V3
Latin1	4A 55 45 6D 41 0	3F 0 3F 0 41 0	4A 55 45 6D 41 0	4A 55 45 6D 41 0	4A 55 45 6D 41 0	46 64 3F 0 41 0
GBK	4A 55 45 6D 41 0	3F 0 3F 0 41 0	4A 55 45 6D 41 0	4A 55 45 6D 41 0	4A 55 45 6D 41 0	46 64 3F 0 41 0
Big5	4A 55 45 6D 41 0	3F 0 3F 0 41 0	4A 55 45 6D 41 0	4A 55 45 6D 41 0	4A 55 45 6D 41 0	46 64 3F 0 41 0

繁体系统中的结果如表 3-29 所示。

表 3-29   繁体中文系统下的检索结果

库 / 列	Latin1		GBK		Big5	
	NV	V	NV2	V2	NV3	V3
Latin1	4A 55 45 6D 41 0	3F 0 3F 0 41 0	4A 55 45 6D 41 0	5B 96 60 F7 41 0	4A 55 45 6D 41 0	4A 55 3F 0 41 0
GBK	4A 55 45 6D 41 0	3F 0 3F 0 41 0	4A 55 45 6D 41 0	5B 96 60 F7 41 0	4A 55 45 6D 41 0	4A 55 3F 0 41 0
Big5	4A 55 45 6D 41 0	3F 0 3F 0 41 0	4A 55 45 6D 41 0	5B 96 60 F7 41 0	4A 55 45 6D 41 0	4A 55 3F 0 41 0

英文系统中的结果如表 3-30 所示。

表 3-30   英文系统下的检索结果

库 / 列	Latin1		GBK		Big5	
	NV	V	NV2	V2	NV3	V3
Latin1	4A 55 45 6D 41 0	3F 0 3F 0 41 0	4A 55 45 6D 41 0	B0 0 A1 0 C7 0 B3 0 41 0	4A 55 45 6D 41 0	B0 0 DA 0 3F 0 41 0
GBK	4A 55 45 6D 41 0	3F 0 3F 0 41 0	4A 55 45 6D 41 0	B0 0 A1 0 C7 0 B3 0 41 0	4A 55 45 6D 41 0	B0 0 DA 0 3F 0 41 0
Big5	4A 55 45 6D 41 0	3F 0 3F 0 41 0	4A 55 45 6D 41 0	B0 0 A1 0 C7 0 B3 0 41 0	4A 55 45 6D 41 0	B0 0 DA 0 3F 0 41 0

相关字符的编码如表 3-31 所示。

表 3-31   相关字符的编码表

字符	Latin1	GBK	Big5	Unicode
啊	不存在	B0A1	B0DA	554A
浅	不存在	C7B3	不存在	6D45

（续）

字符	Latin1	GBK	Big5	Unicode
A	41	41	41	41
摆	不存在	B0DA	不存在	6446
陛	不存在	B1DD	B0A1	965B
□	不存在	不存在	C7B3	F760

综合一下，可以看出，关闭自动转换之后，V2 和 V3 得表现非常一致，不再受数据库排序规则的影响，数据库中的实际存储数据直接按客户端系统的 CodePage 转换为 Unicode。V2 列是 GBK 编码，客户端是简体系统时结果正确。V3 列是 Big5 编码，客户端是繁体系统时结果正确。注意，结果只是与系统的默认 CodePage 有关，如果将英文系统的默认 CodePage 变更为 936，那么结果与简体系统时是一致的。

3.7.5 建议的做法

首先，极力推荐的做法是使用 Unicode 类型的字段，同时 SQL 语句的字符串常量使用前缀 N，全程无忧，又简单又省心，不受操作系统语言、数据库排序规则和列排序规则的影响，而且省去了编码转换的步骤，效率可以高一点点。如果不使用前缀 N，则要保证数据库的排序规则设置正确，否则可能丢失字符。

如果只能使用非 Unicode 类型的字段，则建议使用前缀 N，并正确设置列排序规则，可以保证数据正确的写入数据库。检索数据时，建议将 Auto Translate 设置为 False，这样编码转换只受客户端的影响。如数据库保存的是 GBK 编码，那么客户端是简体中文系统时结果正确，繁体中文系统时，则结果错误。

当然，如果 Web 服务器与数据库都是简体中文版本，一切默认的话，那么就没什么需要担心的了，怎么写都可以。

3.7.6 关于 Access

Access 数据库在小型应用中比较常用，它常用的字符串类型就是文本型和备注型。从 Access 2000 开始，字符串数据就是以 Unicode 编码保存的了，所以对于 Access 来说，比较简单，没有什么要考虑的。

在设计视图中，选择文本型或备注型后，可以看到"Unicode 压缩"的项目，可以选择"是"或"否"。选择"是"的时候，对于 Unicode 编码在 0x0000 ~ 0x00FF 之间的字符，将省略第一个字节 0，只保存后一个字节，以节省空间，读取数据时会进行还原。

在 Access 的选项中，有一个"新建数据库排序次序"，可以选择汉语拼音、中文笔画、中文繁体笔画、日语和韩语等。该处设置决定了新建的数据库的默认排序规则，在简体中文系统中，通常默认为汉语拼音。该设置只影响字符的排序，和字符编码无关。

3.8 编码转换整体流程图

下面以 POST 方式提交表单为例，看一下编码转换的整体流程，如图 3-57 所示。

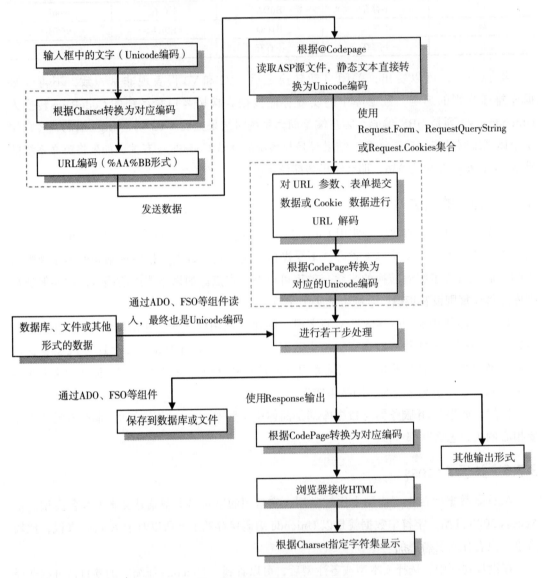

图 3-57 编码转换整体流程图

编码转换的关键点主要是：提交数据、读取源文件，Request 解析、数据库和文件操作、Response 输出和浏览器显示。碰到乱码的情况时，只要顺着流程图依次推算每个关键点的结果，就可以知道问题出在哪里，然后对症下药即可。

3.9　问题举例

3.9.1　如何编写 UTF-8 编码的程序

要编写一套 UTF-8 编码的程序，具体应该如何做呢？

❑ 所有 ASP 文件保存为 UTF-8 编码，然后以 UTF-8 编码打开进行编辑。

❑ 每个 ASP 文件都使用 @Codepage=65001。

❑ 每个 ASP 文件前部都使用 Response.Codepage=65001，以消除 Session.Codepage 可能带来的影响。

❑ 如果使用了 Response.Charset 属性，那么应该设置为 UTF-8。

❑ HTML 中的 Charset 使用 UTF-8，设置 Charset 的 <meta> 行放在 <title> 行之前，以防解析错误。

❑ 引用的 JS、CSS 等文件也要另存为 UTF-8 编码，或者在引用时声明文件所使用的 charset 也可以。如：

```
<script type="text/javascript" src="test.js" charset="gbk"></script>
```

编写其他编码的程序也是类似的，使用对应的 CodePage 和 charset 即可。经过如此处理的多套不同编码的程序即使放在一起也不会互相干扰。

3.9.2　境外空间读取数据库乱码

问题描述如下：

"我写了一套程序，是简体中文的，放在香港服务器上，浏览静态网页都正常，但调用数据库都不正常，我想应该是简体 Access 的问题吧。有处理过相关问题的朋友吗？应该怎么办啊？"

动态数据不正常，很容易想到，CodePage 不正确，经询问，确实没有设置 CodePage。程序是简体中文的，那么源文件编码是 GBK，网页 Charset 是 GBK。香港服务器的系统使用的是繁体中文，默认 CodePage 是 950，那么，实际效果就相当于使用了 @Codepage=950，导致乱码。

修改程序，追加 @Codepage=936，问题解决。

3.9.3　英文系统下 Chr 函数报错

如果指定了 CodePage 为 936，并使用 chr(&HB4BA) 来得到一个汉字，当服务器是英文系统时，可能会出现如图 3-58 所示的错误。

通常，我们使用中文系统，中文系统下 Chr 函数的参数范围是 –32 768 ～ 65 535，而英文系统下参数范围是 0 ~ 255，汉字的编码都超过了此范围，所以报错。对于此问题，没有太好的办法，只能尽量避免使用 Chr 函数。实在无法避免时，可以使用 Stream 对象变通实现。

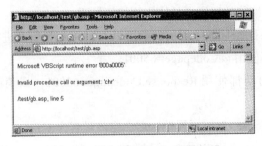

图 3-58　英文系统下 Chr 函数报错

范例代码如下所示：

```
' 直接使用 chr() 函数报错
'response.write chr(&HB4BA)

' 使用 Stream 对象变通实现
Set stream = Server.CreateObject("adodb.stream")
stream.Type = 2
stream.Charset = "iso-8859-1"
stream.Open
stream.WriteText chrw(&HB4) & chrw(&HBA)
stream.Position=0
stream.Charset = "GBK"
str = stream.ReadText
stream.Close
Set stream = nothing
response.write str
```

将 GBK 编码的两个字节拆开，按 ISO 8859-1 编码分别写入 Stream 对象，然后按 GBK 读取即可。

3.9.4　Server.MapPath 方法结果出现问号

如有以下一段非常简单的程序：

```
<%@codepage=936%>
<% Response.Charset="GBK" %>
<%
response.write Server.MapPath(" 飞翔 ")
%>
```

输出中却出现了问号，如图 3-59 所示。

结果让人很困惑，但原因其实很简单，因为这个 ASP 程序是运行在 IIS5.1 上的，IIS6

之前的版本对编码的支持不是非常好，是有一些问题的，如 Server.MapPath 这个方法。很明显，"飞翔"两个字被转成了 Big5 编码，然后又转回了 Unicode 编码，在转成 Big5 编码的过程中，"飞"字丢失了。

解决办法很简单，使用 IIS6 即可，运行结果如图 3-60 所示。

图 3-59　Server.MapPath 方法出现问号

图 3-60　IIS6 下结果正常

3.9.5　GBK 与 UTF-8 程序切换时乱码

UTF-8 和 GBK 程序放在同一 Web Application 下时，可能会有这样的问题。原因在于，某个程序设置了 Session.Codepage 属性，而另外一个程序没有设置。由于 Session.Codepage 属性优先级高，影响了程序的 CodePage，导致乱码。

解决方法是在程序中使用 Session.Codepage 或 Response.Codepage 属性设置一下 CodePage，建议使用后者。

3.9.6　如何在链接中正确地传递参数

假设在 A 页面中想通过链接传递一个姓名，一些 ASP 新手通常这样写：

```
<a href="B.asp?name= 嘎嘎 "> 查看详情 </a>
```

然后在 B.asp 中使用 request.querystring("name") 接收，可以正常接收，看起来没有问题。但实际上，系统环境和浏览器都可能影响参数的实际发送值，请看下面的例子。

❑ 使用日文系统，访问 GBK 编码的网页并单击"链接"按钮，提交的结果如图 3-61 所示。

图 3-61　日文系统下的运行结果

参数"竞赛123"的 GBK 编码应该为"BEBAC8FC313233",从图中可以看到,实际提交时"FC31"变为了"8145",导致结果错误。

☐ 使用繁体中文系统,访问 UTF-8 编码的网页并单击"链接"按钮,结果如图 3-62 所示。

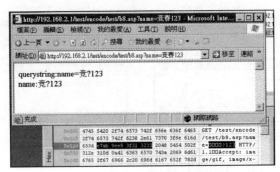

图 3-62　繁体中文系统下的运行结果

参数"竞赛123"的 UTF-8 编码应该为"E7AB9EE8B59B313233",可以看到"B59B"变为了"3f",导致结果错误。当我们看到结果中的"3f"时,就可以推测出,使用繁体中文系统时,编码 Big5 参与了转换过程。同样,使用日文系统时,编码 Shift_JIS 也参与了转换过程。具体是如何转换的,大家可以大致推测一下,对正确的编码重新分组即可。友情提醒,Shift_JIS 编码的前导字节范围是 81 ~ 9F 和 E0 ~ FC,而 Big5 编码的前导字节范围是 81 ~ FE。

在 URL 中直接带中文,实际发送的编码是不确定的,非常不靠谱,建议永远对参数值进行 URL 编码,这样才能保证参数的正确传递与接收。

对此例来说,在 A 页面中输出链接时,可以如下处理:

```
<a href="B.asp?name=<%=Server.URLEncode("嘎嘎")%>">查看详情 </a>
```

3.9.7　Server.URLEncode 方法的细节

首先,看一下 Server.URLEncode 方法对 ASCII 字符是如何转换的,执行以下代码即可。

```
<%
For i=1 To 127
    Response.write i & ":" & chr(i) & ":" & Server.URLEncode(chr(i)) &"<br>"
Next
%>
```

从结果可以看出,英文字母和数字都是保持原样的,其他基本都被编码为"%HH"的形式(其中 HH 是 ASCII 编码的十六进制形式,如字符"#",ASCII 码为 35,十六进制为 23,所以编码为 %23)。只有空格比较特殊,它被编码为"+",即一个加号。

常见的一些符号的编码结果如表 3-32 所示。

表 3-32　常见字符的 URL 编码

ASCII 码	字符	URL 编码	ASCII 码	字符	URL 编码
32	空格	+	59	;	%3B
33	!	%21	60	<	%3C
34	"	%22	61	=	%3D
35	#	%23	62	>	%3E
36	$	%24	63	?	%3F
37	%	%25	64	@	%40
38	&	%26	91	[	%5B
39	'	%27	92	\	%5C
40	(	%28	93	]	%5D
41	)	%29	94	^	%5E
42	*	%2A	95	_	%5F
43	+	%2B	96	`	%60
44	,	%2C	123	{	%7B
45	-	%2D	124	|	%7C
46	.	%2E	125	}	%7D
47	/	%2F	126	~	%7E
58	:	%3A	127	DEL	%7F

对于汉字，结果是类似的。如"春眠不觉晓"的编码结果是"%B4%BA%C3%DF%B2%BB%BE%F5%CF%FE"，其中"B4BA"是"春"字的 GBK 编码的十六进制形式，以此类推。

还有一种特殊情况需要注意，如"玥"字，它的十六进制编码为 AB68，而 URL 编码为 %ABh，而不是我们预想的 %AB%68，请注意，字母 h 的 ASCII 编码的十六进制形式正是 68。总结一下，如果十六进制编码 xxyy 中的 yy 位于 0x30 ～ 0x39、0x41 ～ 0x5A 或 0x61 ～ 0x7A 区间（即英数字）内，yy 对应的 ASCII 字符是 Y，那么 URL 编码结果是 %xxY。

Server.URLEncode 方法受当前 CodePage 的影响，如果要转换的字符在当前 CodePage 中不存在，该字符将被问号代替，如在 GBK 程序中执行 server.urlencode(chrw(&H00c4))，结果将是"%3F"，也就是问号。

3.9.8　如何编写 URLDecode 函数

首先，看一下 ASCII 字符的 URLDecode 函数的写法，以下是范例，比较简单，不再详述。对于单字节的字符集，都可以使用该函数进行解码。

```
'ASCII 字符的 URL 解码函数
Function urldecode_ascii(str)
```

```
    Dim newstr,iIndex,sChar,sHexStr,iHex
    newstr=""        ' 解码后字符串
    iIndex=1         ' 当前下标
    While (iIndex < len(str))
            sChar=mid(str,iIndex,1)              ' 取得一个字符
            If sChar="+" Then
                    newstr = newstr & chr(32)    ' 还原为空格
                    iIndex=iIndex +1
            Elseif sChar="%" then '%xx 形式的
                    sHexStr=mid(str,iIndex+1,2)   ' 取得 %xx 的 xx
                    iHex=cint("&H" & sHexStr)     ' 将 xx 转换为十进制数字
                    newstr = newstr & chr(iHex)   ' 还原为对应字符
                    iIndex=iIndex+3
            Else
                    newstr = newstr & sChar      ' 英数字，直接拼接
                    iIndex=iIndex +1
            End If
    Wend
    urldecode_ascii=newstr
End Function
```

双字节字符的 URLDecode 函数则较为复杂一些，URL 编码中可能存在 "%uxxxx"
"%xx%yy" 和 "%xxY" 的形式，这些都要进行区分处理。

"%uxxxx" 的形式主要是客户端使用 JavaScript 的 escape 函数转换并提交的，其中
"xxxx" 是字符的 Unicode 编码的十六进制形式，如 "春" 字的 Unicode 编码十六进制形式
为 6625，则 escape(" 春 ") 的结果是 "%u6625"。反过来解码时，只要得到其中的 "xxxx"
部分，转换为数字，然后使用 chrw 函数即可转换为对应字符。

对 "%xx%yy" 和 "%xxY" 进行解码时，首先应该得到其中的 "xx"，转换为数字，
如果小于 128，说明是 ASCII 字符，将 "%xx" 单独转换即可；如果大于等于 128，则要判
断是否是前导字节，如果是，则将 "xxyy" 一起作为一个字符解码，如果不是，则要特别判
定一下（如 CP936 的前导字节范围是 0x81 ～ 0xFE，0x80 有字符定义，0xFF 没有字符定义）。

以下是范例代码。

Urldecode_gbk.asp

```
<%@codepage=936%>
<%
response.charset="GBK"

str="hello！春天来了玥" & chr(128)         ' 加上特殊的 0x80
encodeStr = Server.URLEncode(str) & "%FF"   ' 加上未定义的 0xFF

response.write "原文: " & str & "<hr>"
response.write "编码后: " & encodeStr & "<hr>"
response.write "解码后: " & urldecode_gbk(encodeStr) & "<hr>"
```

```
' 简体中文的 URL 解码函数
Function urldecode_gbk(str)
    Dim newstr,iIndex,sChar,sHexStr,iHex
    newstr=""
    iIndex=1
    While (iIndex < len(str))
        sChar=mid(str,iIndex,1)
        If sChar="+" Then
            newstr = newstr & chr(32)              '+ 还原为空格
            iIndex=iIndex +1
        Elseif sChar="%" Then
            sChar=mid(str,iIndex+1,1)              ' 是否是 %u6625 的形式
            If sChar="u" Then
                sHexStr=mid(str,iIndex+2,4)        ' 取得 6625
                iHex=cint("&H" & sHexStr)
                newstr = newstr & chrw(iHex)       ' 还原为对应的字符
                iIndex=iIndex +6
            Else
                sHexStr=mid(str,iIndex+1,2)        ' 其余是 %xx 的形式，取得 xx
                iHex=cint("&H" & sHexStr)          ' 将 xx 转换为十进制数字
                If iHex<=128 Then
                    newstr = newstr & chr(iHex)
                                                   ' 还原为 ASCII 字符或 0x80 这个字符
                    iIndex=iIndex+3
                Elseif iHex = 255 Then             ' 对于 %FF 直接跳过
                    iIndex=iIndex+3
                Else
                    sChar=mid(str,iIndex+3,1)
                    If sChar="%" Then              '%xx%yy 形式的
                        sHexStr=sHexStr & mid(str,iIndex+4,2)
                                                   ' 将 xx 和 yy 拼接起来
                        iHex=cint("&H" &sHexStr)
                        newstr = newstr & chr(iHex)    ' 还原字符
                        iIndex=iIndex+6
                    Else                           '%xxY 形式的
                        sHexStr=sHexStr & Hex(Asc(sChar))
                                                   ' 将 Y 转换为 yy，并和 xx 拼接起来
                        iHex=cint("&H" &sHexStr)
                        newstr = newstr & chr(iHex)    ' 还原字符
                        iIndex=iIndex+4
                    End If
                End If
            End If
        Else
            ' 英数字
            newstr = newstr & sChar
            iIndex=iIndex +1
        End If
    Wend
    urldecode_gbk=newstr
End Function
%>
```

运行结果如图 3-63 所示。

需要注意，该解码函数需要配合 CodePage=936 来使用，因为 chr 和 asc 函数是受

CodePage 影响的。对此函数进行一些修改，即可
适用于繁体中文、日文等的 URL 解码，前提是
了解该编码下 128 ~ 255 的字节分配。

从范例可以看出，自己处理细节的话，代码
比较烦琐。其实，我们有一个转换编码的利器，
应该多多使用，它就是 Adodb.Stream 对象。以
"春"字为例，它的 URL 编码为 "%B4%BA"，
替换掉其中的百分号，结果就是 "B4BA"，它就

图 3-63　URL 解码范例

是"春"字的 GBK 编码。我们只要将这些编码按字节写入 Stream 对象，然后读取文本就
可以了。Stream 对象会自动完成字节到字符的转换，具体的细节问题就无需考虑了。

看一下范例。

urldecode_stream.asp

```
<%@codepage=936%>
<%
response.charset="GBK"

str="hello！春天 ASCII 玥天 " & chr(128)            '加上特殊的 0x80
encodeStr = Server.URLEncode(str) & "%FF%u6625"  '加上未定义的 0xFF
decodeStr = urldecode(encodeStr,"GBK")
response.write "原文: " & str & "<hr>"
response.write "编码后: " & encodeStr & "<hr>"
response.write "解码后: " & decodeStr & "<hr>"

'----------- 通用的 URL 解码函数 -------------------
Function urldecode(str,charset)
    Dim newstr,beginIndex,endIndex,i,sChar,sHexStr

    '先把加号替换为空格。
    newstr=Replace(str, "+", " ")

    'Stream 对象，使用 ISO 8859-1 编码
    Set stream = Server.CreateObject("adodb.stream")
    stream.Type = 2
    stream.Charset = "iso-8859-1"
    stream.Open

    '例: hello%A3%A1%B4%BA%CC%ECASCII%ABh%CC%EC%80%FF%u6625
    beginIndex=1
    Do While (beginIndex <= len(str))
```

```
        ' 在当前位置之后查找 "%"
        endIndex=instr(beginIndex,newstr,"%")

        ' 没有找到 "%"，则把后面的英数字写入 Stream，然后跳出循环
        If endIndex=0 Then
                stream.WriteText right(newstr,len(str)-beginIndex+1)
                Exit Do
        End If

        ' 找到 "%"，则把当前位置与找到的 "%" 之间的英数字写入 Stream
        stream.WriteText mid(newstr,beginIndex,endIndex-beginIndex)

        ' 判断这个 "%" 后面是 uxxxx 还是 xx
        sChar=mid(newstr,endIndex+1,1)
        If sChar="u" Then
                sHexStr=mid(str,endIndex+2,4)              '%uxxxx 的形式，取得 xxxx
                stream.Position=0
                stream.Charset = charset                   ' 设置为目标字符集
                stream.Position=stream.size                ' 指针跳到最后
                stream.WriteText chrw(cint("&H" & sHexStr)) ' 会自动转换为目标编码
                stream.Position=0:
                stream.Charset = "iso-8859-1"              ' 再设置成 ISO 8859-1
                stream.Position=stream.size                ' 指针跳到最后
                beginIndex=endIndex +6
        Else
                sHexStr=mid(str,endIndex+1,2)              '%xx 的形式，取得 xx
                stream.WriteText chrw(cint("&H" & sHexStr))   ' 使用 chrW 写入
                beginIndex=endIndex+3
        End If
    Loop
    ' 例：流中的数据: FF FE 68 65 6C 6C 6F A3 A1 B4 BA CC EC
    '41 53 43 49 49 AB 68 CC EC 80 FF B4 BA
    stream.Position=0
    stream.Charset = charset                              ' 设置为目标字符集
    urldecode = stream.ReadText                           ' 读取文本
    stream.Close
    Set stream = nothing
End Function
%>
```

此例的关键点是，Stream 对象的 charset 应该使用 ISO 8859-1，因为该编码在 0 ~ 255 的每个位置上都有字符定义，那么写入单字节的数据时，就不会发生字符丢失。这一点是使用 GBK、Big5、Shift_JIS 等其他编码办不到的。

此函数如果没有 "%uxxxx" 数据的处理，看起来将是相当简洁的。这个函数比较通用，可以用于多种 URL 编码的解码（包括 UTF-8 编码），只要设置参数中的 Charset 即可。

以上几个范例函数仅供参考，意在给大家提供一些思路，实际应用中需要更加严谨一些，比如 Mid() 函数的下标是否超过范围，"%xx" 形式中的 "xx" 是不是出现了 A ~ F

以外的字母等细节问题，都需要判断处理。

3.9.9 Ajax 的 Get 方式返回值乱码

问题描述如下：

"我使用 Ajax 到服务端检查用户名是否可用，可是返回的文本却是乱码。程序编码都是 GBK 的，是不是编码有问题啊？"

经询问，该用户使用 Ajax 的 Get 方式，通过访问"checkUser.asp?name=gaga"这样的地址来检查用户名是否可用。直接访问该 URL 是没有问题的，而通过 xmlHttp 访问得到的返回值却是乱码，所以应该是转码的问题。查看 checkUser.asp 代码，发现没有设置 response.charset 属性，添加"response.charset="GBK""后，问题解决。

设置 Charset 属性为 GBK 后，返回信息 Header 部分的 Content-Type 行是如下的值：

```
Content-Type: text/html; Charset=GBK
```

xmlHttp 组件会根据该 Charset 指定的编码对返回的信息进行读取。如果没有发现 Charset，则默认使用 UTF-8 编码来读取。所以，当返回信息不是 UTF-8 编码，并且 Charset 没有设置时就会乱码，有时还可能报"文件末尾处于当前编码的无效状态"的错误。

使用 POST 方式时，也是类似。另外，在 HTML 中使用 <Meta> 标签设置 Charset 是无法解决该问题的。

如果不能修改服务端程序，则只能在客户端对返回的数据按 GBK 进行解码。

3.9.10 Ajax 的 Post 方式传递中文参数乱码

使用 Ajax 的 Post 方式传递中文参数，如"name= 张三"，服务端使用 request.form("name") 接收到的是乱码，程序编码都为 GBK。客户端代码如下例所示：

```
<script language="javascript">
Function doGet(){
    Var url="server.asp?t=" + new Date().getTime();
    Var xmlHttp = new ActiveXObject('Msxml2.XMLHTTP.5.0');
    xmlHttp.open("POST",url, false);
    xmlHttp.setRequestHeader("Content-Type","application/x-www-form-urlencoded;
charset=big5");
    xmlHttp.send("name= 张三");
    if(xmlHttp.readyState == 4 && xmlHttp.status == 200){
        alert(xmlHttp.responseText);
    }
}
</script>
```

问题就出在"张三"这两个汉字上，客户端代码没有对参数进行 URL 编码处理，直接写的汉字，而 Send 方法对于字符串总是以 UTF-8 编码提交。

如果服务端程序可以修改的话，临时切换一下 CodePage 即可，举例如下：

```
response.codepage=65001
name = request.form("name")
response.codepage=936
response.write "name:" & name
```

注意在接收参数后立刻将 CodePage 设置回来，以免影响后面的代码。如果服务端是 UTF-8 编码的程序，那么就什么都不用做了，直接接收即可。

如果服务端程序不能修改的话，那么可以用 escape 方法处理一下参数，或将参数转换为 GBK 的 URL 编码。

3.9.11 使用 JavaScript 进行 URL 编码

客户端使用较多的语言是 JavaScript。在 JavaScript 中常用的编码方法有 escape、encodeURI 和 encodeURIComponent，对应的解码方法为 unescape、decodeURI 和 decodeURIComponent。

简单地说，escape 适合对 ASCII 字符进行编码，encodeURI 适合对整个 URL 进行编码，encodeURIComponent 适合对 URL 中的 QueryString 部分进行编码。

下面详述一下 3 种编码方法的区别。

1）对于 ASICII 字符来说，转换结果可以总结为以下几条：

❑ 英文字母和数字，3 种编码方法都是保持原样不动。

❑ ASCII 码 32 之前的字符，都编码为 %xx 的形式。

❑ 其他的 ASCII 字符的编码，请见表 3-33。

表 3-33 对 ASCII 字符进行 URL 编码的结果

ASCII 码	字符	escape()	encodeURI()	encodeURIComponent()
32	空格	%20	%20	%20
33	!	%21	!	!
34	"	%22	%22	%22
35	#	%23	#	%23
36	$	%24	$	%24
37	%	%25	%25	%25
38	&	%26	&	%26
39	'	%27	'	'
40	(	%28	(	(
41	)	%29	)	)
42	*	*	*	*
43	+	+	+	%2B
44	,	%2C	,	%2C

（续）

ASCII 码	字符	escape()	encodeURI()	encodeURIComponent()
45	-	-	-	-
46	.	.	.	.
47	/	/	/	%2F
58	:	%3A	:	%3A
59	;	%3B	;	%3B
60	<	%3C	%3C	%3C
61	=	%3D	=	%3D
62	>	%3E	%3E	%3E
63	?	%3F	?	%3F
64	@	@	@	%40
91	[	%5B	%5B	%5B
92	\	%5C	%5C	%5C
93	]	%5D	%5D	%5D
94	^	%5E	%5E	%5E
95	_	_	_	_
96	`	%60	%60	%60
123	{	%7B	%7B	%7B
124			%7C	%7C	%7C
125	}	%7D	%7D	%7D
126	~	%7E	~	~
127	DEL	%7F	%7F	%7F

2）对于非 ASCII 字符的编码，举例如下：

❑ escape（"春天"）返回 "%u6625%u5929"，"6625" 为 "春" 字的 Unicode 编码的十六进制形式。

❑ encodeURI（"春天"）返回 %E6%98%A5%E5%A4%A9，"E698A5" 为 "春" 字的 UTF-8 编码的十六进制形式。

❑ encodeURIComponent 方法，与 encodeURI 方法相同。

3 个函数的返回值与 HTML 页面当前编码无关，不管页面编码是什么，返回值都是一样的。

在 URL 中传递参数时，"&" 和 "+" 是两个特殊的字符，前者是两个参数的间隔符，而后者代表着空格。如果这两个字符出现在参数值中，那么就需要对它们进行转换。从 ASCII 字符的转换表格可以看到，escape 方法没有转换字符 "+"，encodeURI 方法没有转换字符 "&" 和 "+"，而 encodeURIComponent 对二者都进行了转换。所以，从这点来说，建议使用 encodeURIComponent 方法。

使用 escape 方法时，汉字的结果是"%uxxxx"的形式，实际测试发现，ASP 的 Request 对象是可以识别此种编码形式的。理论上，使用 escape 方法就可以向服务端发送任何 Unicode 字符了，但是，服务端最好使用 UTF-8 编码接收数据。如给服务端的 GBK 程序传递一个"name=%u00C5"（即字符"Å"），由于该字符在 GBK 编码中不存在，结果就是一个问号。如果服务端是 UTF-8 编码的，则一切正常。

使用 encodeURI 和 encodeURIComponent 方法时，需要服务端以 UTF-8 编码接收参数。

如果大家使用的是一些 JavaScript 库，那么就需要对这些库的内部处理方式有一些了解才行。如在 jQuery 里，可能会使用一个 Form 对象的 serialize 方法来得到表单项目的 name=value 形式。通过 jQuery 的源代码，可以看出，serialize 方法最终是使用 encodeURIComponent 方法对表单项目的 name 和 value 进行了 URL 编码，那么服务端应该使用 UTF-8 编码来接收参数。

在某些应用场景，需要将参数转换为 GBK 的 URL 编码然后提交。JavaScript 本身并没有提供方法将字符转换为 GBK 编码，而且 JavaScript 中字符串都是 Unicode 编码的，由于汉字的 Unicode 编码和 GBK 编码之间没有对应关系，所以无法通过公式进行转换。通常的做法都是做一个 Unicode 字符和 GBK 编码的转换表，通过查表进行 URL 编码和解码。

简单的范例如下所示。

```
<script>
// 转换表
Var GBKTable = new Array();
GBKTable[0x5549]="%DF%F8";        // 啉
GBKTable[0x554A]="%B0%A1";        // 啊
GBKTable[0x554B]="%86%92";        // 啋

// 编码函数
Function urlEncodeGBK(str) {
    Var result = "";
    For(var i=0;i<str.length;i++) {
        Var d = str.charCodeAt(i);
        If(d >= 0x20 && d <= 0x7F) {
            //ASCII 字符的处理，这里省略了
        } Else {
            result += GBKTable[d];
        }
    }
    Return result;
}
Alert(urlEncodeGBK(" 啉啊啋 "));
</script>
```

写得比较简略，仅供参考。如果只兼容 IE 的话，可以使用 adodb.stream 组件，会方便一些。

3.9.12 JavaScript 读写中文 Cookie

首先要清楚，对于一个 ASP 网页来说，服务端 ASP 和客户端 JavaScript 操作的 Cookie 是同一个东西，在一端添加、修改或删除了一个 Cookie，在另一端会体现出来，即两端可以混合操作 Cookie。

在 ASP 中读写 Cookie 是非常轻松的，使用 Response.Cookies 设置 Cookie 时，会自动对 Key 和 Value 进行 URL 编码，使用 Request.Cookies 取得 Cookie 时，会自动进行 URL 解码，完全不用操心编码的问题。

但是，在客户端使用 JavaScript 操作 Cookie 时，编码和解码的问题都需要自己处理，特别是遇到中文时，处理不当即出现乱码。

看一个简单的范例。

cookie_wrong.asp

```
<%@codepage=936%>
<%
response.charset = "GBK"

'服务端读取 Cookie
title = Request.Cookies("title")
name = Request.Cookies("name")
Response.write "服务端读取 title: " & title & "<br>"
Response.write "服务端读取 name: " & name & "<br>"

'服务端设置 Cookie
Response.Cookies("title") = "hello 春天"
%>
<script>
// 客户端读取 Cookie
document.write("客户端所有 Cookie 值: " + document.cookie);
document.write("<br>escape 解码后: " + getCookie("title"));

// 客户端设置 Cookie，使用 escape()
document.cookie = "name=" + escape("hello 冬天");

// 按 name 取得 Cookie 值
Function getCookie(name){
    Var arr,reg=new RegExp("(^| )"+name+"=([^;]*)(;|$)");
    If(arr=document.cookie.match(reg)){
            Return unescape(arr[2]);        // 使用 unescape () 解码
    }Else{
            Return "";
    }
}
</script>
```

运行结果如图 3-64 所示。

图 3-64　客户端读写 Cookie

刷新一下页面，结果如图 3-65 所示。

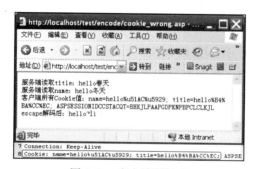

图 3-65　客户端刷新后

ASP 中 的 字 符 串 "hello 春 天" 被 编 码 为 "hello%B4%BA%CC%EC" 发 送 到 客户端。客户端 JavaScript 使用 document.cookie 读取的是所有 Cookie 的字符串，需要自己拆分并解码，可以看到 unescape 函数的解码结果并不正确，实际上 decodeURI 和 decodeURIComponent 两个函数也无法正确解码。然后，客户端也设置了一个 Cookie，使用的是 escape 函数，编码结果为 "hello%u51AC%u5929"。刷新页面时，Cookie 被发送到服务端，ASP 对两个 Cookie 值均能正确解码。所以，关键之处就是如何让客户端能够进行正确解码。

在 ASP 端，Response.Cookies 集合对 Cookie 值进行编码的过程是内置的，我们无法干预，否则，我们只要手动编码为 "%uxxxx" 的形式，客户端使用 unescape 函数就能正确解码了。但是，别着急，办法总是有的。从上例的截图可以看出，设置 Cookie 实际就是在 Header 信息中添加 Set-Cookie 行，所以，我们可以避开 Response.Cookies 集合，直接使用 Response.AddHeader 方法追加 Set-Cookie 行，那么 Cookie 值我们想写什么都可以了。

要达到与 escape 函数相同的结果，可以使用 VBScript 再编写一个函数，或者干脆直接调用 JavaScript 的 escape 函数，还是后者比较简单。所以，对于上面的范例来说，只需要

修改一行代码。将

```
Response.Cookies("title") = "hello 春天"
```

更改为以下语句即可：

```
Response.AddHeader "Set-Cookie", "title=" & escape("hello 春天") & "; path=/test"
```

其中的 path=/test 需要根据实际情况修改，通常就是 IIS 中虚拟目录的路径。

如果服务端使用的是 UTF-8 编码，那么可以照常使用 Response.Cookies 集合来设置 Cookie，而客户端 JavaScript 配合使用 encodeURIComponent() 进行编码、使用 decodeURIComponent() 进行解码即可，相对来说更省事一些。

最后，通常不建议在 Cookie 中传递过多信息，尤其是中文信息。

3.9.13　为什么数据库中是问号

问题描述如下：

我輸入頁面是 UTF-8，資料庫的欄位屬性也是 nvarchar，我輸入日文的我愛你應該是"私はあなたを愛した"，到資料庫去看變成私" ?????愛 ??"。我輸入簡體的"我愛你"，到資料庫去看變成"我 ? 你"。網頁最上面有寫<%@LANGUAGE="VBSCRIPT" CODEPAGE="65001"%>，為何還是不行呢？為何我輸入頁面用 Big5，資料庫欄位用 ntext，再用 Big5 的頁面去讀，就是可以的，怎麼會這樣呢？

网页中使用 UTF-8 编码，并且设置了 codepage=65001，那么字符串可以正确地传递到数据库。数据库存储出现问号，说明有错误的编码转换过程导致字符丢失。丢失的字符都是繁体中文中不存在的字符，说明进行了 Unicode 到 Big5 的转换。由于列的类型是 nvarchar，那么转换只能发生在数据库一级，所以推测原因是，数据库的排序规则是繁体中文的，插入数据的 SQL 语句中没有使用前缀 N，所以数据库一级进行了编码转换，导致字符丢失。修改 SQL 语句，追加前缀 N，问题解决。

那么，网页使用 Big5 编码时，为什么可以呢？其实，并不是真的可以了。使用 Big5 编码时，提交表单时，Big5 字符集之外的字符会被转换为" &#xxxxx;"这样的 HTML 实体形式，这样的数据保存到数据库，以后就无法查询了。

3.10　关于本地化

本地化包含的内容很多，如数字日期和时间的格式、货币符号、排序规则、键盘用法、符号、图标、颜色、动作、思想、习惯、法律等很多方面。

在 ASP 中，可以通过切换区域设置，来达到本地化的目的，当然，能够本地化的仅仅有数字、日期、时间、货币和排序规则。

　　打开系统的"控制面板／区域和语言选项"，可以变更选择的区域，那么当前的数字、日期、货币等的格式就会发生改变。在 ASP 中切换区域的作用也是类似的，并且初始的数字、日期、货币等的格式也是由控制面板这里的设置决定的。

　　如图 3-66 所示是"区域选项"对话框的图片。

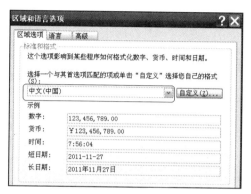

图 3-66　区域选项对话框

　　单击"自定义"按钮，可以详细设置各种格式，如图 3-67 所示。

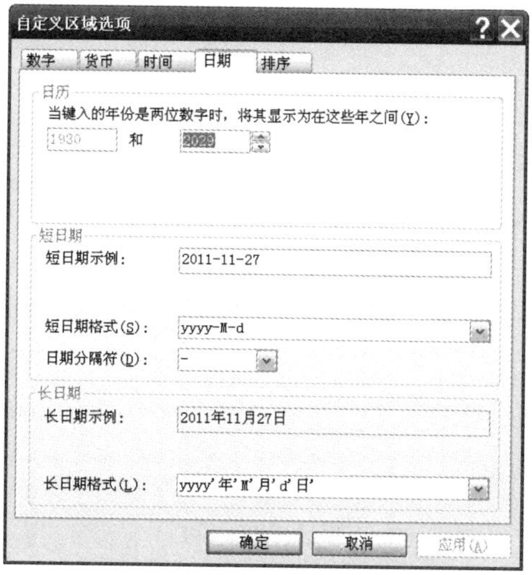

图 3-67　区域选项的自定义选项

3.10.1　区域设置 LCID

　　ASP 中的区域设置是通过 LCID（Locale Identifier）设定的。

　　与 CodePage 类似，LCID 也有多种设定方式，它们是 @ LCID、Session.LCID、

Response.LCID、AspLCID MetaBase 和系统区域设置，它们之间的优先级别也和 CodePage 类似，如图 3-68 所示。

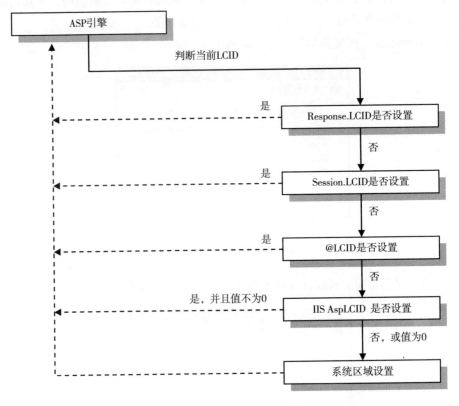

图 3-68　LCID 的决定过程

在 VBScript 语言中，有个 setLocale 函数，也是用来设置区域的。但是，它只能设置 VBScript 脚本引擎的区域，不能影响 ASP 引擎，而 ASP 的 LCID 属性同时影响 ASP 引擎和脚本引擎，所以应该使用 LCID 来进行区域设置，而不用 setLocale 函数。

下面看一个区域设置的范例。

Lcid_money.asp

```
<%@codepage=65001%>
<%
response.charset="UTF-8"

lcidStr = "2052,3076,4100,1028,2057,1033,3084,3079,1049,11274,1077"
areaStr = "中文-中国,中文-香港地区,中文-新加坡,中文-台湾地区,英语-英国,英语-美
国,法语-加拿大,德语-奥地利,俄语,西班牙语-阿根廷,祖鲁语"
lcidArray = Split(lcidStr,",")
areaArray = Split(areaStr,",")
```

```
' 循环输出
For i =0 To Ubound(lcidArray)
    response.lcid=cint(lcidArray(i)) ' 切换 LCID
    response.write areaArray(i) & "------------"
    response.write FormatCurrency(12345678.12)&"<br>"
Next
%>
```

运行结果如图 3-69 所示。

图 3-69　不同区域的货币符号

从结果可以看出，货币符号多种多样，放置位置也不同，数字格式化的方式也不一样。如果我们自己考虑这些问题，那绝对要头疼得要命，而有了 FormatCurrency 函数，一切都变得轻轻松松。

该范例只演示了 Response.LCID 的使用，其他 LCID 设置方式和 CodePage 类似，不再详述。

LCID 指定的区域必须在控制面板的区域设置中存在，否则将报错。如越南语的区域（LCID 为 1066）在 XP 系统中默认是不存在的，需要在控制面板中选中"为复杂文字和从右到左的语言安装文件"复选项，如图 3-70 所示。

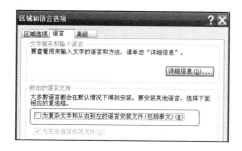

图 3-70　附加的语言支持

LCID 和 CodePage 互不影响，也就是说，设置了 LCID 后，货币符号之类的字符能否正确显示，还是取决于 CodePage。程序想支持多种 LCID 的话，建议还是使用 UTF-8 为好。

3.10.2 区域设置影响哪些函数

区域设置可以影响数字、日期、时间、货币和排序规则，所以与这些内容相关的一些函数都会受到影响。

❑ 数字的函数，如 FormatNumber、FormatPercent 和 cint、clng、cdbl 等转换函数。

❑ 日期和时间的函数，如 now、date、time、cdate 和 FormatDateTime 等。

❑ 货币的函数，如 ccur 和 FormatCurrency。

❑ 排序规则，隐含影响字符的比较。

实际上，最主要的就是影响 3 个 Format 函数。

范例如下。

lcid_all.asp

```
<%@codepage=65001%>
<%
response.charset="UTF-8"

lcidStr = "2052,3084,3079,11274"
areaStr = "中文-中国,法语-加拿大,德语-奥地利,西班牙语-阿根廷"
lcidArray = Split(lcidStr,",")
areaArray = Split(areaStr,",")
'循环输出
For i =0 To Ubound(lcidArray)
    response.lcid=cint(lcidArray(i))                    '切换 LCID
    response.write "<span style='float:left;width=150px'>"
    response.write areaArray(i) & "<br>"
    response.write FormatCurrency(12345678.12)&"<br>"    '货币格式化
    response.write FormatDateTime(date())&"<br>"         '日期格式化
    response.write FormatDateTime(time())&"<br>"         '时间格式化
    response.write FormatNumber(12345678.12)&"<br>"      '数字格式化
    response.write FormatPercent(0.5689)&"<br>"          '百分比格式化
    response.write "</span>"
Next
%>
```

运行结果如图 3-71 所示。

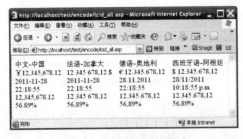

图 3-71　区域设置的影响

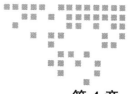

第 4 章 *Chapter 4*

XMLDOM 操作

XML 本身很简单,一个 XML 文件只是一个普通的文本文件而已,但是,由于 XML 独特的层次结构,从中解析数据是相当麻烦的。

DOM 是 Document Object Model 的缩写,它定义了一个与平台、语言无关的接口,允许程序和脚本动态地访问、更新 XML 文档的内容、结构和样式。DOM 只是一种定义,它只是说这种模型应该怎么样,而没有具体实现它,任何人可以用任何语言来实现它。

MSXML 组件是微软的 XML 解析器。它以 COM 对象的形式实现了 DOM,它会将 XML 数据变成一个个对象,通过对象的属性和方法就可以进行各种操作,方便快捷。

DOM 实现只是 MSXML 组件的一部分,它还实现了 SAX2、XSD、Xpath 和 XSLT 等模型。

4.1 MSXML 简介

4.1.1 MSXML 的版本

MSXML 的版本比较混乱,系统不同,安装的软件不同,MSXML 的版本可能就不同。下面简单列举几个:

❑ MSXML 最新的版本是 MSXML6.0,通常需要单独下载安装。

❑ MSXML5.0 是伴随着 Office 2003 或 Office 2007 而来的。

❑ IE6.0 附带的是 MXML3.0 SP2 版本,IE6.0 SP1 附带的是 MXML3.0 SP3 版本。

❑ MDAC 2.7(Windows XP)附带的是 3.0SP2,而 MDAC 2.8(Windows Server 2003)

是 3.0SP4。

❑ Microsoft.NET Framework 3.0、Microsoft Visual Studio 2005、Microsoft SQL Server 2005 附带的是 MSXML 6.0。

MSXML 的多个版本是共存的，即使安装了新版本，旧版本还是存在的。MSXML5.0 对应的文件是 MSXML5.dll，它通常位于 C:\Program Files\Common Files\Microsoft Shared\ OFFICE11 目录下，而 MSXML.dll、MSXML2.dll、MSXML3.dll、MSXML4.dll 和 MSXML6. dll 是位于 System32 目录下的。

建议使用 6.0 版本，其次是 3.0 版本。因为 6.0 版本的安全性、性能、稳定性和 W3C 一致性都是最好的，3.0 版本的安装最广泛，而 5.0 版本主要是用来支持 Office 的，4.0 版本已被 6.0 版本替代。

本章中的范例均以 6.0 版本为准。6.0 版本实现了以下标准：

❑ XML 1.0（DOM 和 SAX2 API）

❑ XML Schema（XSD）1.0

❑ XPath 1.0

❑ XSLT 1.0

4.1.2 MSXML 的实现机制

下面简单介绍一下 DOM 的实现机制和 DOM 树的内部构成。

打开 XML 文档时，MSXML 解析器将整个 XML 文档读入内存，进行解析，根据文档的结构和内容构造出一棵 DOM 树，并提供随机存取的支持。对于程序来说，原来要面对的一大串文本变成了一个个对象，只要访问对象的属性和方法就可以轻松读取或写入数据。保存时，MSXML 解析器会将这棵 DOM 树再转换为 XML 文档。

MSXML 的实现机制如图 4-1 所示。

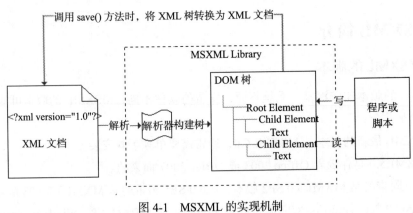

图 4-1　MSXML 的实现机制

4.1.3 MSXML 的对象构成

MSXML 组件主要由以下几种对象组成。

1. DOM Document

DOM Document 对象是最顶层的对象，一切操作都以它为起点。

2. IXMLDOMNode

IXMLDOMNode 是 DOM 树中最基本的对象，它代表树中的一个节点。XML 中的处理指令、元素、属性、注释等所有节点都是一个 IXMLDOMNode 对象。

3. IXMLDOMNodeList

IXMLDOMNodeList 是节点的集合，如子节点的集合、符合查找条件的节点的集合等。该集合可以使用 For Each 语句进行遍历。

4. IXMLDOMNamedNodeMap

IXMLDOMNamedNodeMap 也是节点的集合，但它是按节点名字进行索引的集合，同样可以使用 For Each 语句进行遍历。属性的集合就是一个 IXMLDOMNamedNodeMap。

5. IXMLDOMParseError

IXMLDOMParseError 表示解析过程中的错误信息。

4.1.4 DOM 树的结构

下面用一个实例说明一下 DOM 树的结构，XML 数据的内容如图 4-2 所示。

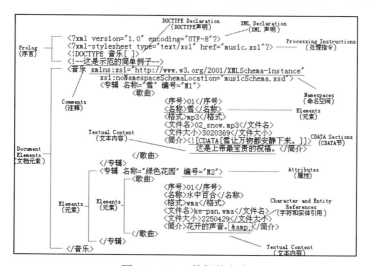

图 4-2 XML 数据的内容

使用 MSXML 组件载入该 XML 内容后，DOM 树的结构如表 4-1 所示。

表 4-1 DOM 树的结构

节点名称	节点类型	节点值
#document	DOMDocument60	
--xml	IXMLDOMProcessingInstruction	version="1.0" encoding="UTF-8"
----version	IXMLDOMAttribute	1.0
------#text	IXMLDOMText	1.0
----encoding	IXMLDOMAttribute	UTF-8
------#text	IXMLDOMText	UTF-8
--xml-stylesheet	IXMLDOMProcessingInstruction	type="text/xsl" href="music.xsl"
-- 音乐	IXMLDOMDocumentType	
--#comment	IXMLDOMComment	这是示范的简单例子
-- 音乐	IXMLDOMElement	
----xmlns:xsi	IXMLDOMAttribute	http://www.w3.org/2001/XMLSchema-instance
------#text	IXMLDOMText	http://www.w3.org/2001/XMLSchema-instance
----xsi:noNamespaceSchemaLocation	IXMLDOMAttribute	musicSchema.xsd
------#text	IXMLDOMText	musicSchema.xsd
---- 专辑	IXMLDOMElement	
------ 名称	IXMLDOMAttribute	雪
--------#text	IXMLDOMText	雪
------ 编号	IXMLDOMAttribute	M1
--------#text	IXMLDOMText	M1
------ 歌曲	IXMLDOMElement	
-------- 序号	IXMLDOMElement	
----------#text	IXMLDOMText	01
-------- 名称	IXMLDOMElement	
----------#text	IXMLDOMText	雪
-------- 格式	IXMLDOMElement	
----------#text	IXMLDOMText	mp3
-------- 文件名	IXMLDOMElement	
----------#text	IXMLDOMText	02_snow.mp3
-------- 文件大小	IXMLDOMElement	
----------#text	IXMLDOMText	3020369
-------- 简介	IXMLDOMElement	
----------#cdata-section	IXMLDOMCDATASection	雪让万物都安静下来。
----------#text	IXMLDOMText	这是上帝最宝贵的祝福。
---- 专辑	IXMLDOMElement	
------ 名称	IXMLDOMAttribute	绿色花园

（续）

节点名称	节点类型	节点值
--------#text	IXMLDOMText	绿色花园
------ 编号	IXMLDOMAttribute	M2
--------#text	IXMLDOMText	M2
------ 歌曲	IXMLDOMElement	
------- 序号	IXMLDOMElement	
---------#text	IXMLDOMText	01
------- 名称	IXMLDOMElement	
---------#text	IXMLDOMText	水中百合
------- 格式	IXMLDOMElement	
---------#text	IXMLDOMText	wma
------- 文件名	IXMLDOMElement	
---------#text	IXMLDOMText	ke-pan.wma
------- 文件大小	IXMLDOMElement	
---------#text	IXMLDOMText	2250429
------- 简介	IXMLDOMElement	
---------#text	IXMLDOMText	花开的声音。&

在该表格中，数据类型的名称简洁明了。浏览该结构，我们可以总结出一些简单的规律。

❑ DOMDocument 是整棵树的最顶点，它的节点名称固定是"#document"。

❑ XML 声明的数据类型虽然也是 IXMLDOMProcessingInstruction，但它和真正的处理指令还略有不同，它的属性集合是有值的。

❑ 文本内容的节点名称固定是"#text"，文本内容总是存储在文本节点（如 IXML-DOMText、IXMLDOMCDATASection）中，如"<名称>雪</名称>"这段 XML，实际是 IXMLDOMElement 节点里面又包含了 IXMLDOMText 节点。

❑ CDATA 节会单独作为一个 IXMLDOMCDATASection 对象出现在 DOM 树中，即使它在 XML 数据中是和其他文本混在一起的。

4.2 创建 Document 对象

创建 Document 对象使用以下格式即可：

```
Set doc = Server.CreateObject("Microsoft.XMLDOM")
```

系统中可能存在多个版本的 MSXML 组件，表 4-2 是每个版本对应的创建字符串，一般建议使用 6.0 版本或 3.0 版本。

表 4-2 MSXML 的版本及对应字符串

版本	对应字符串
6.0	Msxml2.DOMDocument.6.0
5.0	Msxml2.DOMDocument.5.0
4.0	Msxml2.DOMDocument.4.0
3.0	Msxml2.DOMDocument.3.0 Msxml2.DOMDocument
2.0	Msxml.DOMDocument Microsoft.XMLDOM
1.0	无

无法确认系统支持哪些版本时，可以按版本号从高到低依次创建，直到创建成功。下面看一下范例，范例中将创建的代码封装为一个 Function。

createObject.asp

```
<%
Function getXmlDom()
    Dim progIDs
    Dim xmlDom
    progIDs = Array("Msxml2.DOMDocument.6.0","Msxml2.DOMDocument.3.0","Msxml2.
DOMDocument","Microsoft.XMLDOM")

    On Error Resume Next
    '循环创建对象
    For i = 0 To UBound(progIDs)
        Set xmlDom = Server.CreateObject(progIDs(i))
        If Err.number=0 Then
            '如果成功，则返回
            Set getXmlDom = xmlDom
            'response.write progIDs(i)         '看看创建了哪个
            Exit Function
        Else
            '如果失败，清空 Err
            response.write progIDs(i) & ":" & err.description & "<br>"
            Err.clear()
        End If
    Next
End Function
%>
```

版本不同，支持的属性和方法都略有不同，下面的范例都是在 6.0 版本上运行的，如果系统没有安装 6.0 版本，那么可能会出现一些错误。

4.3 载入 XML 数据

4.3.1 载入数据

载入 XML 数据可以使用 Document 对象的 Load 方法或 LoadXml 方法，前者读入指定 URL 或指定路径的 XML 文档，后者读入 XML 数据的字符串。

```
xmlDoc.Load Server.MapPath("music.xml")
xmlDoc.LoadXml "<books><book> 兄弟 </book></books>"
```

这两个方法的结果都是读入成功返回 True，失败则返回 False。

4.3.2 同步和异步

Document 对象的 async 属性可以控制是否异步读取。True 表示异步，False 表示同步，默认为 True。

```
xmlDoc.async = False '同步读取
xmlDoc.async = True  '异步读取
```

异步的话，Load 方法立即返回，不等待文档载入。之后，可以通过判断状态或者注册 onreadystatechange 事件来进行处理，但是，在 ASP 中只能使用同步方式，因为 ASP 不支持事件处理。

4.3.3 当前状态

Document 对象的 readyState 属性可以显示 Document 对象当前读入数据的状态，通常在异步处理的时候使用，对于 ASP 来说，用途不大。

readyState 属性的值与含义如表 4-3 所示。

表 4-3 readyState 属性的值

值	含 义	说 明
1	LOADING	正在读入数据
2	LOADED	数据读入完毕，开始解析数据
3	INTERACTIVE	部分数据解析完成，解析过程中
4	COMPLETED	解析完毕，成功或者失败

4.4 验证 XML 数据

4.4.1 ParseError 对象

载入 XML 数据后，建议对数据进行验证，否则有问题的数据可能会影响后续操作。调用 Load 方法或 LoadXml 方法后，通过 Document 对象的 parseError 属性可以得到 ParseError 对象，它的属性如表 4-4 所示。

表 4-4　ParseError 对象的属性

属　性	说　明
errorCode	错误号
filepos	出错的地方在文件中的字符位置
line	出错的行号
linepos	所在行的字符位置
reason	原因描述
srcText	出错的代码，有时可能返回空字符串
url	文档的 URL

通过这些属性，可知道错误的原因及位置。验证的时机，可分为载入时验证和使用前验证。

4.4.2　载入时验证

载入时验证，即在文档载入后马上进行验证，有错误则终止操作。如我们将 XML 数据中的"＜格式＞mp3＜/格式＞"误写为"＜格式化＞mp3＜/格式化＞"，然后执行以下范例。

validateOnLoad.asp

```
<%@codepage=65001%>
<!--#include File="createObject.asp" -->
<%
Response.charset="UTF-8"

Set xmlDoc=getXmlDom()
xmlDoc.async=False
xmlDoc.validateOnParse=True        '验证格式和有效性
xmlDoc.ResolveExternals=True       '外部引用有效

If Not xmlDoc.Load(Server.MapPath("music_Error.xml")) Then
    '得到 ParseError 对象
    set errObject = xmlDoc.parseError
    Response.Write "错误号：" & errObject.errorCode & "<br>"
    Response.Write "文件中位置：" & errObject.filepos & "<br>"
    Response.Write "所在行：" & errObject.line & "<br>"
    Response.Write "行中位置：" & errObject.linepos & "<br>"
    Response.Write "原因：" & errObject.reason & "<br>"
    Response.Write "代码文本：" & errObject.srcText & "<br>"
    Response.Write "URL: " & errObject.url & "<br>"
End If
Set xmlDoc = nothing
%>
```

运行结果如图 4-3 所示。

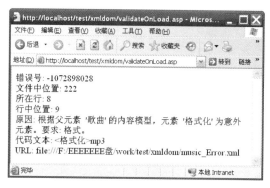

图 4-3　载入时验证

此例中使用了 validateOnParse 和 ResolveExternals 两个属性。

❑ validateOnParse 属性为 True 时，将对数据格式和有效性进行验证，为 False 时，则
只验证格式。如标签不匹配、元素名使用了无效字符、有多个顶层元素等这些问
题是属于 XML 格式上的错误，而元素名不正确、缺少元素标签等这些不符合 XSD
schemas 定义要求的问题是属于有效性上的错误。

❑ ResolveExternals 属性为 True 时，则 XML 数据中引用的外部实体定义、数据定义等
资源将被取得，为 False 时则不取得。

此例中，"< 格式 >mp3</ 格式 >"被误写为"< 格式化 >mp3</ 格式化 >"。从 XML
格式来说，它仍然是正确的，但它在有效性上是错误的。由于定义是放在外部的 music-
Schema.xsd 中的，所以需要将 ResolveExternals 属性设置为 True，该 XSD 内容才会被取得
并用于验证，该错误才会检查出来。如果 ResolveExternals 属性是 False，则 Load 方法将返
回 True。

在 MSXML 6.0 版本中，validateOnParse 默认为 True，ResolveExternals 默认为 False。

4.4.3　使用前验证

使用前验证，应将 validateOnParse 属性置为 False，否则只能得到类似"因为文档没有
包含正确的根节点，验证失败"这样的错误提示信息。

使用前验证，可以使用 validate 或 validateNode 方法，前者验证整个文档，后者只验证
当前节点。这两个方法都只能验证数据的有效性，无法验证数据的格式。对于格式上的错
误，只能简单地得到"因为文档没有包含正确的根节点，验证失败"这样的信息。

validateBeforeUse.asp

```
<%@codepage=65001%>
```

```
<!--#include File="createObject.asp" -->
<%
Response.charset = "UTF-8"

Set xmlDoc = getXmlDom()
xmlDoc.async = False
xmlDoc.validateOnParse = False      '只验证格式，不验证有效性
xmlDoc.ResolveExternals=True        '外部引用有效
xmlDoc.Load Server.MapPath("music_Error.xml")

'验证整个文档
Set errObject = xmlDoc.validate
If errObject.errorCode <> 0 Then
    Response.Write "原因：" & errObject.reason & "<br>"
End If

Response.Write "<hr>"

'验证需要的节点
Set nodeList = xmlDoc.selectNodes("//歌曲")
For i = 0 To nodeList.length-1
    Set node = nodeList.nextNode
    Set errObject = xmlDoc.validateNode(node)
    If errObject.errorCode <> 0 Then
            Response.Write "原因：" & errObject.reason & "<br>"
    End If
Next
Set xmlDoc = nothing
%>
```

运行结果如图 4-4 所示。

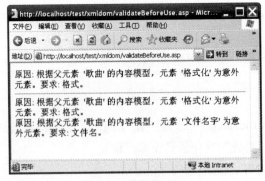

图 4-4 使用前验证

使用前验证有诸多的不确定性，建议在载入时就进行验证，以保证后续操作的正确性。

4.5 遍历节点

4.5.1 节点常用属性

DOM 树中的元素、属性、注释、过程指令等全都是节点对象，整个 DOM 树就是由一个个节点组成的。

节点的数据类型是 IXMLDOMNode，而 IXMLDOMElement、IXMLDOMAttribute、IXMLDOMComment、IXMLDOMProcessingInstruction 等全都是 IXMLDOMNode 的子类型，它们拥有 IXMLDOMNode 的全部属性和方法。

节点对象提供了很多属性，使用这些属性可以轻松遍历整个 DOM 树，表 4-5 是节点对象的常用属性。

表 4-5　节点对象的常用属性

属性名称	属性说明
nodeName	节点名
nodeValue	节点值
nodeType	节点类型
parentNode	父节点
childNodes	子节点的集合，是一个 NodeList 对象
firstChild	第一个子节点
lastChild	最后一个子节点
previousSibling	前一个兄弟节点
nextSibling	后一个兄弟节点
attributes	属性的集合，是一个 NamedNodeMap 对象
nodeTypeString	节点类型字符串
text	节点的文本内容
xml	节点的 XML 内容

下面看一下范例。

traverseNodes.asp

```
<%@codepage=936%>
<!--#include File="createObject.asp" -->
<%
Response.charset = "GBK"

Set xmlDoc = getXmlDom()
xmlDoc.async = False
xmlDoc.validateOnParse = True        '验证格式和有效性
xmlDoc.ResolveExternals=True         '外部引用有效
xmlDoc.Load(Server.MapPath("music_forTraverse.xml"))
```

```
    println "文档子节点数",xmlDoc.childNodes.length
    println "第一个子节点",xmlDoc.firstChild.nodeName
    println "最后的子节点",xmlDoc.lastChild.nodeName

    '根元素节点，即音乐节点
    Set root = xmlDoc.documentElement
    println "专辑个数",root.childNodes.length

    '第一个子节点，即专辑节点
    Set firstNode = root.childNodes(0)
    println "第一个专辑",firstNode.nodeName

    '属性集合
    Set attr = firstNode.attributes
    println "第一个属性",attr(0).nodeName & "=" & attr(0).nodeValue

    '歌曲节点的XML
    println "第一个歌曲节点的XML","<textarea rows=10 cols=50>" & firstNode.firstChild.
xml & "</textarea>"

    '歌曲节点的文本内容
    println "第一个歌曲节点的文本内容",firstNode.firstChild.lastChild.previousSibling.
parentNode.text

    '下一个兄弟节点，即第二个专辑节点
    println "第二个专辑节点", firstNode.nextSibling.nodeName

    Set xmlDoc = nothing

    '打印函数
    Sub println(key,value)
        response.write key & ":" & value & "<br>"
    End Sub
%>
```

运行结果如图 4-5 所示。

图 4-5 节点的常用属性

范例中使用了 Document 对象的 documentElement 属性，它返回根元素节点，使用它就不必关心根元素是文档的第几个子节点了。通常使用根元素节点作为访问数据的起始节点。

4.5.2 NodeList 和 NamedNodeMap 的使用

NodeList 对象是一些节点的集合，使用方法与数组有些类似，如 childNodes(0) 指向第一个子节点，childNodes(1) 指向第二个子节点，childNodes.length 返回节点个数等，也可以使用循环进行遍历。

以下代码使用 For 循环遍历 NodeList 集合：

```
If rootNode.hasChildNodes() Then
    For i = 0 To rootNode.childNodes.length-1
            Response.write rootNode.childNodes(i).nodeName & "<br>"
    Next
End If
```

其中使用了节点的 hasChildNodes 方法，它可以判断该节点是否有子节点。

NodeList 对象还有一个 NextNode 方法，它返回集合中的下一个节点。初始的时候，指针指向第一个节点之前，调用一次 NextNode 方法则指向第一个节点。不停地调用，就可以依次得到每个节点，直到指向最后一个节点，此时再调用 NextNode 方法，它将返回 NULL，可以使用 node IS Nothing 来判断是否为 NULL。如果 NodeList 对象不包括任何节点，则 NextNode 方法也返回 NULL。任何时候都可以调用 Reset 方法，指针将回归到第一个节点之前。

```
Set rootNode = xmlDoc.documentElement
Set nodeList = rootNode.childNodes
Set node = nodeList.nextNode
Do While Not (node is nothing)
    Response.write node.nodeName & "<br>"
    Set node = nodeList.nextNode
Loop
```

NamedNodeMap 的使用和 NodeList 一样，不赘述。

4.6 查找节点

对于 XML 结构比较复杂、层次较深或结构不确定的情况，再使用 firstChild、lastChild、nextSibling 和 parentNode 等方式来访问节点就不太合适了。

下面就介绍几个快速访问特定节点的方法。

4.6.1　根据ID查找

这里的 ID 并不是指名称为 "ID" 的属性（如 `<music ID="1">` 中的 ID），而是指数据类型为 "ID" 的属性，数据类型需要在 XML 定义中进行声明。

以下是常见的 3 种 XML 定义语言：

❑ DTD，即 Document Type Definition，是 XML1.0 规范的一部分。

❑ XDR，即 XML-Data Reduced Language，是微软提出来并广泛应用的。

❑ XSD，即 XML Schema Definition，是 W3C 指定的 XML Schema 规范。

建议使用 XSD，另外两种已经逐渐被淘汰了。MSXML 对 3 种定义语言的支持情况如表 4-6 所示。

表 4-6　XML 定义语言的支持情况

版本	DTD	XDR	XSD
MSXML3.0	支持	支持	不支持
MSXML6.0	支持 默认禁用	不支持	支持

在以下范例的 XSD 定义中，"编号" 这个属性就是 ID。

```
<?xml version="1.0" encoding="UTF-8"?>
<xs:schema xmlns:xs="http://www.w3.org/2001/XMLSchema">
    <!-- 定义元素及属性 -->
    <xs:attribute name="编号" type="xs:ID"/>
    <xs:element name="名称" type="xs:string"/>
…..
</xs:schema>
```

ID 的值在整个 XML 文档中应该是唯一的，并且一个元素最多只能有一个 ID 属性。

Document 对象的 NodeFromID 方法可以根据 ID 来查找节点。查找到节点时，返回该节点对象；未找到时，返回 NULL。

```
Set node = xmlDoc.NodeFromID("M1")
If Not (node Is nothing) Then
    response.write "<textarea rows=12 cols=65>" & node.xml & "</textarea>"
End If
```

运行结果如图 4-6 所示。

由于范例的 XSD 定义是引用方式，而不是内嵌的，所以需要将 validateOnParse 属性和 ResolveExternals 属性都设置为 True，该方法才有效。否则，由于没有取得数据定义，也就无法知道哪个属性是 ID。

在范例中，编号值是 "M1" "M2" 这样的值，而不是 "1" "2" 这种简单的数字，是因为规范要求 ID 的值不能以数字开头，这也是一般容易忽略的一个问题。

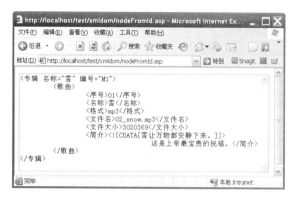

图 4-6　根据 ID 查找节点

4.6.2　根据节点名查找元素

根据节点名查找元素，可以使用 Document 对象或 Element 对象的 getElementsBy-TagName 方法。该方法只有一个参数，就是要查找的节点名，查找结果是一个 NodeList 对象。节点在树中的位置没有关系，只要节点名称符合要求，就可以查找出来。

下例查找文档中的所有歌曲。

```
Set nodeList = xmlDoc.getElementsByTagName(" 歌曲 ")
For i = 0 To nodeList.length-1
    Set node = nodeList(i)
    response.write node.text & "<br>"
Next
```

运行结果如图 4-7 所示。

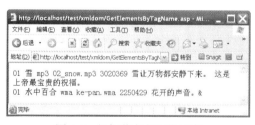

图 4-7　根据节点名查找元素

使用 Document 对象的 getElementsByTagName 方法，在整个文档中查找，而使用 Element 的该方法，则在当前节点的所有后代节点中查找。如果参数使用 "*"，则返回所有后代节点。

4.6.3　使用 XPath 查找

XPath 是在 XML 文档中查找信息的一种语言，它使用路径表达式来查找节点。

表 4-7 是 XPath 的应用举例。

表 4-7　XPath 应用举例

表达式	说　明
/ 音乐	查找根节点下的音乐节点
// 歌曲 / 名称	查找任意位置的歌曲节点，然后在其下查找名称节点
.// 歌曲	在当前节点的后代节点中查找任意歌曲节点
../ 歌曲	在当前节点的父节点之下查找歌曲节点
@ 编号	在当前节点中查找"编号"属性

为了使用 XPath 查找节点，可以使用节点的 selectNodes 和 selectSingleNode 方法，它们只有一个参数，就是查询字符串。前者返回符合条件的所有节点，而后者只返回符合条件的第一个节点。

使用 selectSingleNode 方法的范例如下。

selectSingleNode.asp

```
'查找任意位置的专辑节点，注意 selectSingleNode 只返回第一个
Set node = xmlDoc.selectSingleNode("// 专辑 ")

'查找该节点的"编号"属性
Set attr = node.selectSingleNode("@ 编号 ")
response.write " 专辑编号: " & attr.value & "<br>"

'查找该节点下的"歌曲"节点下的"简介"节点下的文本节点
Set node = node.selectSingleNode("./ 歌曲 / 简介 /text()")
response.write " 歌曲简介: " & node.nodeValue & "<br>"

'查找根节点下的"音乐"节点
Set node = node.selectSingleNode("/ 音乐 ")
response.write " 根元素节点: " & node.nodeName & "<br>"

'查找任意位置,"编号"属性是"M2"的"专辑"节点的"名称"属性
Set attr = xmlDoc.selectSingleNode("// 专辑 [@ 编号 ='M2']/@ 名称 ")
response.write " 专辑名称: " & attr.value & "<br>"
```

运行结果如图 4-8 所示。

图 4-8　使用 XPath 查找

selectNodes 方法的使用与此例是类似的, 只是它返回的是一个 NodeList 对象。从范例代码的简洁程度就可以看出, 使用 XPath 查找节点是非常方便快捷的, 其功能也是非常强大的。

在 MSXML3.0 版本中, 默认的查询语言是 XSLPattern, 需要修改 SelectionLanguage 属性, 如下所示:

```
doc.setProperty "SelectionLanguage", "XPath"
```

4.7 取得节点信息

4.7.1 判断节点类型

通过节点的 nodeType 和 nodeTypeString 属性可以知道节点的类型, 对应关系如表 4-8 所示。

表 4-8 节点类型

节点类型	nodeType 数值	nodeTypeString 字符串
NODE_ELEMENT	1	element
NODE_ATTRIBUTE	2	attribute
NODE_TEXT	3	text
NODE_CDATA_SECTION	4	cdatasection
NODE_ENTITY_REFERENCE	5	entityreference
NODE_ENTITY	6	entity
NODE_PROCESSING_INSTRUCTION	7	processinginstruction
NODE_COMMENT	8	comment
NODE_DOCUMENT	9	document
NODE_DOCUMENT_TYPE	10	documenttype
NODE_DOCUMENT_FRAGMENT	11	documentfragment
NODE_NOTATION	12	notation

其中, entity、documenttype 和 notation 都是与 DTD 使用相关的, 可以忽略它们。

4.7.2 取得节点的属性

只有元素节点才能拥有属性, 属性是附属于元素的, 而不是它的子节点。

取得某个属性可以直接使用 getAttribute 或 getAttributeNode 方法, 参数是属性的 name, 前者返回属性的 value, 后者返回属性对应的节点对象。

要取得所有的属性, 可以通过 attributes 属性, 它返回一个 NamedNodeMap 对象, 包含所有属性对象。每个属性对象都有 name 和 value 属性。

范例代码如下所示。

getAttribute.asp

```
'访问第一个专辑节点
Set node = xmlDoc.selectSingleNode("/ 音乐 / 专辑 ")

'取得指定名称的属性
Response.write node.getAttribute(" 名称 ") & "<br>"
Response.write node.getAttributeNode(" 编号 ").value & "<br>"

'遍历所有属性
Set nameMap = node.attributes
For i = 0 To nameMap.length-1
        Response.write nameMap(i).name & "=" & nameMap(i).value & "<br>"
Next

'按 name 取得 value
Response.write nameMap.getNamedItem(" 名称 ").value & "<br>"
Response.write nameMap.getNamedItem(" 编号 ").value & "<br>"
```

运行结果如图 4-9 所示。

其中，getNamedItem 方法是 NamedNodeMap 提供的直接取得某个条目值的方法。

图 4-9　节点的属性

4.7.3　取得节点的值

Text、cdatasection 和 comment 都是文本型的节点，在 DOM 树结构中，通常它们才是真正的叶节点。它们存储着真正的数据，而其他节点只是构建了 DOM 树的结构而已。

如在 "<名称 >雪 </ 名称 >" 中，"名称" 只是一个 element 节点，真正的数据 "雪" 是保存在它的子节点 Text 节点中的。那么，查找到该 element 节点后，应该如何取得真正的数据呢？

范例代码如下。

getTextData.asp

```
'查找第一个名称节点
Set node = xmlDoc.selectSingleNode("/ 音乐 / 专辑 / 歌曲 / 名称 ")
response.write "element 节点的 text 属性: " & node.text & "<br>"
response.write " 子节点的 nodeValue 属性: " & node.firstChild.nodeValue & "<br><br>"

'查找该歌曲下的 "简介" 节点
Set node = node.selectSingleNode("../ 简介 ")
response.write "text 属性: " & node.text & "<br>"
```

```
response.write "子节点(0)Value: " & node.childNodes(0).nodeValue & "<br>"
response.write "子节点(1)Value: " & node.childNodes(1).nodeValue & "<br><br>"

'查找"注释"节点
Set node = xmlDoc.selectSingleNode("//comment()")
response.write "length属性: " & node.length & "<br>"
response.write "data属性: " & node.data & "<br><br>"

'查找处理指令节点
Set node = xmlDoc.selectSingleNode("//processing-instruction()")
response.write "target属性: " & node.target & "<br>"
response.write "data属性: " & node.data & "<br>"
```

运行结果如图 4-10 所示。

图 4-10　获取节点的值

通常可以使用元素的 text 属性得到实际的文本内容，该属性会将所有后代节点的文本内容拼接在一起。或者通过访问子节点的方式，来得到文本内容。通常都只有一个子节点，但 Text 和 cdatasection 混合时，子节点就不止一个了，要注意处理。如此例中，"简介"节点的第一个子节点是 cdatasection 类型，第二个子节点是 Text 类型。

文本型的节点都有 data 和 length 属性，二者分别返回数据和数据长度。对于文本型节点来说，实际上，data 属性和 nodeValue 的值是一样的，使用哪一个都可以。

范例中顺带演示了一下处理指令节点的处理，它有 data 和 target 属性。此类型的节点也是 DOM 树中的叶节点，它没有子节点。

4.8　追加节点

追加节点的基本步骤是：创建节点，设置属性或值，将它追加到父节点上。如果是多层结构，则需要一层一层地追加，某些类型的节点需要追加到 Document 对象上。

4.8.1 创建节点

Document 对象提供了多个创建节点的方法，分别对应各种类型的节点，如表 4-9 所示。

表 4-9　创建节点的方法

节点类型	创建方法	参数说明
处理指令	createProcessingInstruction(target, data)	见下文
注释	createComment(data)	节点的文本
属性	createAttribute(name)	属性名
元素	createElement(tagName)	元素名
文本内容	createTextNode(data)	节点的文本
CDATA 节	createCDATASection(data)	节点的文本
实体引用	createEntityReference(name)	实体名
文档片段	createDocumentFragment()	

其中，createProcessingInstruction 方法有两个参数，分别为目标名和数据，"<?"后紧接的名字就是目标名，余下的部分就是数据。如 " <?xml-stylesheet type="text/xsl" href="example.xsl"?>"，它的目标名是 " xml-stylesheet"，而 " type="text/xsl" href="example.xsl""则是数据。

XML 声明也当作处理指令来处理，如 " <?xml version="1.0" encoding="UTF-8"?>"，它的目标名是 "xml"，而 "version="1.0" encoding="UTF-8""则是数据。

1. 创建元素、属性和文本内容

在上述方法中，最常用的就是创建元素、属性和文本内容的方法，下面看一下使用范例。

appendNode.asp

```
<%@codepage=936%>
<!--#include File="createObject.asp" -->
<%
Response.charset = "GBK"
Set xmlDoc = getXmlDom()

'创建节点，并追加到 Document 对象
Set rootNode = xmlDoc.createElement("音乐")
xmlDoc.appendChild(rootNode)

'创建"专辑"节点
Set albumNode=xmlDoc.createElement("专辑")

'设置属性
albumNode.setAttribute "名称", "雪"

'另一种设置属性的方法
```

```
Set attrNode=xmlDoc.createAttribute("编号")
attrNode.appendChild(xmlDoc.createTextNode("M1"))
albumNode.setAttributeNode(attrNode)

'追加到根节点
rootNode.appendChild(albumNode)

'创建"歌曲"节点
Set songNode=xmlDoc.createElement("歌曲")
albumNode.appendChild(songNode)

Set node=xmlDoc.createElement("序号")
node.text = "01" '设置文本内容
songNode.appendChild(node)

Set node=xmlDoc.createElement("名称")
node.appendChild(xmlDoc.createTextNode("雪"))    '设置文本内容
songNode.appendChild(node)

Set node=xmlDoc.createElement("格式")
node.text = "mp3"
songNode.appendChild(node)

Set node=xmlDoc.createElement("文件名")
node.text = "02_snow.mp3"
songNode.appendChild(node)

Set node=xmlDoc.createElement("文件大小")
node.text = "3020369"
songNode.appendChild(node)

Set node=xmlDoc.createElement("简介")
node.text = "<![CDATA[雪让万物都安静下来。]]>这是上帝最宝贵的祝福。"
songNode.appendChild(node)

'输出 xml 数据
Response.Write "<textarea rows=6 cols=50>"
Response.Write  xmlDoc.xml
Response.Write "</textarea>"
%>
```

运行结果如图 4-11 所示。

要设置属性，可以使用 Element 对象的
setAttribute 和 setAttributeNode 方法。前者比
较简洁，直接指定 name 和 value 即可，后者
需要创建属性节点并设置文本，之后再追加
到当前节点。如果属性值包括实体引用，则
只能使用后者来实现。

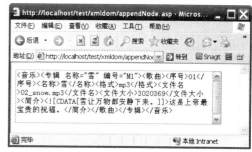

图 4-11 创建元素、属性和文本内容

可以使用 text 属性直接设置文本内容，或者创建文本节点后再追加，前者比较简单。

在"简介"这个节点中，直接写了一段 CDATA 的内容，实际上这样是无效的。查看结果页面的源代码，即可发现"<![CDATA["的实际内容是"<![CDATA["，尖括号已经转换为 HTML 实体的形式。

2. 创建其他类型的节点

下面再看一下创建其他类型节点的范例。

appendNode2.asp

```
<%@codepage=936%>
<!--#include File="createObject.asp" -->
<%
Response.charset = "GBK"
Set xmlDoc = getXmlDom()

'处理指令
Set processNode = xmlDoc.createProcessingInstruction("xml", "version='1.0'
encoding='UTF-8'")
xmlDoc.appendChild(processNode)

'处理指令（为了看到 XML 原始结构，此处注释掉了）
'Set processNode = xmlDoc.createProcessingInstruction("xml-stylesheet",
"type='text/xsl' href='music.xsl'")
'xmlDoc.appendChild(processNode)

'注释
Set commentNode = xmlDoc.createComment("我的音乐整理")
xmlDoc.appendChild(commentNode)

'根节点
Set rootNode = xmlDoc.createElement("音乐")
xmlDoc.appendChild(rootNode)

'"专辑"节点
Set albumNode=xmlDoc.createElement("专辑")
rootNode.appendChild(albumNode)

'"歌曲"节点
Set songNode=xmlDoc.createElement("歌曲")
albumNode.appendChild(songNode)

'"名称"节点
Set nameNode=xmlDoc.createElement("名称")
nameNode.text="雪"
songNode.appendChild(nameNode)

'实体引用，这里使用了内置的实体
```

```
Set entityRef = xmlDoc.createEntityReference("amp")
nameNode.appendChild(entityRef)

' 简介
Set introNode=xmlDoc.createElement(" 简介 ")
songNode.appendChild(introNode)

'CDATA 节
Set CDATASection = xmlDoc.createCDATASection(" 雪让万物都安静下来。")
introNode.appendChild(CDATASection)

'Text 内容
Set textNode = xmlDoc.createTextNode(" 这是上帝最宝贵的祝福。")
introNode.appendChild(textNode)

' 文档片段，构建完成后可以整体追加
Set docFragment = xmlDoc.createDocumentFragment()
docFragment.appendChild(xmlDoc.createElement(" 专辑 1"))
docFragment.appendChild(xmlDoc.createElement(" 专辑 2"))
docFragment.appendChild(xmlDoc.createElement(" 专辑 3"))
rootNode.appendChild(docFragment)

' 保存到文件
xmlDoc.save(server.mapPath("createResult.xml"))

' 输出 xml 数据
Response.Write Server.HTMLEncode(xmlDoc.xml)
%>
```

运行结果如图 4-12 所示。

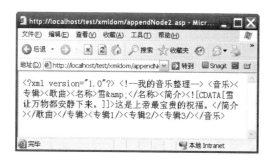

图 4-12 创建其他类型的节点

生成的 XML 文件如图 4-13 所示。

对比两个图，可以发现，在使用 createProcessingInstruction 方法创建 XML 声明时，指定了 encoding 为 UTF-8，但在执行结果页面中是不存在的。DOM 内部解析时会自动去掉 encoding 属性，保存文件时会自动加上，执行过程中内部是以 Unicode 编码存储内容的。

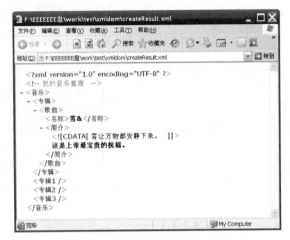

图 4-13 生成的 XML 文件内容

3. 使用 createNode 方法创建节点

Document 对象还提供了一个通用的 createNode 方法，格式如下：

```
xmlDoc.createNode(节点类型，节点名称，命名空间 URI)
```

节点类型的列表如表 4-10 所示。

表 4-10 节点类型

节点类型	对应数值	对应字符串
NODE_ELEMENT	1	element
NODE_ATTRIBUTE	2	attribute
NODE_TEXT	3	text
NODE_CDATA_SECTION	4	cdatasection
NODE_ENTITY_REFERENCE	5	entityreference
NODE_ENTITY	6	entity
NODE_PROCESSING_INSTRUCTION	7	processinginstruction
NODE_COMMENT	8	comment
NODE_DOCUMENT	9	document
NODE_DOCUMENT_TYPE	10	documenttype
NODE_DOCUMENT_FRAGMENT	11	documentfragment
NODE_NOTATION	12	notation

实际应用中，可以使用表格中的数值，也可以使用对应的字符串，如下两句代码的效果是一样的。

```
Set rootNode = xmlDoc.createNode("element", "音乐", "")
Set rootNode = xmlDoc.createNode(1, "音乐", "")
```

注意，该表列出的是全部节点类型，但并不是所有类型都是可用的，以下 4 种类型的节点是无法创建的：NODE_DOCUMENT、NODE_DOCUMENT_TYPE、NODE_ENTITY 和 NODE_NOTATION，即表格中具有灰色背景的那几行。所以，createNode 方法能够创建的节点类型和前文的 createXXX 方法是完全对应的。

节点名称，即待创建节点的元素名、属性名、实体名等，而对于 NODE_TEXT、NODE_CDATA_SECTION、NODE_COMMENT 和 NODE_DOCUMENT_FRAGMENT 来说，它们的节点名称是一个常量，所以第二个参数实际是被忽略的，直接写空串即可。

命名空间 URI 暂时忽略，后文会详细介绍。

下面看一下范例。

createNode.asp

```
<%@codepage=936%>
<!--#include File="createObject.asp" -->
<%
Response.charset = "GBK"
Set xmlDoc = getXmlDom()

'处理指令 (XML 声明比较特殊 )
Set processNode = xmlDoc.createNode("processinginstruction", "xml", "")

'创建属性节点并追加
Set encodeAttr = xmlDoc.createAttribute("encoding")
encodeAttr.Text = "UTF-8"
processNode.Attributes.setNamedItem(encodeAttr)
xmlDoc.appendChild(processNode)

'处理指令 (为了看到 XML 原始结构，此处注释掉了)
'Set processNode = xmlDoc.createNode("processinginstruction", "xml-stylesheet", "")
'processNode.data = "type='text/xsl' href='music.xsl'"
'xmlDoc.appendChild(processNode)

'注释
Set commentNode = xmlDoc.createNode("comment", "", "")
commentNode.data = " 我的音乐整理 "
xmlDoc.appendChild(commentNode)

'根节点
Set rootNode = xmlDoc.createNode("element", " 音乐 ", "")
xmlDoc.appendChild(rootNode)

'"专辑"节点
Set albumNode=xmlDoc.createNode("element", " 专辑 ", "")
rootNode.appendChild(albumNode)

'"歌曲"节点
```

```
Set songNode=xmlDoc.createNode("element", "歌曲", "")
albumNode.appendChild(songNode)

'"名称"节点
Set nameNode=xmlDoc.createNode("element", "名称", "")
nameNode.text="雪"
songNode.appendChild(nameNode)

'实体引用，这里使用了内置的实体
Set entityRef = xmlDoc.createNode("entityreference", "amp", "")
nameNode.appendChild(entityRef)

'简介
Set introNode=xmlDoc.createNode("element", "简介", "")
songNode.appendChild(introNode)

'CDATA 节
Set CDATASection = xmlDoc.createNode("cdatasection", "", "")
CDATASection.data = "雪让万物都安静下来。"
introNode.appendChild CDATASection

'Text 内容
Set textNode = xmlDoc.createNode("text", "", "")
textNode.data="这是上帝最宝贵的祝福。"
introNode.appendChild(textNode)

'文档片段，构建完成后可以整体追加
Set docFragment = xmlDoc.createNode("documentfragment", "", "")
docFragment.appendChild(xmlDoc.createElement("专辑 1"))
docFragment.appendChild(xmlDoc.createElement("专辑 2"))
docFragment.appendChild(xmlDoc.createElement("专辑 3"))
rootNode.appendChild(docFragment)

'保存到文件
xmlDoc.save(server.mapPath("createResult.xml"))

'输出 xml 数据
Response.Write Server.HTMLEncode(xmlDoc.xml)
%>
```

运行结果与上例完全相同，不再赘述。只是有一点需要注意，XML 声明的处理比较特殊，它的类型虽然是 IXMLDOMProcessingInstruction，但是不能直接使用 data 属性赋值。它的值是以属性的形式存在的，需要创建属性并追加，而且只能通过 Attributes 属性的 setNamedItem 方法来追加，不支持 setAttribute 和 setAttributeNode 方法。

4. 克隆节点

可以使用节点的 clone 方法克隆节点。参数只有一个，值为 False 时只克隆当前节点（包括属性），值为 True 时还包括所有子孙节点，也就是克隆从该节点开始的节点树。

下例将克隆第一个专辑节点，并追加为兄弟节点。

```
Set node = xmlDoc.selectSingleNode("/ 音乐 / 专辑 ")
Set newNode = node.cloneNode(True)
node.parentNode.appendChild(newNode)
```

4.8.2 插入节点

在以上的范例中，使用的都是 appendNode 方法，追加的节点将作为父节点的最后一个子节点。如果想在指定的位置插入节点，可以使用 insertBefore 方法，它在指定的节点左侧插入新节点，即新节点成为指定节点的兄弟节点。

简单的范例语句如下。

```
Set node=xmlDoc.createElement(" 插入的节点 ")
rootNode.insertBefore node,rootNode.firstChild          ' 插入最前面
rootNode.insertBefore node,rootNode.lastChild           ' 插入最后节点之前
rootNode.insertBefore node,rootNode.childNodes(1)       ' 插入第二个节点之前
```

如果想插入处理指令，那么第二个参数使用 Document 对象即可。

4.9 修改节点

为了修改节点，首先需要使用各种办法查找到目标节点，然后使用各种方式设置属性、文本等即可。

简单的范例如下。

modifyNode.asp

```
<%@codepage=65001%>
<!--#include File="createObject.asp" -->
<%
Response.charset = "UTF-8"

Set xmlDoc = getXmlDom()
xmlDoc.LoadXML  "< 音乐 >< 专辑  名称 =' 雪 '  编号 ='M1'>< 歌曲 >< 名称 > 冬之谣 </ 名称 ></ 歌曲 ></ 专辑 ></ 音乐 >"

' 修改节点的属性
Set node = xmlDoc.selectSingleNode("/ 音乐 / 专辑 ")
node.getAttributeNode(" 名称 ").value = " 雨 "

' 通过 namedMap 修改
Set nameMap = node.attributes
nameMap.getNamedItem(" 名称 ").value = " 雨 "

' 使用 setNamedItem 方法也可
```

```
Set attrNode=xmlDoc.createAttribute("编号")
attrNode.appendChild(xmlDoc.createTextNode("M2"))
nameMap.setNamedItem(attrNode)

'修改文本节点的值
Set node = xmlDoc.selectSingleNode("/音乐/专辑/歌曲/名称")
node.text = "春之歌"
node.firstChild.nodeValue="春之歌"

'替换节点
node.replaceChild xmlDoc.createTextNode("春之歌"), node.firstChild

'输出xml数据
Response.Write Server.HTMLEncode(xmlDoc.documentElement.xml)
%>
```

运行结果如图4-14所示。

修改属性时，也可以使用Element对象的set-Attribute和setAttributeNode方法。节点如果存在就替换，不存在则追加。

修改节点值时，还可以使用replaceChild方法，它用新节点替换指定的节点。其第一个参数是新节点，第二个参数是旧节点。

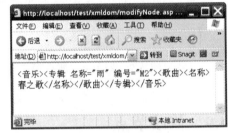

图4-14 修改节点

4.10 删除节点

删除节点的办法也是很多的，不再详述，直接给出一个范例。

removeNode.asp

```
<%@codepage=936%>
<!--#include File="createObject.asp" -->
<%
Response.charset = "GBK"

Set xmlDoc = getXmlDom()
xmlDoc.LoadXML "<音乐><专辑 名称='雪' 编号='M1'><歌曲><名称>冬之谣</名称></歌曲></专辑></音乐>"

'删除节点的属性
Set node = xmlDoc.selectSingleNode("/音乐/专辑")
node.removeAttribute("名称")
node.removeAttributeNode(node.getAttributeNode("编号"))
node.Attributes.removeNamedItem "编号"

'输出xml数据
```

```
Call printXml()

' 删除文本节点
Set node = xmlDoc.selectSingleNode("/ 音乐 / 专辑 / 歌曲 / 名称 ")
node.removeChild(node.firstChild)

' 输出 xml 数据
Call printXml()

' 删除 "名称" 节点
node.parentNode.removeChild(node)

' 输出 xml 数据
Call printXml()

' 批量删除
Set nodes = xmlDoc.selectNodes("// 歌曲 ")
nodes.removeAll()

' 输出 xml 数据
Call printXml()

' 输出 xml 数据
Sub printXml
    Response.Write Server.HTMLEncode(xmlDoc.documentElement.xml) & "<br>"
End Sub
%>
```

运行结果如图 4-15 所示。

图 4-15　删除节点

removeAttribute 和 removeAttributeNode 方法删除指定的属性，但是，如果属性有默认值，会自动以该默认值追加一个属性，结果相当于将原来的属性值替换为默认值。

要批量删除，使用 selectNodes 方法查找到所有符合条件的节点，然后使用 removeAll 方法即可。

4.11 保存 XML

保存 XML 使用 Save 方法。它可以保存到另一个 Document 对象中，也可以保存到 Response 对象中，但通常都保存到文件中。

范例语句如下：

```
xmlDoc.save(server.mapPath("result.xml"))
```

此语句将 DOM 对象中的数据保存为 result.xml 文件，文件的编码取决于 XML 声明中的 encoding 属性，如果没有指定，则保存为 UTF-8 编码。

保存文件时，并不会进行 XML 有效性的验证，如果 XML 有问题，再次读入时就会出错。

4.12 配合 XSLT 转换数据

XML 数据用于显示时，通常使用 XSLT 进行格式化。格式化这个工作可以交给浏览器来做，也可以交给后台来做。后者的主要好处就是它返回的是 HTML，而不是 XML，与其他 HTML 数据更容易整合。

范例如下。

transformNode.asp

```
<%@codepage=65001%>
<!--#include File="createObject.asp" -->
<%
Response.charset = "UTF-8"

'XML 数据
Set xmlDoc = getXmlDom()
xmlDoc.async = False
xmlDoc.Load Server.MapPath("music_Example.xml")

'XSL 数据
Set stylesheet = getXmlDom()
stylesheet.async = False
stylesheet.Load Server.MapPath("music.xsl")

' 全部转换
Response.Write xmlDoc.transformNode(stylesheet)

'只转换某个节点
Set node = xmlDoc.selectSingleNode("/ 音乐 / 专辑 [@ 名称 =' 水中百合 ']")
Response.Write node.transformNode(stylesheet)
%>
```

运行结果如图 4-16 所示。

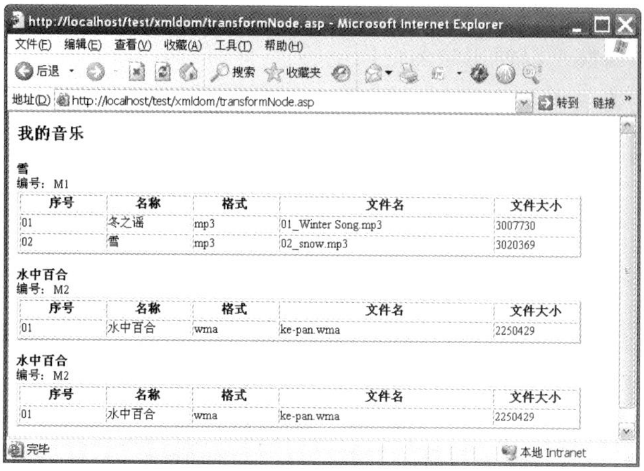

图 4-16　配合 XSLT 转换数据

4.13　使用命名空间

由于 XML 标签的名称是可以任意书写的，所以多人编写 XML 时，可能会使用相同的标签名称。当在同一个文档中引用这些标签时，就会引起名称冲突。为了避免这个问题，就创造了命名空间。

使用命名空间，简单地说，就是给 XML 标签加上前缀，来自 A 文档的标签加上 A 前缀，来自 B 文档的标签加上 B 前缀，以示区分。

举例如下：

```xml
<?xml version="1.0" encoding="GBK"?>
<A:html xmlns:A="http://www.w3.org/xxx" xmlns:c="http://java.sun.com/yyy">
    <c:set value=" 张三 " var="name" scope="session"/>
    <A:head>
            <A:title> 你好, <c:out value="${name}"/></A:title>
    </A:head>
    <A:body>
            <A:p> 点击进入
                    <A:a A:href="http://www.xxx.com"> 首页 </A:a>
            </A:p>
    </A:body>
</A:html>
```

在 html 节点中，使用 "xmlns:A='http://www.w3.org/xxx'" 声明了该元素使用的命名空间。其中 "xmlns" 是 xml namespace 的缩写，也就是 XML 命名空间。"A" 是后面命名空间的简写，也就是要使用的前缀。"http://www.w3.org/xxx" 是使用的命名空间，通常是一个 URI（统一资源标识符）。

前缀是"A""B""ABC"还是"Hello"都是可以的，只要与其他命名空间的前缀不同即可。只有元素和属性可以使用命名空间前缀。

大量的标签前缀看起来有点混乱。如果某一个命名空间的标签较多，可以考虑使用默认命名空间。如下例所示：

```
<?xml version="1.0" encoding="GBK"?>
<html xmlns="http://www.w3.org/xxx" xmlns:c="http://java.sun.com/yyy">
    <c:set value="张三" var="name" scope="session"/>
    <head>
            <title>你好，<c:out value="${name}"/></title>
    </head>
    <body>
            <p>点击进入
                    <a href="http://www.xxx.com">首页</a>
            </p>
    </body>
</html>
```

对于命名空间"http://www.w3.org/xxx"，没有定义前缀，同时 html 节点也没有使用前缀，则 html 节点内部没有前缀的节点都自动使用该命名空间。

读取该 XML 的范例如下所示。

NSDefault.asp

```
<%@codepage=936%>
<!--#include File="createObject.asp" -->
<%
Response.charset = "GBK"

'载入文档
Set xmlDoc = getXmlDom()
xmlDoc.async = False
xmlDoc.validateOnParse = True
xmlDoc.ResolveExternals=True
xmlDoc.Load(Server.MapPath("NSDefault_Example.xml"))

'输出所有命名空间
Set nsList = xmlDoc.namespaces
For i=0 To nsList.length-1
    response.write nsList.namespaceURI(i) & "<br>"
Next
response.write "<hr>"

'使用 XPath 检索节点，需要设置命名空间
xmlDoc.setProperty "SelectionNamespaces", "xmlns:A='http://www.w3.org/xxx'
xmlns:c='http://java.sun.com/yyy'"
```

```
' 输出几个节点的前缀和命名空间
Call printNS(xmlDoc.selectSingleNode("//c:set"))
Call printNS(xmlDoc.selectSingleNode("//A:title"))
Call printNS(xmlDoc.selectSingleNode("//A:a"))
Call printNS(xmlDoc.selectSingleNode("//@href"))
Set xmlDoc = nothing

' 输出节点的前缀和命名空间
Sub printNS(node)
    response.write "节点: " & node.nodeName & "<br>"
    response.write "前缀: " & node.prefix & "<br>"
    response.write "命名空间 " & node.namespaceURI & "<hr>"
End Sub
%>
```

通过 Document 对象的 namespaces 属性可以得到当前 XML 文档中所有命名空间的 URI。

由于使用了命名空间，所以使用 XPath 检索节点时，需要设置 SelectionNamespaces 属性，否则将无法检索到节点。对于默认命名空间，XML 文档中并没有定义前缀，但这里仍然定义了前缀 A，否则，只使用 "//title" "//a" 等表达式仍然是无法检索到节点的。

使用默认命名空间时，无前缀的属性是不会自动继承该命名空间的，如上例中检索 "href" 属性使用的是 "//@href"，而不是 "//@A:href"。

创建 XML 结构时，若指定命名空间，则需要使用 createNode 方法，它的第三个参数即为命名空间 URI，范例如下所示。

createNodeWithNS.asp

```
<%@codepage=936%>
<!--#include File="createObject.asp" -->
<%
Response.charset = "GBK"
Set xmlDoc = getXmlDom()

' 要使用的命名空间
defaultNS = "http://www.w3.org/xxx"
cNS = "http://java.sun.com/yyy"

'<html> 节点
Set rootNode=xmlDoc.createNode("element", "html", defaultNS)
xmlDoc.appendChild(rootNode)

'xmlns:c 属性
Set cAttr = xmlDoc.createNode("attribute","xmlns:c", cNS )
cAttr.nodeValue = cNS
rootNode.setAttributeNode(cAttr)

'<c:set> 节点
Set cSetNode=xmlDoc.createNode("element", "c:set", cNS)
```

```
rootNode.appendChild(cSetNode)

'value 属性
Set valueAttr = xmlDoc.createNode("attribute","value", cNS )
valueAttr.nodeValue = " 张三 "
cSetNode.setAttributeNode(valueAttr)

'<head> 节点
Set headNode=xmlDoc.createNode("element", "head", defaultNS)
rootNode.appendChild(headNode)

'<title> 节点
Set titleNode=xmlDoc.createNode("element", "title", defaultNS)
headNode.appendChild(titleNode)

' 文本节点
Set helloAttr = xmlDoc.createNode("text","", defaultNS )
helloAttr.data=" 你好 "
titleNode.appendChild(helloAttr)

' 保存到文件
xmlDoc.save(server.mapPath("createWithNsResult.xml"))
Set xmlDoc = nothing
%>
```

运行结果如图 4-17 所示。

```
- <html xmlns="http://www.w3.org/xxx" xmlns:c="http://java.sun.com/yyy">
    <c:set value="张三" />
  - <head>
      <title>你好</title>
    </head>
  </html>
```

图 4-17　使用命名空间创建节点

4.14　XML 中的空白字符

在 XML 文档中，有一些空白字符是 XML 语法本身的需要，如图 4-18 中的圆点位置所示。可以根据需要插入一个或多个空白字符，二者的效果是一样的。DOM 解析时会自动抛弃这些空白字符，这些空白字符并不会出现在节点内容中。

其他位置的空白字符理论上都属于 XML 内容本身，应该保持原样，如图 4-19 中的圆点位置所示。

```
<?xml•version•=•"1.0"•?>
<List•name•=•"Fruit List"•>
  <Item•>Apple</Item•>
  <Item•>Banana</Item•>
  <Item•>Pear</Item•>
</List•>•
```

图 4-18　必要的空白字符

但是，图中方框圈起位置的空白字符，通常都是出于美观的目的添加的，实际上并不需要，所以 MSXML 组件默认是抛弃这些位置的空白字符的。

如 XML 内容如图 4-20 所示。

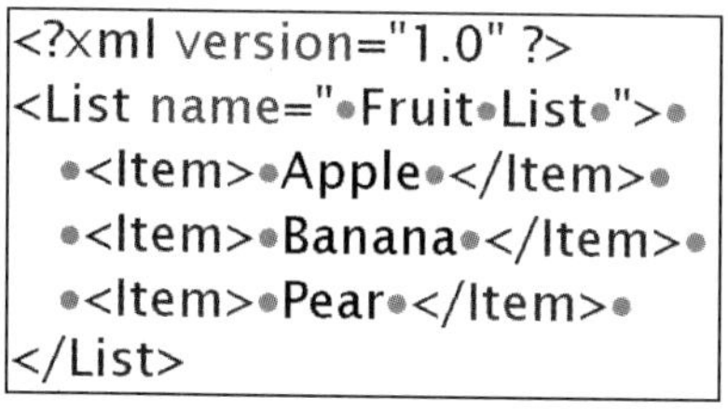

图 4-19　XML 内容中的空白字符

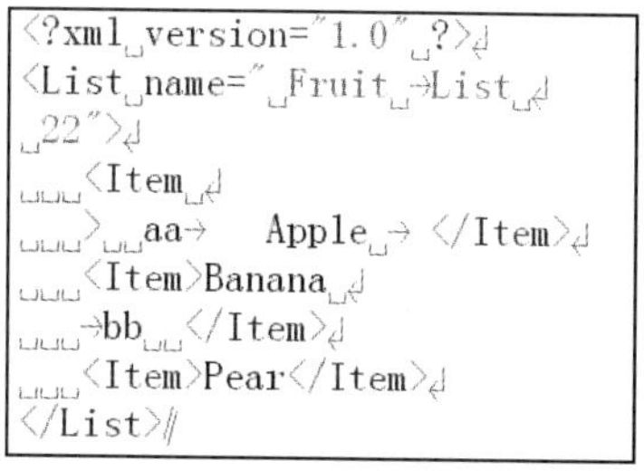

图 4-20　带空白字符的 XML 内容

解析后，List 节点的 DOM 树结构如图 4-21 所示。

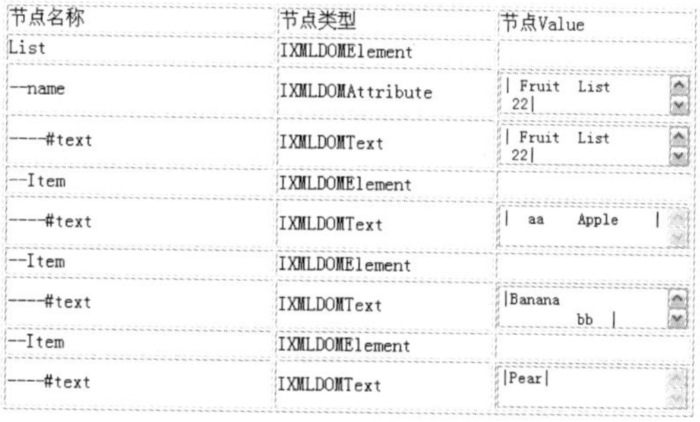

图 4-21　DOM 树的结构

可以看到，属性和文本节点的值都是保持原样的，空格、Tab 键和回车换行符都在，而节点之间的空白符都被抛弃了。如果想保留的话，将 Document 对象的 PreserveWhitespace 属性设置为 True（默认为 False）即可，注意对该属性的设置需要在载入 XML 数据前进行。

将 PreserveWhitespace 属性设置为 True 后，List 节点的 DOM 树结构如图 4-22 所示。

图 4-22　保留空白字符后 DOM 树的结构

4.15 XPath 的使用

XPath 是一种在 XML 文档中查找元素的语言，设计为 XSLT、XPointer 以及其他 XML 解析软件使用，于 1999 年成为 W3C 标准，最新的标准是 XPath3.0 版本。但是，MSXML6.0 是 2006 年的产品，它只实现了 XPath1.0，并没有实现 XPath2.0。MSXML3.0 也支持 XPath1.0 版本。

4.15.1 使用举例

表 4-11 中是一些简单的例子，可以先熟悉一下 XPath 的写法。

表 4-11　XPath 举例

表 达 式	含 义
/	定位 Document 节点
/ 音乐	查找"音乐"根元素节点
/descendant:: 歌曲	查找所有 < 歌曲 > 节点
/comment() | /processing-instruction()	查找 Document 节点下的注释和处理说明
/processing-instruction("xml-stylesheet")	查找 Document 节点下 "xml-stylesheet" 这个处理说明
/ 音乐 / 专辑 [@ 名称 =' 雪 ']/*	查找名称为"雪"的专辑的所有子节点
/ 音乐 / 专辑 /@ 名称	查找所有"名称"属性
// 歌曲 / 文件名	查找所有 < 歌曲 > 节点的文件名

这里要介绍一下范例代码中的 XPathRun.asp，界面如图 4-23 所示。只要输入 XPath，就可以看到结果，大家可以使用它多多练习，理解各个表达式的意思。

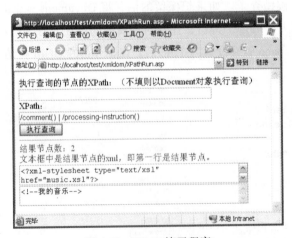

图 4-23　XPath 练习程序

4.15.2　查找上下文

上下文，可以理解为查找开始的位置，同一个表达式，上下文不同，则查找结果也可能不同。表 4-12 列举了一些可能的上下文。

表 4-12　XPath 执行的上下文

上 下 文	说 明
当前节点	类似于 DOS 命令，"."表示当前位置，"./歌曲/名称"等同于"歌曲/名称"，表示从当前位置开始查找
Document 根节点	"/"开头表示从 Document 根节点开始查找
根节点	"/*"开头表示从根元素节点开始查找
递归下降	"//"表示在任何层次上查找，如果表达式以"//"开头，则表示从 Document 根节点开始查找，如果"//"在表达式中间出现，则使用它之前的上下文
指定的元素	表达式以元素名称开头，则表示从那个元素开始查找

在 DOM 中使用 XPath 时，上下文是执行 selectNodes 或 selectSingleNode 方法的节点，查找结果的 context 属性可以返回对应的上下文。

下面看一下范例。

XPathContext.asp

```
<%@codepage=65001%>
<!--#include File="createObject.asp" -->
<%
Response.charset = "UTF-8"

Set xmlDoc = getXmlDom()    '创建对象
xmlDoc.async = False        '关闭异步读取
xmlDoc.Load Server.MapPath("music_Example.xml")      '载入 xml 文档
xmlDoc.setProperty "SelectionLanguage", "XPath"

'①通过 Document 对象执行查询
Set nodeList = xmlDoc.selectNodes("//歌曲/名称")
Response.Write "上下文: " & typename(nodeList.context) & "<br>"
For i = 0 To nodeList.length-1
    Response.write nodeList.nextNode.text & "<br>"
Next
Response.write "<hr>"

'②通过第 1 个专辑节点执行查询
Set albumNode = xmlDoc.selectSingleNode("/*/专辑[1]") '与"/音乐/专辑[1]"等效
Set nodeList = albumNode.selectNodes("//歌曲/名称")
Response.Write "上下文: " & typename(nodeList.context) & "<br>"
For i = 0 To nodeList.length-1
    Response.write nodeList.nextNode.text & "<br>"
Next
Response.write "<hr>"
```

```
'③表达式以“.”开头
Set nodeList = albumNode.selectNodes(".// 歌曲 / 名称 ")
Response.write " 专辑编号: " & nodeList.context.getAttribute(" 编号 ") & "<br>"
For i = 0 To nodeList.length-1
    Response.write nodeList.nextNode.text & "<br>"
Next
Response.write "<hr>"

'④不存在的节点
Set nodeList = albumNode.selectNodes("./ 馒头 // 歌曲 / 名称 ")
Response.write " 节点数: " & nodeList.length & "<br>"
%>
```

运行结果如图 4-24 所示。

图 4-24　上下文举例

在①中，我们通过 Document 对象执行查找，那么 Document 对象就是此 XPath 的上下文，可以看到 context 属性的类型是 DOMDocument60。

在②中，首先找到第一个专辑节点，然后使用它执行查找，那么这个专辑节点就是 XPath 的上下文，context 属性的类型是 IXMLDOMElement。但是，由于表达式是以“//”开头的，所以仍然从 Document 节点开始查找，结果输出了所有歌曲的名称。

在③中，表达式以“.”开头，表示使用当前上下文，即第一个专辑节点。虽然后面紧接的是“//”，但是它只能使用之前的上下文，结果输出了第一个专辑中的歌曲名称。

在④中，“./馒头”节点并不存在，所以结果节点数为 0。

4.15.3　单步表达式

一个查找表达式可以由一个或多个单步表达式组成，中间使用“/”分隔，后一步是在前一步的结果中进行查找的。如“/ 音乐 / 专辑”，它由两个单步表达式组成，首先查找“<

音乐>"节点，然后在这些节点之中再查找"<专辑>"节点。

绝对路径（即以"/"开头的）只能出现在第一步中，相对路径则没有限制。

单步表达式的格式如下：

轴::节点[条件]

它的意思就是在指定的轴上查找符合条件的节点。

1. 轴

所谓的轴，就是查找范围的意思，轴的可选值如表4-13所示。

表4-13 轴的可选值

轴	写 法	含 义
Parent	parent	父节点
Child	child	子节点
Ancestor	ancestor	祖先节点
Descendant	descendant	子孙节点
Ancestor-or-self	ancestor-or-self	祖先节点和当前节点
Descendant-or-self	descendant-or-self	子孙节点和当前节点
Preceding	preceding	同一文档内，前面的节点
Following	following	同一文档内，后面的节点
Preceding-sibling	preceding-sibling	之前的兄弟节点（哥哥节点）
Following-sibling	following-sibling	之后的兄弟节点（弟弟节点）
Self	self	当前节点
Attribute	attribute	属性
Namespace	namespace	命名空间

其中，Attribute轴和Namespace轴只在元素节点时才有效。

Child轴是默认的轴，所以通常都省略不写。如"/音乐/专辑"，其实就是"/child::音乐/child::专辑"，表示在子节点中查找"<音乐>"节点，然后再在查找结果的子节点中查找"<专辑>"节点。

Preceding轴和Following轴可能不好理解，大家可以使用上面介绍的练习程序，第一个参数输入"/音乐/专辑[1]/歌曲[2]"，即第一个专辑的第二个歌曲，第二个参数输入"preceding::*"或"following::*"，执行一下看看结果。这两个轴，不管前面的节点还是后面的节点，都要求标签是成对出现的。如对于"preceding::*"来说，"音乐"这个节点只有开始标签"<音乐>"，而没有结束标签"</音乐>"，所以它不算在结果中。

Attribute轴也可以简写，如"attribute::名称"可以简写为"@名称"。

综合一下即可看出，Ancestor、Descendant、Following、Preceding和Self轴组合在一起，就是整个XML个文档，它们包含了所有的节点（忽略属性和命名空间节点）。

2. 节点

单步表达式中节点的可选值如表 4-14 所示。

表 4-14 节点的可选值

节点值	说 明
节点名	如"歌曲 / 名称",查找"歌曲"节点下的"名称"节点
*	查找任何名称的元素节点。如"歌曲 /*",表示查找"歌曲"节点下的所有元素子节点,"*/*"则表示查找当前节点的任何"孙子(儿子的儿子)"元素节点,而"my:*"则表示命名空间前缀是"my"的所有元素子节点
@xx	查找名称为"xx"的属性
@*	查找任何名称的属性
comment()	查找注释节点
text()	查找文本节点
processing-instruction()	查找处理说明节点
node()	查找任何类型的节点
processing-instruction("xx")	查找名称为"xx"的处理说明

强调一下,"*"只是表示元素节点,是不包括文本、注释等节点的,而"node()"是任何类型的节点,"//*"返回的是所有元素节点,而"//node()"是所有的节点。

3. 条件

条件中可以使用的操作符包括"=""!=""<""<="">"和">=",还可以使用"not""and"和"or",数学的加减乘除使用"+""−""*"和"div",取余是使用"mod",这些无需多说。注意,字符串比较时,应该使用"="和"!=",不能使用"<>"。

条件的写法多种多样,下面举例说明。

(1)存在性过滤

存在性过滤的含义如表 4-15 所示。

表 4-15 存在性过滤

表达式	含 义
// 歌曲 [名称]	包含"名称"子节点的歌曲节点
// 歌曲 [名称][格式]	包含"名称"和"格式"子节点的歌曲节点,"// 歌曲 [名称 and 格式]"也可以
// 专辑 [歌曲 / 名称]	包含"歌曲 / 名称"的专辑节点
//*[@ 编号]	包含编号属性的节点
//*[*]	至少包含一个子元素的节点
//*[not(*)]	不包含子元素节点的节点,使用"//*[count(*)=0]"也可以

(2)通过属性或节点的值进行过滤

通过属性或节点的值进行过滤的含义如表 4-16 所示。

表 4-16　通过值进行过滤

表达式	含　义
// 专辑 [@ 名称 =" 雪 "]	名称为"雪"的专辑节点
// 歌曲 [格式 ="mp3"]	格式为"mp3"的歌曲节点
// 专辑 [@ 名称 =" 雪 " and @ 编号 ="M1"]	名称为"雪",并且编号为"M1"的专辑节点
//*[.=" 雪 "]	文本是"雪"的节点

条件里,"."表示节点的文本,即 text 属性。如上面的"//*[.=" 雪 "]"将会返回"< 名称 > 雪 </ 名称 >"这个"名称"节点。如果使用"//node()[.=" 雪 "]",则还会返回"雪"这个文本节点,查询的结果是两个。

如果节点还有后代节点,则 text 属性是包括后代节点的文本的,这时需要使用 contains 函数进行包含判断。如"//*[contains(.," 雪 ")]"将返回"音乐""专辑""歌曲"和"名称"这 4 个节点,而"//*[contains(text()," 雪 ")]"只会返回"名称"节点,因为要求的是当前节点的文本子节点包含"雪"字,不是所有后代节点。

(3)通过位置进行过滤

通过位置进行过滤的含义如表 4-17 所示。

表 4-17　通过位置过滤

表达式	含　义
// 歌曲 /*[position()=4]	每一个歌曲的第四个子节点,即"文件名"节点
/descendant::node()[name()=" 文件名 "]	所有"文件名"节点
// 专辑 / 歌曲 [1]	每个专辑的第一个歌曲
// 歌曲 /*[4]	每一个歌曲的第四个子节点
/ 音乐 / 专辑 [1]/ 歌曲 [1]	第一个专辑的第一个歌曲
/ 音乐 / 专辑 / 歌曲 [last()]	每个专辑的最后一个歌曲
// 歌曲 [1]	每个专辑的第一个歌曲,结果是多个。"歌曲 [1]"优先,表示那些是专辑中第一个歌曲的歌曲节点,然后"//"选出所有这样的节点
(// 歌曲)[1]	第一个歌曲,结果只有一个。由于使用了括号,"// 歌曲"优先,先筛选所有的歌曲节点,然后返回第一个

条件也可以有多个,如"// 歌曲 [格式 ="mp3"][last()]",应用的顺序是从左到右,所以使用多个表达式时要注意顺序。

条件并没有什么固定的写法,实现某个筛选结果可能有多种写法,大家依据实际情况灵活应用即可,不必拘泥于固定形式。

4.15.4　内置函数

下面看一下内置的函数,它们在条件中往往是不可缺少的。

在介绍函数之前，要提醒一下，函数名是区分大小写的，它们都是小写的。

1. 节点集合函数

节点集合函数及其作用如表 4-18 所示。

表 4-18　节点集合函数

函数名	作　用	举　例
count	返回节点数量	// 专辑 [count(歌曲)=2]
id	通过 ID 选择元素	id("M2")
last	返回集合中的最后一个	// 专辑 / 歌曲 [last()]
local-name	返回节点名，不包括命名空间前缀	// 专辑 / 歌曲 /*[local-name()=' 名称 ']
name	返回节点名，包括命名空间前缀	// 专辑 / 歌曲 /*[name()=' 名称 ']
namespace-uri	返回命名空间 URI	// 专辑 / 歌曲 /*[namespace-uri()='music']
position	返回节点的位置下标，从 1 开始	// 专辑 / 歌曲 [position()=1]

2. 字符串函数

字符串函数及其作用如表 4-19 所示。

表 4-19　字符串函数

函数名	作　用	举　例
concat	连接字符串，参数可以是多个	// 歌曲 [名称 =concat(" 冬 "," 之谣 ")]
contains	第一个参数包含第二个，则返回 True	// 歌曲 [contains(名称 ," 冬 ")]
normalize-space	去掉字符串两端的空格，中间的连续空格替换为一个空格。如 normalize-space(" ab c ") 返回 " ab c "，长度为 4 如果省略参数，则返回当前节点的值	// 歌曲 / 名称 [normalize-space()=" 雪 "]
starts-with	第一个参数以第二个参数开始，则返回 True	// 歌曲 [starts-with(名称 ," 冬 ")]
string	将其他类型转换为字符串	string(-1)
string-length	返回字符串的长度	// 歌曲 [string-length(名称)=4]
substring	从指定位置开始，截取指定长度的字符串。如 substring("123456",2,3) 返回 "234"	// 歌曲 [substring(名称 ,2,1)=" 之 "]
substring-after	在第一个参数中查找第二个参数，返回该位置之后的字符串。如 substring-after("1999/04/01","/") 返回 "04/01"	// 歌 曲 [substring-after(名 称 ," 之 ")=" 谣 "]
substring-before	同上，返回之前的字符串。如 substring-before ("1999/04/01","/") 返回 "1999"	// 歌 曲 [substring-before(名 称 ," 之 ")=" 冬 "]
translate	将字符串中的一些字符替换成另一些。如 translate ("ccba","abc","ABC") 返回 " CCBA "，即将 " a " 替换为 " A "，"b" 替换为 " B "，"c" 替换为 " C "，按位置对应	// 歌 曲 [translate(名 称 ," 冬 谣 "," 春 歌 ")=" 春之歌 "]

3. 布尔函数

布尔函数及其作用如表 4-20 所示。

表 4-20 布尔函数

函数名	作 用	举 例
boolean	将参数转换为 Boolean 类型	boolean(1)
false	返回 false	false()
lang	如果当前节点的 xml:lang 属性与指定值相同，则返回 true。如有 "< 专辑 xml:lang="en"/>"，则 "// 专辑 [lang("en")]" 返回 true	// 专辑 [lang("en")]
not	参数为 true，则返回 false	// 歌曲 [not(名称 =" 冬之谣 ")]
true	返回 true	true()

4. 数学函数

数学函数及其作用如表 4-21 所示。

表 4-21 数学函数

函数名	作 用	举 例
ceiling	返回大于等于参数的最小整数。如 ceiling(2.5) 返回 3，ceiling(-2.3) 返回 -2，ceiling(4) 返回 4	无
floor	返回小于等于参数的最大整数。如 floor(3.5) 返回 3，floor(-1.3) 返回 -2，floor(4) 返回 4	无
number	将参数转换为数字	number(false)
round	返回最接近的整数。如：round(2.6) 返回 3，round(2.4) 返回 2，round(2.5) 返回 3，round(-1.6) 返回 -2，round(-1.5) 返回 –1	无
sum	将节点的值求和	// 专辑 [sum(歌曲 / 文件大小)<10485760]

4.15.5 合并查询结果

使用 "|" 可以合并多个查询的结果，它会去掉重复的结果，举例如表 4-22 所示。

表 4-22 合并查询举例

举 例	作 用
// 音乐 |// 歌曲	所有的音乐节点和所有的歌曲节点
/ 音乐 |/ 音乐 // 专辑	音乐节点和音乐节点下的所有专辑节点
(// 专辑 [@ 名称 =" 雪 "]|// 专辑)//text()	所有专辑节点下的任意层次的文本节点
// 音乐 |// 歌曲 |// 文件名	所有的音乐节点、所有的歌曲节点和所有的文件名节点

4.15.6 操作符优先级

操作符的优先级如表 4-23 所示。

表 4-23 操作符的优先级

优先级	操作符	说　明
1	( )	分组
2	[ ]	优先级
3	/	路径操作
	//	
4	<	比较
	<=	
	>	
	>=	
5	=	比较
	!=	
6	|	合并
7	not()	非
8	and	与
9	or	或

第 5 章 *Chapter 5*

XMLHTTP 操作

XMLHTTP 就像一个隐形的小型浏览器，我们可以使用它"偷偷"地发送数据给服务端，并处理返回的数据。虽然 XMLHTTP 的名字中有"xml"的字样，但实际上发送和接收的数据是不限于 xml 格式的。

XMLHTTP 包含客户端使用的 XMLHTTP 对象和服务端使用的 ServerXMLHTTP 对象，下面首先介绍客户端的 XMLHTTP 对象的使用。

5.1 XMLHTTP 的使用

首先看一个简单的例子。

client1.html

```
<script language="javascript">
Function doGet(){
    Var url="server.asp";
    Var xmlHttp = new ActiveXObject('MSXML2.XMLHTTP');
    xmlHttp.open("GET",url, false);
    xmlHttp.send(null);
    If(xmlHttp.readyState == 4 && xmlHttp.status == 200){
        alert(xmlHttp.responseText);
    }
}
</script>
<Input type="button" value="发送 GET 请求 " onclick="doGet()">
```

server.asp 的代码很简单，只输出了两行文字。

server.asp

```
<%@codepage=936%>
<%
response.charset="GBK"
response.write "One World One Dream" &vbcrlf
response.write "同一个世界,同一个梦想"
%>
```

单击按钮之后，对话框就显示出了服务端返回的文字，如图 5-1 所示。

图 5-1　XMLHTTP 使用举例

从该例可以看出，XMLHTTP 对象的使用是非常简单的，创建对象、设置参数、发送数据，然后处理返回的数据即可。

5.1.1　创建 XMLHTTP 对象

XMLHTTP 是 MSXML 组件的一部分，而该组件有多个版本，客户端安装的是哪个版本是未知的，所以，只能尝试创建一个版本的对象，如果失败，则继续尝试下一个版本，如此反复，直至创建成功。如果一个都没有成功，那么说明客户端不支持 XMLHTTP。

在 IE6 及之前的版本中，需要进行如下创建：

```
Var xmlhttp = new ActiveXObject("Msxml2.XMLHTTP.6.0");
Var xmlhttp = new ActiveXObject("Msxml2.XMLHTTP.5.0");
Var xmlhttp = new ActiveXObject("Msxml2.XMLHTTP.4.0");
Var xmlhttp = new ActiveXObject("Msxml2.XMLHTTP.3.0");
Var xmlhttp = new ActiveXObject("Msxml2.XMLHTTP");
Var xmlhttp = new ActiveXObject("Microsoft.XMLHTTP");
```

虽然有这么多版本，但是通常建议使用 6.0 版本和 3.0 版本，而 4.0 和 5.0 版本属于过渡版本，不建议使用。另外，使用 Msxml2.XMLHTTP 时，系统通常会自动映射为 Msxml2.XMLHTTP.3.0。

在 IE7 及以后版本、Opera、Firefox 和 Chrome 等浏览器中，XMLHTTP 是作为脚本对象出现的，直接使用 new 即可，格式如下所示：

```
Var xmlHttp = new XMLHttpRequest();
```

综合一下，我们可以自定义一个方法，方便以后调用。示范代码如下所示。

client2.html

```
<script language="javascript">
// 创建 XMLHTTP 对象
Function getXmlHttp(){
    Var xmlHttp = null;
    If (window.XMLHttpRequest){
        xmlHttp = new XMLHttpRequest();
        alert("XMLHttpRequest");        // 显示创建的对象
    }Else If(window.ActiveXObject) {
        Var progIDs = ['Msxml2.XMLHTTP.6.0','Msxml2.XMLHTTP.3.0','Msxml2.XMLHTTP'];
        For (Var i = 0; i < progIDs.length; i++) {
            try {
                xmlHttp = new ActiveXObject(progIDs[i]);
                alert(progIDs[i]);     // 显示创建的版本
                Break;
            }catch (ex) {}
        }
    }
    Return xmlHttp;
}
Function doGet(){
    Var xmlHttp = getXmlHttp();
    If(xmlHttp == null){
        alert(" 不支持 XMLHTTP。");
    }Else{
        alert(" 支持 XMLHTTP。")
    }
}
</script>
<Input type="button" value=" 创建 xmlHttp 对象 " onclick="doGet()">
```

5.1.2 创建 HTTP 请求

创建 XMLHTTP 对象后，就可以使用 Open 方法创建一个新的 HTTP 请求了，格式如下：

```
Open(bstrMethod, bstrUrl, bAsync, bstrUser, bstrPassword)
```

参数的含义如表 5-1 所示。

表 5-1　Open 方法的参数

参　　数	含　　义
bstrMethod	请求方式，如 GET、POST、HEAD 等
bstrUrl	请求的 URL，可以是相对路径或绝对路径

（续）

参　数	含　义
bAsync（可选）	是否异步。true 为异步，false 为同步，默认为 false
bstrUser（可选）	用户名，如服务端采用 BASIC 等验证方式，通过此参数传递用户名，默认为 null
bstrPassword（可选）	密码，默认为 null

如果采用同步方式，则请求完成（服务端接收到请求，处理完毕并返回数据）之后，send 方法才会返回并继续往下执行。如果采用异步方式，则在请求发出之后，send 方法就立即返回。

5.1.3 设置 Header

设置 Header 时可使用 setRequestHeader 方法，格式如下：

```
setRequestHeader(bstrHeader, bstrValue)
```

通常用来设置 If-Modified-Since、Content-Length、Content-Type 等 Header 项目。如设置 Content-Type：

```
xmlHttp.setRequestHeader("Content-Type","application/x-www-form-urlencoded")
```

5.1.4 发送请求

发送请求使用 send 方法，格式如下：

```
send(varBody)
```

该方法是真正发送请求的方法，任何设置都要在此方法之前进行。发送的数据通常是文本数据或 XML Document 对象。

请求方式为 GET 方式时，数据是放在 URL 之后传递的，很简单，用 name=value 形式拼接即可。如果是汉字，注意进行 URL 编码。调用 send 方式的形式为 send() 或 send(null)。

请求方式为 POST 方式时，数据是通过 send 方法的参数传入的。同时，要记得设置 Content-Type，表单数据通常就使用 application/x-www-form-urlencoded，否则服务端使用 Request.Form 是取不到值的。

1. 发送文本数据

直接发送一段文本数据，在服务端可以用 Request.Form 取到它。但要注意，发送的文字是 UTF-8 编码的，如果服务端不以 UTF-8 编码接收，则会乱码。

建议以 name=value 的形式发送，value 是使用 escape 函数将数据编码后的结果（如果服务端使用 UTF-8 编码，则这里使用 encodeURI 函数也可以），模拟表单提交，服务端使用 Request.Form(name) 取值。

范例如下。

client_sendText.html

```
<script language="javascript" src="xmlhttp.js"></script>
<script language="javascript">
Var xmlHttp;
Function doGet(flag){
    xmlHttp = getXmlHttp();
    var url="client_sendText_Server.asp"
    xmlHttp.onreadystatechange = stateChange;
    xmlHttp.open("POST",url, true);

    // 注意设置 Content-Type
    xmlHttp.setRequestHeader("Content-Type","application/x-www-form-urlencoded")

    If(flag==1){
            // 直接发送文本数据
            xmlHttp.send(" 约定 ");

    }Else If(flag==2){
            //name=value 形式发送
            xmlHttp.send("musicName=" + escape(" 约定 "));
    }
}
Function stateChange(){
    If(xmlHttp.readyState == 4 && xmlHttp.status == 200){
        alert(xmlHttp.responseText);
    }
}
</script>
<Input type="button" value=" 发送文本数据（纯文本）" onclick="doGet(1)">
<Input type="button" value=" 发送文本数据(name=value 形式)" onclick="doGet(2)">
```

client_sendText_Server.asp

```
<%@codepage=65001%>
<% response.Charset="UTF-8" %>
<%
Response.Write "Request.Form:" & Request.Form & vbcrlf
Response.Write "Request.Form('musicName'):" & Request.Form("musicName")
%>
```

运行结果如图 5-2 所示。

2. 发送 XML Document 对象

发送 XML Document 对象的优点是不必为编码问题烦恼，发送数据的编码就是 xml 中指定的 encoding（如果不指定 encoding，则使用 UTF-8）。

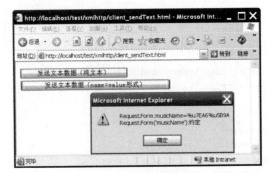

图 5-2　发送文本数据

发送 XML Document 对象不必设置 Content-Type，因为组件会自动设置为 text/xml。实际发送的数据就是 xml 的内容，服务端可以使用 XMLDOM 对象来处理。

范例代码如下所示。

client_sendXML.html

```
<script language="javascript" src="xmlhttp.js"></script>
<script language="javascript">
Var xmlHttp;
Function doGet(){
    xmlHttp = getXmlHttp();
    Var url="client_sendXML_Server.asp"
    xmlHttp.onreadystatechange = stateChange;
    xmlHttp.open("POST",url, true);

    //new XMLDOM 对象
    Var xmldom = new ActiveXObject("Microsoft.XMLDOM");

    Var data = "<?xml version='1.0' encoding='GBK' ?>"
    data += "<musicList><music><name>约定</name></music></musicList>"

    xmldom.loadXML(data);      // 载入 xml 数据
    xmlHttp.send(xmldom);      // 发送 xml 数据
}
Function stateChange(){
    If(xmlHttp.readyState == 4 && xmlHttp.status == 200){
        alert(xmlHttp.responseText);
    }
}
</script>
<Input type="button" value=" 发送 XML 数据 " onclick="doGet()">
```

client_sendXML_Server.asp

```
<%@codepage=65001%>
<% response.Charset="UTF-8" %>
```

```
<%
data = Request.BinaryRead(Request.TotalBytes)
Set dom = Server.CreateObject("Microsoft.XMLDOM")
dom.load data
Response.Write "歌曲数量: " & dom.documentElement.childNodes.length
%>
```

运行结果如图 5-3 所示。

图 5-3　发送 XML Document 对象

5.1.5　状态及异步方式

XMLHTTP 对象有 3 个与状态相关的属性，如表 5-2 所示。

表 5-2　状态相关的属性

属　　性	说　　明
status	服务端返回的状态 Code，如 200
statusText	服务端返回的状态文字，如 OK
readyState	XMLHTTP 对象当前的状态

readyState 属性的可能值如表 5-3 所示。

表 5-3　readyState 属性的值

值	意　　义	说　　明
0	UNSENT	初始值
1	OPENED	Open 方法已经被成功调用
2	HEADERS_RECEIVED	所有的 HTTP Header 已经收到
3	LOADING	正在接收数据
4	DONE	所有的数据接收完毕

注意，只有 readyState 属性是 3 或 4 的时候，status 和 statusText 属性才会有值。

用异步方式时，需要通过 onreadystatechange 属性指定事件处理方法，在该方法中监控 readyState 属性的变化，即可处理返回数据。范例代码如下所示。

client_stateChange.html

```
<script language="javascript" src="xmlhttp.js"></script>
<script language="javascript">
Var xmlHttp;
Function doGet(){
    xmlHttp = getXmlHttp(); // 取得 XMLHttp 对象
    Var url="client_stateChange_Server.asp?a=1";
    xmlHttp.onreadystatechange = stateChange; // 状态变化时，调用 stateChange 方法
    xmlHttp.open("GET",url, true); // 使用异步方式
    alert("OPENED");
    xmlHttp.send(null);
}
Function stateChange(){
    alert("readyState:" + xmlHttp.readyState);
    If(xmlHttp.readyState >=3){
            alert("status:" + xmlHttp.status);
            alert("statusText:" + xmlHttp.statusText);
    }
    If(xmlHttp.readyState == 4 && xmlHttp.status == 200){
        alert(" 数据接收完毕。");
        alert(xmlHttp.responseText);
    }
}
</script>
<Input type="button" value=" 查看状态变化 " onclick="doGet()">
```

client_stateChange_Server.asp

```
<%@codepage=65001%>
<%
response.charset="UTF-8"

Call DelayTime(5)
response.flush  ' 输出 Header

Call DelayTime(5)
response.write "One World One Dream" &vbcrlf
response.flush  ' 输出文字

Call DelayTime(5)
response.write " 同一个世界，同一个梦想 " ' 输出另一段文字

' 延时方法
Sub DelayTime(secondNumber)
    Dim startTime
    startTime=NOW()
    Do While datediff("s",startTime,NOW())<secondNumber
    Loop
End Sub
%>
```

单击按钮后，就会看到 readyState 属性从 1 变到 4，最后显示服务端返回的文字。

5.1.6　获取返回的数据

与常规方式访问服务端一样，返回数据也分为 Header 数据和 Body 数据。

1. Header 数据

获取 Header 数据可以使用 getAllResponseHeaders 方法和 getResponseHeader 方法，前者返回所有的项目，后者返回指定的项目。范例代码如下所示。

Client4.html

```
<script language="javascript" src="xmlhttp.js"></script>
<script language="javascript">
Var xmlHttp;
Function doGet(){
    xmlHttp = getXmlHttp();
    Var url="server_UTF8.asp";
    xmlHttp.onreadystatechange = stateChange;
    xmlHttp.open("GET",url, true);
    xmlHttp.send(null);
}
Function stateChange(){
    If(xmlHttp.readyState == 4 && xmlHttp.status == 200){
        alert(xmlHttp.getAllResponseHeaders());            // 所有 Header
        alert(xmlHttp.getResponseHeader("Content-Length")); // 指定的 Header
    }
}
</script>
<Input type="button" value="查看服务端返回的 Header" onclick="doGet()">
```

运行结果如图 5-4 所示。

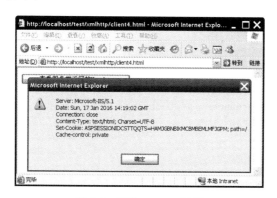

图 5-4　获取 Header 数据

2. Body 数据

XMLHTTP 提供了几种获取 Body 数据的方法，如表 5-4 所示。

表 5-4　获取 Body 数据的方法

方　法	说　明
responseBody	以字节数组的形式返回原始数据
responseStream	以 IStream 对象形式返回
responseText	以文本形式返回
responseXML	以 XML Document 对象形式返回

（1）responseText

如果服务端只返回了一些文字，那么使用 responseText 无疑是最简单的；但同时也需要注意编码的问题。如果返回的数据不是 UTF-8 编码的，那么服务端需要设置 Header 中的 Charset，否则将乱码或显示脚本错误。

用法如下：

```
alert(xmlHttp.responseText); // 显示返回的文本
```

（2）responseBody

responseBody 返回的是服务端的原始数据，如果需要对数据进行特殊处理，可以使用此属性。

该属性返回的是字节数组，而 JavaScript 处理字节数组还是有些困难的，所以还是需要使用 VBScript 或者客户端对象。在下面的范例中，使用 getStringFormatOfByte 方法查看字节数组里保存的是什么内容。

Client5.html

```
<script language="javascript" src="xmlhttp.js"></script>
<script language="javascript">
Var xmlHttp;
Function doGet(){
 xmlHttp = getXmlHttp();
 Var url="server_UTF8.asp"
 xmlHttp.onreadystatechange = stateChange;
 xmlHttp.open("GET",url, true);
 xmlHttp.send(null);
}
Function stateChange(){
 if(xmlHttp.readyState == 4 && xmlHttp.status == 200){
    alert(xmlHttp.responseText);      // 显示返回的文本

    // 查看原始数据
    Var obj = document.getElementById("byteArray");
```

```
        obj.innerHTML = getStringFormatOfByte(xmlHttp.responseBody);
}
}
</script>
<script language="vbscript">
Function getStringFormatOfByte(byteArray)
 Dim result,i
 For i=1 To Lenb(byteArray)
    result = result & " " & Hex(AscB(MidB(byteArray,i,1)))
 Next
 getStringFormatOfByte = result
 End Function
</script>
<Input type="button" value=" 取得服务端返回的数据 " onclick="doGet()">
<div id="byteArray"></div>
```

运行结果如图 5-5 所示。

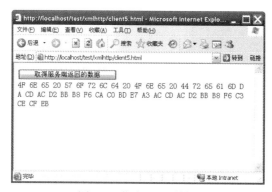

图 5-5　获取 Body 数据

图 5-6 是监控软件监控到的返回数据，可以看到，程序获取的数据与监测到的数据是一致的。

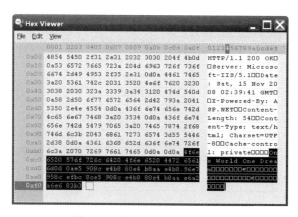

图 5-6　监控软件监控到的数据

（3）responseStream

该属性与 responseBody 类似，只是它返回的是 IStream 形式的对象。关于该属性的资料不多，它似乎是在 C++ 或 C# 等语言中使用的，具体如何使用我们就不深究了，在 VBScript 中使用 responseBody 属性即可。

（4）responseXML

如果服务端返回的是 XML 格式的数据，那么可以使用 responseXML 属性取得数据，它直接返回 XML Document 对象。

使用此属性时，有几点需要注意：

1）服务端的返回数据类型应该是 text/xml，否则 responseXML 属性取不到值，注意设定 ContentType。如：

```
Response.ContentType="text/xml"
```

2）XML 文档的声明应该位于第一行，否则此属性也取不到值。如：

```
<?xml version="1.0" encoding="GBK" ?>
```

此行必须在文档的第一行，之前不能有空行。动态生成 XML 的时候，前置的 ASP 语法很容易造成空行。

3）在 XML 文档中应该指定 encoding，否则可能影响正确读取。

下面看一下范例。

ServerXml.asp

```
<?xml version="1.0" encoding="GBK"?>
<%@codepage=65001%>
<%
response.Charset="GBK"
Response.ContentType="text/xml"
%>
<musicList>
    <music><name>约定 </name></music>
    <music><name>礼物 </name></music>
</musicList>
```

Client6.html

```
<script language="javascript" src="xmlhttp.js"></script>
<script language="javascript">
Var xmlHttp;
Function doGet(){
xmlHttp = getXmlHttp();
Var url="serverXML.asp"
xmlHttp.onreadystatechange = stateChange;
xmlHttp.open("GET",url, true);
```

```
xmlHttp.send(null);
}
Function stateChange(){
    If(xmlHttp.readyState == 4 && xmlHttp.status == 200){
        Var doc = xmlHttp.responseXML; // 得到 Document 对象
        alert("歌曲数量: "+doc.documentElement.childNodes.length);
    }
}
</script>
<Input type="button" value="取得 XML 格式数据" onclick="doGet()">
```

运行结果如图 5-7 所示。

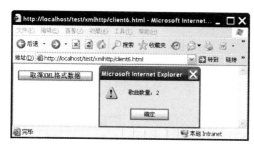

图 5-7　获取 XML 数据

5.1.7　中止请求

中止请求可以使用 abort 方法，在 XMLHTTP 对象的几种状态下都可以使用。结合 setTimeout 方法，可以实现超时控制，比如 2 秒还没有返回结果，则认为超时，取消请求即可。

此方法会将对象的 readyState 属性重置为 0，同时清除 onreadystatechange 的事件绑定。如果一个对象使用多次，再次使用之前也最好调用一下 abort 方法，重置对象的状态。

范例代码如下所示。

client_abort.html

```
<script language="javascript" src="xmlhttp.js"></script>
<script language="javascript">
Var xmlHttp;
Var timer;
Function doGet(){
    xmlHttp = getXmlHttp();
    Var url="client_abort_Server.asp?random="+new Date().getTime();
    xmlHttp.onreadystatechange = stateChange;
    xmlHttp.open("GET",url, true);
    xmlHttp.send(null);

    timer = setTimeout("doAbort()",2000); //2 秒后，取消请求
}
```

```
Function stateChange(){
    If(xmlHttp.readyState == 4 && xmlHttp.status == 200){
        clearTimeout(timer); // 成功时，清除计时器
        alert(xmlHttp.responseText);
    }
}
Function doAbort(){
    Var result = document.getElementById("result");
    result.innerHTML = " 中止前状态: " + xmlHttp.readyState + "<br>";

    xmlHttp.abort(); // 中止请求

    // 中止后，状态被复原
    result.innerHTML += " 中止后状态: " +xmlHttp.readyState + "<br>";
}
</script>
<Input type="button" value=" 发出请求 2 秒后中止 " onclick="doGet()">
<Input type="button" value=" 随时可以中止请求 " onclick="doAbort()">
<div id="result"></div>
```

单击左侧按钮，发出请求 2 秒后自动中止请求，在这 2 秒内，随时单击右侧按钮可以中止请求。

5.1.8   页面缓存

通过 XMLHTTP 访问时，也会碰到缓存的问题。可以通过在服务端输出 no-cache 的 Header 来控制，也可以在客户端来做。

1）在 URL 后加随机数，如：

```
var url="client_abort_Server.asp?random="+new Date().getTime();
```

2）在请求中增加 If-Modified-Since 这个 Header，把时间设置为过去时间。

```
xmlHttp.setRequestHeader("If-Modified-Since", "Sat, 1 Jan 2005 00:00:00 GMT");
```

5.1.9   小提醒

1）出于安全的考虑，设置请求 Header 中的 Referer 是无效的。如：

```
xmlHttp.setRequestHeader("Referer","http://aaa.com/bbb.html");
```

是没有作用的，此时对 Referer 的设置会被忽略，实际发送的是真实的 Referer 信息。

2）XMLHTTP 组件会自动使用 IE 浏览器的代理设置。

3）XMLHTTP 组件会自动使用 IE 浏览器的 Cookie。如先开一个 IE 窗口，访问某网站，登录并记住登录状态，然后在脚本中使用 XMLHTTP 组件访问该网站，什么都不需要做，就已经是登录状态，因为 XMLHTTP 组件自动发送了 IE 保存的 Cookie。

4）XMLHTTP 组件只能访问同一个域名下的资源，即 A 域名下的网页使用 XMLHTTP 组件只能访问 A 域名下的网址。如想访问其他域名的网址，可以使用 Ajax 跨域相关的技术。

5.2　ServerXMLHTTP 的使用

在服务端应该使用 ServerXMLHTTP 对象，而不是 XMLHTTP 对象。此时，请求的 URL 必须是完整的，应该以 http:// 或 https:// 开头，不能使用相对 URL。

5.2.1　创建对象

ServerXMLHTTP 对象的创建与 XMLHTTP 对象的创建类似，只是名称中多了 "Server" 几个字母而已。范例代码如下所示。

server_createObject.asp

```
<%
Function getXmlHttp()
    Dim progIDs
    Dim xmlHttp
    progIDs = Array("Msxml2.ServerXMLHTTP.6.0","Msxml2.ServerXMLHTTP.
3.0","Msxml2.ServerXMLHTTP")
    '循环创建对象
    On Error Resume Next
    For i = 0 To UBound(progIDs)
            Set xmlHttp = Server.CreateObject(progIDs(i))
            If Err.number=0 Then
                    '如果成功，则返回
                    Set getXmlHttp = xmlHttp
                    'response.write progIDs(i)      '看看创建了哪个
                    Exit Function
            Else
                    '如果失败，清空 Err
                    Err.clear()
            End If
    Next
End Function
%>
```

5.2.2　读取远程网页内容

以读取 Google 的首页为例，范例代码如下所示。

server_getData.asp

```
<%@codepage=65001%>
<!--#include File="server_createObject.asp" -->
```

```
<%
response.charset = "UTF-8"

Set xmlHttp = getXmlHttp()
xmlHttp.Open "GET", "http://www.google.cn", False
xmlHttp.Send

' 输出 HTML 内容
html = xmlHttp.responseText
Response.Write html
%>
```

运行结果如图 5-8 所示。

图 5-8　读取网页内容

读取到的只是该 URL 的 HTML 内容，相关的 CSS、Java Script 和图片都没有获取到，需要这些文件的话，则需要额外处理。

5.2.3　读取远程文件

读取远程文件，需要使用 responseBody 属性接收数据，然后使用 Adodb.Stream 对象进行处理。以读取 Google 首页的图片为例。

server_getFileData.asp

```
<%@codepage=65001%>
<!--#include File="server_createObject.asp" -->
<%
response.charset = "UTF-8"

url = "http://www.google.cn/landing/cnexp/google-search.png"
Set xmlHttp = getXmlHttp()
xmlHttp.Open "GET", url, False
```

```
xmlHttp.Send

' 使用 responseBody 接收原始数据
byteArray = xmlHttp.responseBody

' 保存数据
Dim stream
Set stream = Server.CreateObject("ADODB.Stream")
stream.Type = 1              ' 二进制方式
stream.Open
stream.Write byteArray       ' 写入二进制数据
stream.SaveToFile Server.MapPath("logo.gif"),2        ' 可以覆盖
stream.close
Set stream = Nothing

' 显示下载的图片
response.write "<img src='logo.gif'>"
%>
```

运行结果如图 5-9 所示。

图 5-9　读取文件内容

有时，我们只想知道远程文件是否存在，或者只想知道它的大小，应该怎么做比较好呢？如果每次都把几兆、几十兆的文件下载下来才知道大小，那实在是太浪费了。这时，只要使用 HEAD 请求即可，范例代码如下所示。

server_getFileHeader.asp

```
<%@codepage=65001%>
<!--#include File="server_createObject.asp" -->
<%
response.charset = "UTF-8"

' 出错继续执行
On Error Resume Next
```

```
url = "http://www.google.cn/intl/zh-CN/images/logo_cn.gif"
Set xmlHttp = getXmlHttp()
xmlHttp.Open "HEAD", url, False
xmlHttp.Send

If xmlHttp.readyState = 4 Then
    If xmlHttp.status=404 Then
        response.write " 文件不存在 "
    ElseIf xmlHttp.status=200 Then

        ' 输出所有的 Header
        response.write "<pre>"
        response.write xmlHttp.getAllResponseHeaders()
        response.write "</pre>"

        ' 输出文件的大小，单位是字节
        response.write xmlHttp.getResponseHeader("Content-Length")
    End If
End If
%>
```

运行结果如图 5-10 所示。

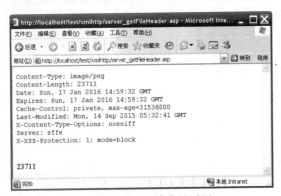

图 5-10　HEAD 请求的返回

使用 HEAD 请求时，服务端只会返回文件的 Header 信息，而不会返回文件数据。

5.2.4　登录远程系统

很多网页是用户登录以后才能访问的，直接 GET 数据的话，得到的通常都是登录页面。这就要求我们在程序里模拟用户的登录动作。

模拟登录时需要发送的数据取决于要访问系统的要求，每个系统的验证要求都不一样，应该具体情况具体分析。最好手动进行一次正常登录，同时使用监控软件监控发送的数据格式，然后按此格式构建我们的 HTTP 请求。

下面以一个简单的验证页面作为远程系统为例。

Server_Login.asp

```
<%@codepage=65001%>
<%
response.charset = "UTF-8"

' 输出 SessionID
response.write " 验证页面: " & session.sessionid & "<br>"

' 如果没登录, 则验证登录
If session("test_username")="" Then
    response.write " 进行了验证 " & "<br>"
    userName = request.form("userName")
    password = request.form("password")
    If userName = "asp9999" And password="asp9999" Then
        session("test_username")=userName
        response.cookies("test_cookie")="asp9999"
    End If
End If
If session("test_username")<>"" Then
    response.write " 已登录。"
Else
    response.write " 未登录。"
End If
%>
```

很简单，直接验证用户名和密码，输出"登录"或者"未登录"。对于我们的模拟登录来说，只要发送用户名和密码就可以了。

server_LoginRemote.asp

```
<%@codepage=65001%>
<!--#include File="server_createObject.asp" -->
<%
response.charset = "UTF-8"

' 输出 SessionID
response.write " 我们的页面: " & session.sessionid & "<br>"

' 登录验证的 URL
url = "http://localhost/test/xmlhttp/server_Login.asp"

Set xmlHttp = getXmlHttp()
xmlHttp.Open "POST", url, False

' 设置必要的 Header
xmlHttp.setRequestHeader "Content-Type", "application/x-www-form-urlencoded"

' 发送数据
strPostData = "userName=asp9999&password=asp9999"
xmlHttp.Send strPostData
```

```
response.write xmlHttp.responseText & "<br>"
```

```
' 验证之后，GET 其他页面即可，这里仍然访问同一个页面
xmlHttp.Open "GET", url, False
xmlHttp.Send
response.write xmlHttp.responseText
%>
```

图 5-11　模拟登录远程系统

运行结果如图 5-11 所示。

可以看到，对于第二次的 GET 请求，并没有再次进行验证，说明此时我们已经登录了此系统。

ServerXMLHTTP 和 XMLHTTP 还有一个很重要的不同之处。让我们新开两个窗口，分别访问模拟登录页面，每个窗口都刷新几次。

图 5-12 是使用 XMLHTTP 时的情况。

图 5-12　XMLHTTP 多窗口刷新

图 5-13 是使用 ServerXMLHTTP 时的情况。

图 5-13　ServerXMLHTTP 多窗口刷新

使用 XMLHTTP 时，两个窗口验证页面的 SessionID 是相同的，不管刷新多少次，这个 SessionID 都是不变的。即使我们新开更多的窗口访问，验证页面的 SessionID 也是相同

的。换句话说，只要用户第一次登录远程系统后，所有的后续访问都无需登录，如图 5-14 所示。

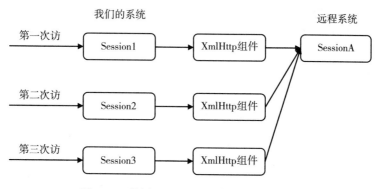

图 5-14　使用 XMLHTTP 时的 Session 情况

使用 ServerXMLHTTP 时，两个窗口验证页面的 SessionID 是不同的。对于单个窗口，每次刷新页面，验证页面的 SessionID 也会发生变化，每次都会进行验证。所有窗口都是这样，打开更多窗口也是如此，如图 5-15 所示。

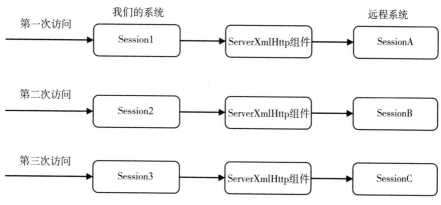

图 5-15　使用 ServerXMLHTTP 时的 Session 情况

是什么造成这种差异的呢？这是因为，发出第二次请求时，XMLHTTP 对象会自动附加第一次请求返回的 Cookie，所以服务端认为是登录状态。XMLHTTP 对象本来就是设计在客户端使用的，客户端只有一个用户，那么在后续请求中自动添加 Cookie 是合情合理的，而 ServerXMLHTTP 对象是设计在服务端使用的，每次请求就是单纯的请求，无需考虑用户的因素，所以它不会自动添加 Cookie。

5.2.5　发送与接收 Cookie

发送 Cookie，可以使用 ServerXMLHTTP 对象的 setRequestHeader 方法。注意，XMLHTTP

对象是无法设置 Cookie 的，它完全是自动管理的。这是二者的另外一个不同。

对于服务端返回的 Cookie，XMLHTTP 和 ServerXMLHTTP 对象都会自动维持。也就是说，前一次请求返回的 Cookie，下次发出请求时会自动附加，完全不用我们操心。当然，对于 ServerXMLHTTP 对象来说，下次请求是指同一个生命周期内（通常就是一个页面中），而 XMLHTTP 无此限制。

那么，使用 ServerXMLHTTP 时，如何在多个生命周期中维持 Cookie 呢？假设在我们的系统中，多个页面都要访问远程系统，如果在每个页面中都要用户输入用户名和密码登录远程系统，那么用户体验一定很糟糕。

我们很自然地想到，可以使用我们网页的 Session 来保存远程系统的 Cookie。第一次登录远程系统时，使用 getResponseHeader 方法取得 Set-Cookie 行，将 Cookie 保存在我们的 Session 中。之后的请求中，使用 setRequestHeader 方法设置 Cookie 行即可。

以一个简单的远程系统为例。

server_setCookie.asp

```
<%@codepage=65001%>
<%
response.charset = "UTF-8"

' 输出 SessionID
response.write "远程页面: " & session.sessionid & "<br>"

' 输出 Cookie
response.write "myCookie=" & request.cookies("myCookie") & "<br>"
response.write "myCookie2=" & request.cookies("myCookie2") & "<br>"

' 为空，设置 Cookie
If request.cookies("myCookie")="" Then
    response.write "设置了 Cookie。"
    response.cookies("myCookie")="asp9999"
    response.cookies("myCookie2")="asp8888"
End If
%>
```

第一次请求时，返回的 Header 信息如下：

```
HTTP/1.1 200 OK
Server: Microsoft-IIS/5.1
Date: Sat, 21 Feb 2009 00:38:17 GMT
X-Powered-By: ASP.NET
Content-Length: 55
Content-Type: text/html; Charset=UTF-8
Set-Cookie: myCookie2=asp8888; path=/test
Set-Cookie: myCookie=asp9999; path=/test
Set-Cookie: ASPSESSIONIDCCSQTATC=HCDJILJDIGPCDODCINJGBBGL; path=/
Cache-control: private
```

可以看到，Set-Cookie 有多行，而 xmlHttp.getResponseHeader("Set-Cookie") 只能返回第一行，也就是 myCookie2，这样是不行的。我们需要取得全部的 Header 信息，然后从中分离所有的 Set-Cookie 行。

看一下完整的示范代码。

server_HoldCookie.asp

```
<%@codepage=65001%>
<!--#include File="server_createObject.asp" -->
<%
response.charset = "UTF-8"

url = "http://localhost/test/xmlhttp/server_setCookie.asp"

Set xmlHttp = getXmlHttp()
xmlHttp.Open "POST", url, False

' 如果保存的 Cookie 不为空, 则设置 Cookie 行
If Session("saveCookie")<>"" Then
    xmlHttp.setRequestHeader "Cookie", Session("saveCookie")
End If

' 发送数据
xmlHttp.Send ""

' 如果有 Set-Cookie 行
If xmlHttp.getResponseHeader("Set-Cookie")<> "" Then

    ' 取得所有的 Header 信息
    allHeaders = xmlHttp.getAllResponseHeaders()

    Set reg = New RegExp    ' 建立正则对象
    reg.Global = True       ' 匹配多次
    reg.IgnoreCase = True   ' 忽略大小写
    reg.Pattern="Set-Cookie: ([^\s=]+)=([^\s;]+);"

    ' 执行匹配
    Set Matches = reg.Execute(allHeaders)

    ' 保存 Cookie 的字符串
    SaveCookieStr = ""

    'Matches.count 就表示有多少个 Set-Cookie 行
    If Matches.count>0 Then
        For i= 0 To Matches.count-1    ' 下标从 0 开始
            response.write Matches(i) & "<br>"

            CookieName = Matches(i).subMatches(0)   'Cookie 的 Name
            CookieValue = Matches(i).subMatches(1)   'Cookie 的 Value
```

```
            response.write "Name:" & CookieName & "  "
            response.write "Value:" & CookieValue & "<br><br>"

            '拼接字符串
            SaveCookieStr = SaveCookieStr & CookieName & "=" & CookieValue & "; "
        Next
    End If

    '保存到 Session
    Session("saveCookie") = SaveCookieStr
End If

response.write xmlHttp.responseText & "<br>"
%>
```

如图 5-16 所示是第一次请求时的运行结果。

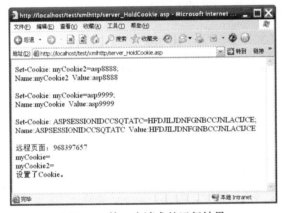

图 5-16   第一次请求的运行结果

如图 5-17 所示是后续请求的运行结果。

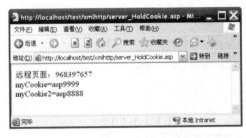

图 5-17   后续请求的运行结果

可以看到，Cookie 和 Session 均保持不变，我们的想法实现了。

在此例中，Cookie 是以"name=value;"的形式直接拼接保存在 Session 中的，因为这正是发送 Cookie 时要求的形式。但是，此种形式不适用于更新 Cookie 值和追加 Cookie 的情况。实际应用中可以考虑使用数组、Dictionary 对象等形式保存 Cookie 的 name 和 value 等信息。

Cookie 还有路径、域名、过期时间等属性，在一些严格的应用中，应该注意设置。

5.2.6　超时设置

ServerXMLHTTP 提供了 setTimeouts 方法，可以进行超时设置，格式如下：

```
setTimeouts resolveTimeout, connectTimeout, sendTimeout, receiveTimeout
```

4 个参数必须同时设置，单位为毫秒。参数的意义如下：

❑ resolveTimeout，域名解析的超时时间，默认不限制。

❑ connectTimeout，与远程主机建立连接的超时时间，默认为 60 秒。

❑ sendTimeout，发送单个数据包到远程主机的超时时间，默认为 30 秒。

❑ receiveTimeout，从远程主机接收单个数据包的超时时间，默认为 30 秒。

此方法应该在 Open 方法之前调用，如：

```
xmlHttp.setTimeouts 5000,5000,15000,15000
xmlHttp.Open "POST", url, False
```

5.2.7　代理设置

ServerXMLHTTP 提供了 setProxy 方法，可以设置代理服务器，格式如下：

```
setProxy proxySetting, varProxyServer, varBypassList
```

参数的意义如下：

❑ proxySetting，代理设置，可选值有 0、1 和 2。

- 值为 0，使用预先设置的代理配置，该配置保存在 Windows 注册表中。可以通过 proxycfg.exe 查看或进行配置（输入 proxycfg/? 可以查看帮助）。
- 值为 1，直接访问，不使用代理服务器。
- 值为 2，则后两个参数有效。

❑ varProxyServer，代理服务器的列表。

❑ varBypassList，不使用代理服务器的地址列表。

假设代理服务器 IP 是 192.168.1.1，端口是 3128，那么可以如下设置：

```
setProxy 2,"192.168.1.1:3128"
```

如果代理服务器需要进行身份验证，则可以使用 setProxyCredentials 方法，格式如下：

```
setProxyCredentials username, password
```

参数的意义如下：

❑ username，通过代理服务器验证的用户名。

❑ password，对应的密码。

5.2.8　异步请求

ServerXMLHTTP 可以使用异步请求，Open 方法的第三个参数使用 True 即可，Send 方法会立即返回，但是，之后必须调用 waitForResponse 方法，否则请求根本不会发出。

范例代码如下所示：

server_asynRequest.asp

```
<%@codepage=65001%>
<!--#include File="server_createObject.asp" -->
<%
response.charset = "UTF-8"

Set xmlHttp = getXmlHttp()
xmlHttp.Open "GET", "http://www.google.cn", True    '异步调用
xmlHttp.Send

While xmlHttp.readyState <> 4
    xmlHttp.waitForResponse 60                       '单位为秒
Wend

'替换表单和图片的 URL
html = xmlHttp.responseText
html = Replace(html,"<form action="""","<form action=""http://www.google.cn")
html = Replace(html,"<img src=","<img src=http://g.cn")

Response.Write html
%>
```

5.2.9　小提醒

1）ServerXMLHTTP 没有实现缓存，对远程系统的资源每次都是重新取得。

2）ServerXMLHTTP 从 4.0 版本开始，支持远程系统返回的重定向信息。它会自动 GET 重定向的 URL，将该 URL 返回的数据作为真正的数据返回。

3）使用 ServerXMLHTTP 时，发出的 HTTP 请求中，User-Agent 的值是类似这样的：

```
Mozilla/4.0 (compatible; Win32; WinHttp.WinHttpRequest.5)
```

注意最后的"WinHttp.WinHttpRequest.5"字样，如果远程服务端验证 User-Agent，可能无法通过，所以，注意手动设置 User-Agent。

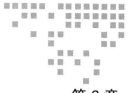

第 6 章 *Chapter 6*

正则表达式的使用

6.1　基本概念

相信大家都做过在文本中查找或替换字符串这种操作。比如将"String"都替换为"string"，在编辑器的查找栏中输入"String"，替换栏中输入"string"，替换所有即可，很简单。

但是，如果想把"[img]a.gif[/img]"替换为"<img src='a.gif'>"（图片的文件名是不固定的），或把所有大写的 HTML 标签替换为小写的，这样的要求就有些困难了，这正是正则表达式大显身手的时候。

正则表达式（Regular Expression）是进行复杂查找替换的强有力工具。说它是工具又有些不太合适，因为一个正则表达式本身真的只是一个字符串而已，当然它有自己特殊的组成结构和语法。

很多编程语言（如 Perl、PHP、.NET、Java、JavaScript 和 VBScript 等）和编辑工具（如 Emeditor）都是支持正则表达式的，但是，它们使用的正则表达式引擎是不同的。正则表达式引擎（以下简称"正则引擎"）就是根据正则表达式对文本进行处理的程序。各种语言中的正则语法其实只是提供了一个调用接口而已，我们通过语句设置表达式，设置一些必要的参数，并执行查找替换，此时正则引擎被自动调用，它努力工作并返回结果，正则引擎才是最终结果的决定者。各种语言的正则引擎基本上都是各自创建的，它们支持的功能和处理结果略有不同。所以，切换编程语言时，原有的正则表达式可能需要略加修改。

由于 ASP 的脚本语言通常是 VBScript，所以下文主要讲解 VBScript 中的正则表达式。VBScript 从 5.0 版本开始就已经支持正则了，而这个版本是随着 IE5 而来的，所以服务器是否支持正则这个问题是不用担心的。

6.1.1　原义字符

大多数的字符在正则表达式中都是代表原义的，如一个字母"a"就是一个正则表达式，它匹配文本中的字母"a"；表达式"abc"则匹配文本中的"abc"，这和我们通常理解的查找是一样的。

正则引擎默认是区分大小写的，所以"a"不能匹配"A"，"abc"不能匹配"aBc"。我们可以通过参数或语句告诉正则引擎忽略大小写，那么"a"就可以匹配"A"，"abc"可以匹配"aBc""AbC""ABC"等。

6.1.2　元字符

在正则表达式中，有 11 个字符有特殊含义，它们是"[\^$.|?*+()"，它们被称为元字符。元字符以外的字符都是代表原义的。如果想使用元字符的原义，可以使用反斜杠"\"进行转义，也就是在元字符前面加个反斜杠。例如，想匹配文本中的"1+1=2"，那么表达式应该写为"1\+1=2"，加号需要进行转义。

理论上，可以在所有原义字符前面使用反斜杠（如"\U""\Y"等），它们的组合仍然代表字符的原义，但是，注意某些组合是有特殊含义的（如"\D""\W"等），而且表达式中使用过多的反斜杠会让人混乱，所以，建议只在必要时使用反斜杠。

6.1.3　非打印字符

在正则表达式中，可以使用特殊的字符组合来表示非打印字符，常见的组合如表 6-1 所示。

表 6-1　常见的非打印字符

表达式	十六进制写法	含　义
\a	\x07	响铃
\e	\x1B	退出
\f	\x0C	换页
\n	\x0A	换行
\r	\x0D	回车
\t	\x09	水平制表符
\v	\x0B	垂直制表符

VBScript 不支持"\a"和"\e"这两个表达式，需要用"\x07""\x1B"代替。其他 ASCII 表中的字符也可以用"0xHH"这样的形式来表示，其中"HH"是字符编码的十六进制形式。

6.1.4　字符组

如果想匹配一些字符中的一个，那么可以使用字符组，将这些字符用方括号包括起来即可。如"分析"这个词的英文写法可能是"analyse"，也可能是"analyze"，第六个字母是"s"或者"z"，那么，表达式可以写为"analy[sz]e"。

虽然字符组内的字符是多个，但是，一个字符组只能匹配一个字符，如"analy[sz]e"可以匹配"analyse"或"analyze"，但是它不能匹配"analysse""analyzze""analysze""analy-zse"等。

字符组内字符的顺序是无所谓的，结果都是一样的。如"analy[zs]e"和"analy[sz]e"的效果相同。这个很好理解，因为字符组只能匹配一个字符，那个字符要么是"s"，要么是"z"，可以匹配；要么是其他的，不能匹配。结果并不会因为字符的顺序不同而产生变化。

在字符组内，可以使用连字符"-"（即横杠）表示字符范围。如"[0-9]"匹配数字0 ~ 9，"[a-z]"匹配小写英文字母，"[A-Z]"匹配大写英文字符，而"[0-9a-zA-Z]"则匹配英数字。字符范围应该是从小到大，反过来（如"Z-A""9-0"）是不对的。

字符范围可以和单个字符混用，如"[a-fx]"匹配小写字母 a 到 f 和小写字母 x。

如果想匹配连字符本身，可以使用反斜杠转义，或将它放在不会误解的位置上（如第一位或最后一位）。如"[a\-z]""[-az]"和"[az-]"这 3 个表达式都能匹配"a""-"和"z"这 3 个字符。

6.1.5　否定字符组

在字符组的第一个字符前使用"^"，该字符组就变成了否定字符组，它匹配不在该字符组内的任何一个字符。如"[^A-Z]"匹配一个大写字母之外的字符。

否定字符组通常都可以匹配换行符，因为我们一般只会指定一些普通字符，否定的范围是包括换行符的，除非否定字符组内包括了换行符。

否定字符组的意思，不是说不匹配这些字符，而是说要匹配这些字符以外的字符，它一定要匹配一个字符。如"ta[^b][a-z]"要匹配 4 个字符，第三个字符不能是"b"，第四个字符是小写字母，那么它能匹配"talk""tape""ta8c"和"ta0b"等，而不能匹配"tabs""tabu""tab"和"tag"等。

6.1.6 字符组与否定字符组的简写

由于一些字符组和否定字符组的使用很频繁，所以定义了它们的简写形式，如表6-2所示。

表6-2 字符组、否定字符组的简写形式

简写	含　义
\d	数字，等同于 [0-9]
\w	单词字符，等同于 [A-Za-z0-9_]，包含数字和下划线
\s	空白字符，等同于 [\t\r\n\v\f]，包括空格、制表符、回车、换行、垂直制表符和换页
\D	数字以外的字符，等同于 [^\d]
\W	单词字符以外的字符，等同于 [^\w]
\S	空白字符以外的字符，等同于 [^\s]

这些简写形式也可以出现在字符组内。

6.1.7 神奇的字符"."

字符"."（没错，就是点）可能是最经常使用的元字符。

它匹配任何一个字符，但是，除了换行符"\n"。为什么不干脆连换行符也匹配呢？这是历史上的原因。最初实现正则的工具是以行为单位处理数据的，数据中不会包含换行符，所以"."匹配的字符范围没有包括它。

现代的编程语言则是可以处理大段的文本或者整个文件的，不再局限于以行为单位，所以，一些正则流派如Java、.NET、Perl、Python、Ruby等提供了参数，可以设置"点匹配换行符"，这个通常被称为开启"单行模式（single line mode)"。但是，默认情况下，点仍然是不匹配换行符的。遗憾的是，VBScript根本没有提供这样的属性设置，但是可以变通一下，使用字符组"[\s\S]"代替"."即可。"\s"匹配所有空白字符，包括换行符，而\S匹配之外的所有字符，二者加在一起就是所有字符。类似的"[\w\W]"和"[\d\D]"都是可以的。

有些读者可能想到，为什么不用"[.\n]"呢？这是因为在字符组内部，大部分元字符只能代表其原义，如"[.]"只能匹配字符"."，没有其他特殊作用，只有"\"和"^"比较特殊，前者用来转义，后者表示否定，想表示原义时，需要进行转义。另外，还有"]"和"-"，虽然不是元字符，但也要注意转义。

6.1.8 限定重复次数的量词

字符和字符组一次只能匹配一个字符，如想匹配文本中的"2009-10-01"这样的日期，正则表达式可以写为"\d\d\d\d-\d\d-\d\d"。表达式看上去很臃肿，也很麻烦，如果有100

个数字，难道要写 100 次"\d"吗？

不用怕，正则表达式提供了限定重复次数的量词，如表 6-3 所示。

表 6-3 限定重复次数的量词

量　词	含　义
{n}	重复 n 次，多一次少一次都不行，如 {2} 重复两次，{100} 重复 100 次
{n,}	最少重复 n 次，最多不限，如 {2,} 重复两次或更多次
{n,m}	最少重复 n 次，最多重复 m 次。如 {2,4} 重复 2 ~ 4 次
*	重复 0 次或多次，等同于"{0,}"
+	重复 1 次或多次，等同于"{1,}"
?	重复 0 次或 1 次，等同于"{0,1}"

根据上表，日期的正则表达式可以简写为"\d{4}-\d{2}-\d{2}"。

量词的限制只作用于紧挨它的前一个字符、字符组或组（括号括起来就成为组）上。如"go{2}d"可以匹配"good"，其中的"{2}"是用来限定字符"o"的，而不是限定"g"的。"A(abc){3}"可以匹配"Aabcabcabc"，次数"{3}"是用来限定"abc"这个组的。

"*""+"和"?"这 3 个量词可以看作"{n,m}"写法在特殊次数时的简写形式，实际应用中它们被使用的更频繁一些。

看见了量词"*"，应该马上想到，它前面的字符（字符组或组，以下省略）是可有可无的，或者多少次都行。如表达式"go*gle"，第二个字符"o"是可有可无的，或者多少次都行，那么它可以匹配"ggle""gogle""google""gooogle"和"goooogle"等。

量词"+"则要求前面的字符至少有一个，多了也行。如表达式"go+gle"可以匹配"gogle""google""gooogle"和"goooogle"等。实际上，表达式"goo+gle"或"go{2,}gle"更符合 google 的风格。

量词"?"则要求前面的字符么么没有，要么只有一个。如表达式"go?gle"可以匹配"ggle"和"gogle"。

6.1.9 匹配开始位置和结束位置

假设系统有用户注册功能，我们希望整个用户名只能包含英文字母、数字和下划线，那么正则表达式可以写为"[A-Za-z0-9_]+"，或简写为"\w+"。我们可以使用正则对象的函数来测试用户的输入是否能够匹配这个正则表达式，如果能够匹配，则输入是合法的，否则是非法的。

我们来测试一下，输入"jack001"，它能够匹配，它是合法的，输入"mary_2008_kelin"，是合法的，输入"good^_^"，也是合法的？

看来我们的正则有点问题，我们希望的是整个用户名符合我们的要求，而不是部分。

从正则表达式来说，我们希望"\w+"所匹配内容的左侧是文本的开始位置，而右侧是结束位置。

正则表达式提供了这样的限定符，它们是字符"^"和"$"，分别匹配开始位置和结束位置。将正则表达式改为"^\w+$"，再测试"good^_^"，OK，它是非法的，此时的正则表达式才是正确的。

字符"^"和"$"只匹配特定的位置，而不会匹配任何字符，这样的限定符被称为锚点（Anchors）。

默认情况下，"^"和"$"只匹配整个文本的开始位置和结束位置，即整个文本，开始位置也只有一个，结束位置也只有一个。对于表达式"^\w+$"，整个文本要么匹配，要么不匹配。

如果待处理文本是多行的数据呢，假设管理员一次输入多个用户名，每行一个，我们要从中筛选出合格的用户名，使用表达式"^\w+$"是不行的，整个文本一定不能匹配，因为它至少包含了换行符，是无法匹配"\w+"的。

想一想，我们的需求其实就是希望对数据以行为单位进行匹配，即"^"能够匹配每一行的开始位置，而"$"能够匹配每一行的结束位置。没问题，VBScript能够满足我们，它提供了对应的属性设置，只要将正则对象的MultiLine属性设置为True即可，此时，就开启了"多行模式（multiline mode）"。

请不要将"多行模式"和前面的"单行模式"混淆，它们没什么关系，是可以同时开启的。记住它们的实际作用，不要仅仅看字面的意思。

开启多行模式后，表达式"^\w+$"将能匹配每一行合格的用户名。

6.1.10　匹配单词边界

假设想匹配文本中的单词"good"，表达式可写为"good"，但是，它也能匹配文本"Mary,goodbye!"中的"good"，我们希望"good"是一个独立的单词，如"good evening"中的"good"。正则提供了单词边界的限定符"\b"，将正则改为"\bgood\b"即可。

到底什么是单词边界呢？紧挨的两个字符，一个是单词字符，一个不是，那么它们中间的位置就是单词边界。单词字符，就是可以出现在单词中的字符，不同的正则流派所认为的单词字符可能是不同的，VBScript中的单词字符等同于表达式"[a-zA-Z0-9_]"。在"good evening"中，字符"d"之后是一个空格，它不是单词字符，所以字符"d"和空格之间是一个单词边界。如果将文本改为"good@evening"，那么"\bgood\b"也是能够匹配的，因为字符"@"也不是单词字符。注意，汉字也不是单词字符。

整个文本的开始位置、结束位置，换行符之前和之后的位置，也是单词边界。

对应的，"\B"匹配不是单词边界的位置。但是，不要试图用"\Bgood\B"匹配

"Mary,goodbye!"中的"good"，因为它的左侧是单词边界。应该使用"\Bgood|good\B"，其中的竖线"|"是选择符，也就是"或者"的意思，即查找能够匹配"\Bgood"或"good\B"的内容。

"\b"和"\B"只匹配特定位置，不匹配字符，它们也是锚点。

6.1.11　选择匹配

将多个正则表达式用竖线"|"连起来，即是选择匹配，竖线就是选择符。

如表达式"cat|dog|duck"将匹配文本中的"cat"或者"dog"或者"duck"，每次只能匹配一个单词，但可能是任何一个。假设文本是"I have five duck,one cat and one dog."，那么第一次会匹配"duck"，第二次是"cat"，第三次是"dog"。

可选项之间的顺序通常不会影响匹配结果，因为正则引擎从左向右进行匹配，而文本中这几个单词的顺序是固定的，先遇到哪个就是哪个。但是，一种特殊情况需要注意，如表达式"good|goodbye"，原意是想匹配单词"good"或"goodbye"，我们用它来匹配文本"that's good,goodbye."，结果是单词"good"和"goodbye"中的"good"，而不是我们预想的单词"good"和"goodbye"。这是因为正则导向的引擎（正则引擎分为两大类：文本导向和正则导向，它们的匹配原则有些不同，VBScript属于后者）是急于报告结果的，它发现"good"可以匹配，就结束了这一步的工作，而没有尝试"goodbye"能否匹配。解决的办法就是将较长的单词放在前面，表达式改为"goodbye|good"，或者使用单词边界符，表达式改为"\bgood\b|\bgoodbye\b"。

选择符可以连接的不仅是例子中的单词，可以是任何复杂的正则表达式。选择符的优先级最低，通常都是最后才进行它的"或"运算。如表达式"\bcat|dog|duck\b"，相当于"\bcat"或者"dog"或者"duck\b"，而不是我们预想的"\b"紧接"cat 或者 god 或者 duck"再紧接"\b"。

6.1.12　分组及向后引用

在加减乘除的混合运算中，我们经常使用括号来提高某个部分的优先级，如在"1+2*3"中加上括号，改为"(1+2)*3"，那么就先算加法，再算乘法。在正则表达式中，括号也有这样的作用。如上例的"\bgood\b|\bgoodbye\b"可以改写为"\b(good|goodbye)\b"，"\bcat|dog|duck\b"可以改写为"\b(cat|dog|duck)\b"。

括号的作用不仅如此，它最重要的作用是分组。分组之后，正则引擎会记住分组匹配的结果，我们可以使用这些结果，如下面要讲的向后引用，或在替换结果中使用，或仅仅是拿到这些值进行处理。

如匹配"yyyy-MM-dd"格式的日期可以用表达式"\d{4}-\d{2}-\d{2}"，我们想得到其中的年月日部分，那么可以用括号将它们括起来，将表达式改为"(\d{4})-(\d{2})-(\d{2})"。这样，整个表达式会匹配文本"2009-10-01，中国会举行大阅兵吗？"中的"2009-10-01"，正则引擎会保存 3 个分组（分组的编号从 1 开始，从左到右），分组 1 的内容是"2009"，分组 2 的内容是"10"，分组 3 的内容是"01"。我们可以得到每个分组的内容，或者在替换结果中使用这些值。

下面主要说一下向后引用。

向后引用的经典例子就是匹配成对的 HTML 标签，如"…""<p>…</p>"和"<table>…</table>"等，它们的特征就是开始标签和结束标签的字符串是相同的。

对于某个具体的标签，表达式是很好写的，如匹配"…"，表达式可以写为".*"。标签不固定的话，应该如何写呢？开始标签我们可以用"\w+"来表示，但是，结束标签呢？重要的是它要和开始标签相同，"<\w+>.*</ 这里写什么呢？ >"。

这就是向后引用大显身手的时候了。什么是向后引用？正则引擎进行匹配的方向是从左到右，即引擎前进的方向是右，那么向后引用实际上就是向左引用，即左侧匹配的结果可以在表达式的右侧进行引用。它需要配合分组使用。对于分组 1 的匹配结果，可以在右侧使用"\1"来引用，分组 2 则使用"\2"来引用，以此类推，分组最多是 99 个。因此，上面的表达式可以写为"<(\w+)>.*</\1>"。

向后引用应该总是出现在对应的分组之后，否则匹配会失败。如"<\1>.*</(\w+)>"这样是不行的。

如果分组的后面使用了次数限定符，那么，每次匹配后，分组的匹配结果都会被覆盖，最终正则引擎保存的只是最后一次匹配的结果。如表达式"(\d\d)+-\1"可以匹配"12-12"，不能匹配"12-13"，因为分组 1 保存的是"12"。它可以匹配"1234-34"，不能匹配"1234-12"，因为分组 1 保存的是最后一次匹配的"34"。同样，它可以匹配"123456-56"，不能匹配"123456-12"或者"123456-34"。

以上所讲的分组其实是捕获型分组，对应的还有"非捕获型分组"。如果仅仅想改变优先级，或者仅仅想让表达式看得更清晰明了，那么建议大家使用非捕获型分组，它的语法是"(?:分组内容)"，即多了一个问号和冒号。如"\b(good|goodbye)\b"可以改写为"\b(?:good|goodbye)\b"，"\b(cat|dog|duck)\b"可以改写为"\b(?:cat|dog|duck)\b"。对于非捕获型分组，正则引擎不需要保存分组的内容，所以会略快一点。使用非捕获型分组，也不会扰乱表达式中捕获型分组的编号，所以可以随意使用。

6.1.13 正向环视

环视，就是站在某个位置上四周查看，正向，即右侧（因为正则引擎的方向是从左到右），正向环视就是要求该位置右侧的内容要满足一定的条件。

正向环视的语法是"(?=regex)"，"其中的 regex"就是要满足的条件，它可以是复杂的正则表达式。如想查找所有"goodbye"中的"good"，表达式可以写为"good(?=bye)"，即右侧是"bye"这样的"good"。其实这里直接用"goodbye"也能匹配到，但是它的匹配结果是整个"goodbye"，而我们只想要其中的"good"。

正向环视中的条件其实就是位置的限制条件，正向环视实际上是匹配一个符合条件的位置，所以，"good(?=bye)"的意思其实是"good 紧跟一个位置，什么样的位置呢？后面紧跟着 bye 这样的位置"。如将"goodbye"替换为"say goodbye"，通常会想到的都是查找"goodbye"，替换为"say goodbye"，使用正向环视的话，可以查找"(?=goodbye)"，替换为"say "，也就是在"goodbye"前面的位置插入"say "。

正向环视匹配位置，它不会匹配任何字符，它不会影响后面表达式的字符匹配，它也是锚点。

由上，我们想在以"if"开头的行的最前面插入一个"\t"，可以查找"^(?=if)"，替换为"\t"。如果反过来，想在不以"if"开头的行上这样做，应该怎么写呢？"^(?=[^i][^f])"可以吗？第一个字符不是"i"，第二个字符不是"f"，不对，以"id"开头的也符合我们的要求，但却不符合这个表达式。"^(?=[^i]|i[^f])"呢？第一个字符不是"i"，或者第一个字符是"i"，但第二个字符不是"f"，似乎符合要求。但如果需求改为不以"hello world!"开头的行呢？这个表达式可能会很长。

解决办法很简单，使用否定正向环视即可（上面讲的正向环视其实是肯定正向环视），它的语法是"(?!regex)"。那么，上面的需求用"^(?!if)"和"^(?!hello world!)"即可。否定正向环视要求该位置右侧的内容一定不要满足条件。

与正向环视对应，还有逆向环视，它也分为肯定逆向环视和否定逆向环视，即要求左侧的内容满足或不满足一定的条件。但是，VBScript 不支持逆向环视。

6.1.14　贪婪与懒惰

对于文本"1234"，正则表达式"\d*"的匹配结果总是"1234"，为什么不是"1""12""123"或者空串呢？"*"这个量词限制了"\d"可以重复任意多次，照理说这些结果都是正确的呀？为什么结果偏偏是"1234"呢？

这是因为上文介绍的量词"*""?""+""{n,}"和"{n,m}"都是贪婪的，它们总是试图重复尽可能多的次数。如"*"能重复 10 次，它绝不会重复 9 次，而"?"能重复 1 次，绝不会重复 0 次。但是，请注意，这并不是说，为了得到重复更多次数的匹配结果，就可以抛弃重复次数较少的结果。

如对于文本"AB1234"，使用表达式"\d*"来进行全局匹配，即匹配所有结果，那么，
❏ 第一次匹配成功是在位置 0 处，字符"A"不是数字，不能匹配"\d"，但是"*"

允许"\d"重复0次，也就是0长度匹配，所以位置0处匹配成功，匹配的内容是空字符串。

- 第二次匹配成功是在位置1处，匹配的内容还是空字符串。
- 第三次匹配成功是在位置2处，匹配的内容是"1234"。在此位置可以匹配数字0次、1次、2次、3次或4次，因为"*"是贪婪的，所以它匹配了4次。
- 第四次匹配成功是在位置6处，匹配的内容还是空字符串。匹配的过程如图6-1所示。

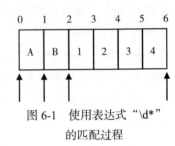

图6-1 使用表达式"\d*"的匹配过程

注意，进行0长度匹配后，引擎的指针是没有动的，该位置的字符仍然可以进行后续的匹配，如表达式"\d*AB"也是可以匹配成功的。那么，当表达式是"\d*"时，指针好像应该一直在位置0处不动才对，那么，后面的匹配结果是怎么来的呢？请不要困惑，在进行全局匹配时，引擎在整个表达式匹配成功以后，会自动跳到该次匹配内容之后的位置进行下一次匹配尝试，所以第一次在位置0处匹配成功之后，引擎会跳到位置1处继续尝试，以此类推。

虽然上述这些量词是贪婪的，但是它们也是有全局观的，为了整个表达式能够匹配成功，它们是可以做出自我牺牲的。如对于文本"AB123"，表达式"AB\d*\d"是可以匹配成功的。按照"*"的贪婪本性来说，"\d*"应该匹配"123"，但是这样后面的"\d"就没有内容可以匹配了，所以"\d*"只匹配了"12"，将"3"留给"\d"去匹配。

与贪婪的量词对应，还有懒惰的量词，只要在贪婪的量词之后放一个问号，这些量词就变成了懒惰的，形式如"*?""??""+?""{n,}?"和"{n,m}?"，它们总是试图重复尽可能少的次数。对于文本"1234"，表达式"\d*?"和"\d??"的结果将是空串，"\d+?"的结果是"1"，"\d{2,4}?"的结果是"12"。

那么贪婪量词与懒惰量词在匹配过程上有什么不同呢？

如有文本"<p>hello</p>good<p>morning</p>"，表达式为"<p>.*</p>"时，正则引擎首先匹配了开头的"<p>"，然后尝试匹配".*"，由于"*"是贪婪的，所以引擎经过"h"，经过"e"，一直走到文本结束，因为后面的字符都能匹配"."。这时，引擎尝试匹配"<"，由于文本当前位置后面没有字符了，无法匹配"<"，所以引擎反悔一步（这个动作被称为回溯），即后退到文本结尾的字符">"处，还是无法匹配，则再反悔一步，如此反复，直到退到倒数第4个字符"<"时，发现可以匹配"<"。然后，引擎尝试匹配"/"，可以匹配，然后继续，直到">"匹配成功，最后整个表达式匹配成功，匹配的文本是"<p>hello</p>good<p>morning</p>"。

表达式为"<p>.*?</p>"时，正则引擎首先匹配了开头的"<p>"，然后尝试匹配".*?"。由于"*?"是懒惰的，所以引擎首先尝试匹配0次，即匹配0个字符，然后尝试匹

配 "<"，字符 "h" 无法匹配 "<"，所以引擎反悔一步，尝试 "*?" 重复 1 次，即匹配字符 "h"，然后尝试匹配 "<"，字符 "e" 无法匹配 "<"，所以引擎再反悔一步，如此反复，直至 ".*?" 匹配 "hello" 时，"<" 才匹配成功。然后尝试匹配 "/""p" 和 ">"，都成功了，所以整个表达式匹配成功，匹配的文本是 "<p>hello</p>"。如果进行全局匹配，则还能匹配到文本 "<p>morning</p>"。

正则引擎匹配的过程有点类似于走迷宫，它需要记住所有走过的路，并尝试每个分支，一旦走不通，就返回一步，尝试其他分支，如此不断反复，直至成功或失败。所以说，正则引擎并不是使用了什么高级秘技，它实际上使用的还是这种不断尝试的土办法，它把辛苦的工作留给了自己，把轻松的接口留给了用户。

6.1.15　VBScript 不支持的特性

以下是 VBScript 不支持的特性（仅供参考）：
- 不支持字符组的并集、差集和子字符组。
- 不支持 "\A" 和 "\Z"，它们始终匹配整个文本的开始和结束。
- 不支持逆向环视。
- 不支持原子组和占有数量词。
- 缺少 Unicode 支持。VBScript 仅仅支持单个字符使用 "\uFFFF" 格式（如 "啊" 字的 Unicode 编码为 554A，那么可以用 "\u554A" 来匹配它），或使用类似 "[\u00FF-\uFFFF]" 这样的范围。
- 不支持命名捕获型分组。
- 不支持在表达式内部使用模式修饰符。
- 不支持条件判断。
- 不支持正则表达式内部的注释。

6.1.16　适度的使用正则表达式

如下面是一个匹配日期的正则表达式，

```
^(?:(?:(?:(?:(?:1[6-9]|[2-9]\d)?(?:0[48]|[2468][048]|[13579][26])|(?:(?:16|[2468][048]|3579][26])00)))(\/|-|\.)(?:0?2\1(?:29)))|(?:(?:(?:1[6-9]|[2-9]\d)?\d{2})(\/|-|\.)(?:(?:(?:0?[13578]|1[02])\2(?:31)|(?:(?:0?[1,3-9]|1[0-2])\2(29|30))|(?:(?:0?[1-9])|(?:1[0-2]))\2(?:0?[1-9]|1\d|2[0-8]))))$
```

它可以匹配 04/2/29、2002-4-30 或 02.10.31 这样的字符串，但不能匹配 2003/2/29、02.4.31 或 00/00/00 等不合格的日期格式。这个表达式不算长，但是看起来已经很吃力，可能半天都看不懂它在干什么。它不仅检查了日期的格式，还在里面实现了每月最大天数的检查。

实际上，正则表达式并不擅长逻辑处理，因为它的实质是字符匹配，它关心的只是字符与位置。生硬地在里面实现一些逻辑的处理，只会导致表达式变长变复杂变得难懂，这样的表达式在后期维护时是很让人头疼的。

该表达式其实可以写得简单一些，然后对匹配结果用一个小函数进行检查，去掉不合格的日期，这样不仅看着清晰明了，而且易于维护。

举这个例子，就是想让大家知道，正则表达式很厉害，但它不是万能的。它有自己擅长的地方，也有无能为力的时候。正则表达式够用就好，不要试图写出一个万能表达式，也不要总想着用一个表达式来完成所有的事情，这不现实。

6.2 正则对象的使用

6.2.1 基本语法

创建正则对象，直接使用 New 关键字即可，举例如下：

```
Set regEx = New RegExp
```

正则对象的属性如表 6-4 所示。

表 6-4 正则对象的属性

属　性	类　型	含　义
Pattern	String	使用的正则表达式
IgnoreCase	Boolean	是否忽略大小写，默认是 False
Global	Boolean	是否匹配所有结果，默认是 False，匹配到一个结果即返回
MultiLine	Boolean	是否开启多行模式，默认是 False

创建正则对象后，使用 Pattern 属性设置要使用的正则表达式，其他 3 个属性可根据需要进行设置。

正则对象的方法如表 6-5 所示。

表 6-5 正则对象的方法

格　式	返回类型	含　义
Test(str)	Boolean	测试文本是否能够匹配表达式，能够匹配返回 True，否则返回 False
Replace(str,replaceStr)	String	将文本中正则表达式所匹配的部分替换为指定的内容，返回经过替换的整个文本
Execute(str)	MatchCollection	返回匹配结果的集合，可以得到每一个匹配结果及分组匹配内容，便于进一步的处理

6.2.2 验证文本

验证文本使用正则对象的 Test 方法，格式如下：

```
Test(str)
```

它只有一个参数，即要验证的文本。只要在文本中找到一个符合表达式的匹配，Test 方法就会返回 True，如果一个都找不到，则会返回 False。

下面以验证手机号码为例。手机号码是 11 位的数字，如"13812345678"。前两位数字一般是"13"，现在又多了"15"和"18"开头的，所以，表达式的前面部分可以写为"1[358]"。剩下的部分是 9 位数字，必须是 9 位，所以可以用"\d{9}"来表示，整个表达式就是"1[358]\d{9}"。我们要求整个文本就是手机号码，所以表达式的前后应该使用"^"和"$"来限定，最终的表达式就是"^1[358]\d{9}$"。

看一下范例。

validMobile.asp

```
<%@@codepage=936%>
<%
Response.Charset="GBK"

Dim userInput(8)
userInput(0)="23812345678"        '第一位不是 1
userInput(1)="12812345678"        '第二位不是 [358]
userInput(2)="13a12345678"        '第三位不是数字，不符合"\d"的要求
userInput(3)="1381234567"         '后面只有 8 位数字，不符合"{9}"的要求
userInput(4)="a13812345678"       '1 前面有个 a，它没在整个文本的开始位置上
userInput(5)="13812345678a"       '最后多个 a，不符合"\d{9}$"的要求。
userInput(6)="13812345678"        '符合要求
userInput(7)="15888888888"        '符合要求
userInput(8)="18812345678"        '符合要求

'创建正则对象
Set regEx = New RegExp

'设置表达式
regEx.Pattern = "^1[358]\d{9}$"

'循环数组
For i=0 To Ubound(userInput)

    '测试文本是否符合表达式要求
    If regEx.Test(userInput(i)) Then
            response.write  "符合要求: " & userInput(i) & "<br>"
    Else
            response.write  "不符合要求: " & userInput(i) & "<br>"
    End If
```

```
Next
%>
```

程序中与正则对象有关的语句只有 3 行，可以看出正则对象的使用还是很简单的。运行结果如图 6-2 所示。

6.2.3　替换文本

替换文本使用正则对象的 Replace 方法，格式如下：

```
Replace(str,replaceStr)
```

图 6-2　验证手机号的执行结果

它的第一个参数是要处理的文本，第二个参数是替换为的内容。感觉上有些怪怪的，如果改为 3 个参数，整个语句为"Replace(处理的文本 , 查找的内容 , 替换为的内容)"，似乎更好理解。实际上，查找的内容是通过正则对象的 Pattern 属性来设置的，所以，导致 Replace 方法只有两个参数。

如果正则表达式能在文本中找到匹配，那么 Replace 方法就将匹配的部分替换为指定的内容。如表达式为"\d+"，Replace 语句为"regEx.Replace("abc123def"," 嘎嘎 ")"，"\d+"可以匹配其中的"123"，所以结果是"abc 嘎嘎 def"。如果在文本中不能找到匹配，那么 Replace 方法将原样返回处理的文本。

使用 Replace 方法时，应该注意 Global 属性的设置。它的默认值是 False，即找到一个匹配就结束返回。如"regEx.Replace("abc123def456"," 嘎嘎 ")"的结果是"abc 嘎嘎 def456"，只替换了"123"，而对"456"却置之不理。如果将 Global 属性设置为 True，则结果是"abc 嘎嘎 def 嘎嘎"。

1. 特殊替换

替换内容不仅可以是固定值，还可以是待处理文本中的一部分，仍然假设表达式为"\d+"，各种举例如表 6-6 所示。

表 6-6　特殊替换的写法举例

语　法	含　义
$&	引用整个匹配结果。如 regEx.Replace("abc123def456"," 嘎 $& 嘎 ")，结果是"abc 嘎 123 嘎 def 嘎 456 嘎"
$`	引用处理文本中匹配结果之前的部分。如 regEx.Replace("abc123def456"," 嘎 $` 嘎 ")，结果是"abc 嘎 abc 嘎 def 嘎 abc123def 嘎"。"$`"的第二个字符对应的是键盘上数字 1 左侧那个键
$'	引用处理文本中匹配结果之后的部分，如 regEx.Replace("abc123def456"," 嘎 $' 嘎 ")，结果是"abc 嘎 def456 嘎 def 嘎嘎"。"$'"的第二个字符是单引号

（续）

语　法	含　义
$nn	引用第几个捕获型分组的内容。如表达式为"(\d{4}) 年 (\d{2}) 月 (\d{2}) 日"，那么"regEx.Replace("2009 年 10 月 01 日是国庆节 ","$2-$3-$1")"结果是"10-01-2009 是国庆节"。如果表达式中没有对应的分组，那么将原样输出为"$nn"
$+	引用最后一个捕获型分组的内容。如上例，"regEx.Replace("2009 年 10 月 01 日是国庆节 ","$+")"的结果是"01 是国庆节"。如果表达式中没有分组，则是整个匹配结果
$_	引用整个处理文本。如上例，"regEx.Replace("2009 年 10 月 01 日是国庆节 ","$_")"的结果是"2009 年 10 月 01 日是国庆节是国庆节"。"$_"的第二个字符是下划线
$$	代表字符"$"。如果想在替换内容中使用字符"$"，那么就得用两个代替

让我们看一个小例子。

在论坛上发表文章时，经常要插入表情符号，比如笑脸、哭脸、囧态等。如果没有使用"所见即所得"模式，可以看到插入的表情符号可能是"[emote:6]""[emote:123]"这样的形式。其中的数字其实是图片的编号，在显示文章时，"[emote:6]"会被替换为"<img src=6.gif>"，"[emot:123]"会被替换为"<img src=123.gif>"，等等。

下面，我们就来写一段程序进行这样的替换。

我们要查找的内容就是"[emote:6]"这样的形式，假定数字最多是 3 位，那么表达式可以写为"\d{1,3}"，"["是元字符，需要转义，所以，整个表达式就是"\[emote:\d{1,3}]"。因为我们要在替换内容中引用数字部分，所以用括号将它括起来，最终的表达式就是"\[emote:(\d{1,3})]"。

替换内容如何写呢？因为表达式中只有一个分组，所以在替换内容中可以用"$1"来引用它的内容，整个替换字符串就是"<img src=$1.gif>"。

下面看一下范例。

emoteReplace.asp

```
<%@@codepage=936%>
<%
Response.Charset="GBK"

' 创建正则对象
Set regEx = New RegExp

' 匹配所有结果
regEx.Global=true

' 设置表达式
regEx.Pattern = "\[emote:(\d{1,3})]"

' 要处理的文本
str = " 昨天骑车摔了个大跟头，郁闷死了。[emote:74] 不过，今天彩票中了 50 块钱，小开心，哈哈。
```

```
[emote:888]。"
```

```
' 进行替换
result = regEx.Replace(str,"<img src=$1.gif>")
%>
<textarea rows="5" cols="30"><%=result%></textarea>
<br>
<%=result%>
```

运行结果如图 6-3 所示。

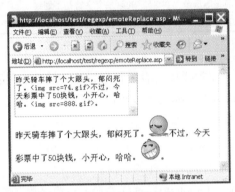

图 6-3　替换表情符号

程序并不难，结果却很有趣，常用的 UBB 标签的替换函数，功能就是类似的。

2. 替换函数

某些情况下，替换内容并不是固定的，可能需要一些额外的处理才能得到。此时，就需要替换函数的帮助了。VBScript 从 5.5 版本开始支持替换函数。

假设需要将文本中的每个单词的第一个字母转换为大写，剩下的字母转换为小写。查找的表达式可以写为 "\b(\w)(\w*)\b"，替换字符串应该怎么写呢？

首先，写一个处理函数。

```
Function UcaseLetter(matchStr, subMatch1, subMatch2, matchPos, sourceStr)
    UcaseLetter = Ucase(subMatch1) & Lcase(subMatch2)
End Function
```

然后，替换字符串使用 "getRef("UcaseLetter")" 即可。范例代码如下所示。

UCaseReplace.asp

```
<%@@codepage=936%>
<%
Response.Charset="GBK"

' 替换函数
Function UcaseLetter(matchStr, subMatch1, subMatch2, matchPos, sourceStr)
```

```
    response.write "匹配内容:" & matchStr &"<br>"
    response.write "分组匹配1:" & subMatch1 &"<br>"
    response.write "分组匹配2:" & subMatch2 &"<br>"
    response.write "匹配位置:" & matchPos &"<br>"
    response.write "处理文本:" & sourceStr &"<hr>"
    UcaseLetter = Ucase(subMatch1) & Lcase(subMatch2)
End Function

'创建正则对象
Set regEx = New RegExp

'匹配所有结果
regEx.Global=true

'设置表达式
regEx.Pattern = "\b(\w)(\w*)\b"

'要处理的文本
str = "gooD LUCK wITh YOu."

'进行替换
result = regEx.Replace(str,getRef("UcaseLetter"))
%>
<%=result%>
```

运行结果如图6-4所示。

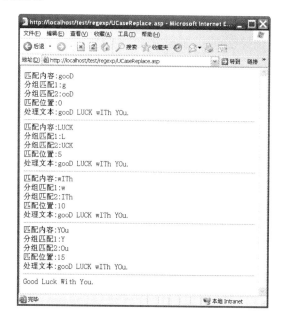

图6-4 替换函数的使用

针对每个匹配结果，替换函数都会被调用一次，它的返回值将作为替换字符串使用。

替换函数可以看到此次匹配的内容、每个分组匹配的内容、此次匹配开始的位置和处理的整个文本，而这些值都是通过函数的参数传入的，正则引擎调用替换函数时会自动将对应的值传入。

替换函数参数的个数不是固定的，根据匹配情况或多或少。最少是 3 个（即表达式中没有分组的时候），它们是 matchStr、matchPos 和 sourceStr，而 subMatch1、subMatch2、subMatch3 等是根据需要添加的。至于参数的顺序，matchStr 一定是第一个，matchPos 和 sourceStr 一定是最后两个，而中间是 subMatch1、subMatch2、subMatch3 等。

由于 VBScript 中函数的参数个数是不可变的，即调用时的参数个数必须和声明的参数个数一致，所以，可能需要准备多个替换函数（它们的参数个数不同）来对应表达式中分组个数不同的情况。如表达式中没有分组，那么替换函数只有 3 个参数，有一个分组，则是 4 个参数，有两个分组，则是 5 个参数，以此类推。在上面的例子中，表达式中有两个分组，所以替换函数共有 5 个参数。如果替换函数参数的个数与实际匹配情况不一致，那么程序将会报错。

我们明白了替换函数的写法，那么这个 "getRef("UcaseLetter")" 是什么意思呢？getRef 方法返回一个到 UcaseLetter 函数的引用，换句话说，它就是一个函数指针。程序执行到这里，通过这个指针就找到了对应的函数，执行它，从而得到结果。

6.2.4 获取匹配结果

获取匹配结果使用正则对象的 Execute 方法，格式如下：

```
Execute(str)
```

它只有一个参数，即要处理的文本。如果表达式能够匹配，该方法将返回 Match 对象的集合，每个 Match 对象对应一个匹配结果。如果不能匹配则会返回一个空的集合。

每个 Match 对象的 Value 属性是匹配到的文本内容，FirstIndex 属性是匹配的开始位置，即匹配到的内容在整个处理文本中的位置，Length 属性是匹配到的文本的字符长度。

看一下范例，此例输出文本中连续数字出现的位置及内容。

matchList.asp

```
<%@@codepage=936%>
<%
Response.Charset="GBK"

'创建正则对象
Set regEx = New RegExp

'匹配所有结果
regEx.Global=true
```

```
' 设置表达式
regEx.Pattern = "\d+"

' 要处理的文本
str = "2009 年 10 月 01 日是国庆节"

' 执行匹配
Set Matches = regEx.Execute(str)

' 匹配次数
response.write " 匹配次数: " & Matches.count & "<br>"

' 循环输出匹配位置及内容
For Each Match in Matches
    response.write "<br> 开始位置: " & Match.FirstIndex & "<br>"
    response.write " 匹配长度: " & Match.Length & "<br>"
    response.write " 匹配内容: " & Match.Value & "<br>"
Next
%>
```

运行结果如图 6-5 所示。

图 6-5 获取匹配结果

从结果可以看出，FirstIndex 属性的下标是从 0 开始的，而 VBScript 中字符串函数都是从 1 开始，这点不同之处要留意一下。

如果表达式中使用了捕获型分组，那么应该如何得到每个分组的匹配结果呢？

Match 对象还有一个 SubMatches 属性，它包含了每个分组的匹配结果。它是一个字符串的集合，该集合有 Count 属性，可以使用 For Each 语句遍历，也可以通过下标访问，下标从 0 开始。无法通过 SubMatches 集合直接得到某个分组匹配的长度及它在整个文本中的位置。

范例代码如下所示。

subMatchList.asp

```
<%@@codepage=936%>
<%
Response.Charset="GBK"

'创建正则对象
Set regEx = New RegExp

'匹配所有结果
regEx.Global=true

'设置表达式
regEx.Pattern = "(\d{4}) 年 (\d{2}) 月 (\d{2}) 日 "

'要处理的文本
str = "2009 年 10 月 01 日是国庆节, 2010 年 10 月 01 日也是国庆节。"

'执行匹配
Set Matches = regEx.Execute(str)

'匹配次数
response.write " 匹配次数: " & Matches.count & "<br>"

'循环输出匹配位置及内容
For Each Match in Matches
    response.write "<br> 开始位置: " & Match.FirstIndex & "<br>"
    response.write " 匹配长度: " & Match.Length & "<br>"
    response.write " 匹配内容: " & Match.Value & "<br>"

    '得到分组的匹配结果
    Set subMatches = Match.SubMatches
    If subMatches.count>0 Then
        For Each subMatch in subMatches
            response.write "__ 分组匹配: " & subMatch & "<br>"
        Next
    End If
Next
%>
```

运行结果如图 6-6 所示。

使用捕获型分组的优点之一，就是可以方便快捷地从匹配结果中将需要的部分取出来，不需要写太多的字符串函数。

每次执行 Execute 方法，正则引擎都会从文本的起始位置开始查找。如果 Global 属性为 False，那么引擎找到第一个匹配就结束了；如果为 True，则引擎在找到一个匹配后，自动跳到该匹配之后的位置，继续查找，直到找到所有的匹配。所以，对于文本 "AB1234CD"，用表达式 "\d+" 查找时，结果一定是 "1234"，而不会是 "234" "34"

或 "4"，因为第一次匹配 "1234" 后，引擎会跳到字符 " C " 的位置继续后面的查找。在VBScript 中无法指定执行查找的起始位置，在某些编程语言中是可以的。

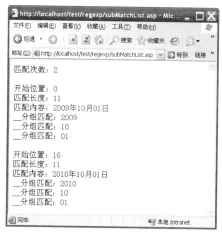

图 6-6 获取分组匹配信息

6.2.5 循环匹配

循环匹配，即对一段文本进行重复匹配，直到满足一定条件才停止，循环匹配比较适合嵌套标签的替换。

如在 UBB 标签中，可以使用 font 标签来指定一段文本的字体，如 " [font= 隶书] 我爱吃西瓜 [/font]"，将被替换为 " <font face=" 隶书 "> 我爱吃西瓜 </font>" 这样一段HTML。那么，当文本中有多个嵌套的 font 标签时该如何处理呢？

范例代码如下。

fontReplace.asp

```
<%@codepage=936%>
<%
Response.Charset="GBK"

'创建正则对象
Set regEx = New RegExp

'匹配所有结果
regEx.Global=true

'设置表达式
regEx.Pattern = "\[font=(.*?)](.*?)\[/font]"

'要处理的文本
str = "[font= 华文新魏 ] 一大早的收到支付宝的 [font= 黑体 ] 账单 [/font] 真是当头一棒啊! [/font]"
```

```
'进行单次替换
result = regEx.Replace(str,"<font face=""$1"">$2</font>")
%>
<textarea rows="5" cols="30"><%=result%></textarea>
<br>
<%=result%><br>
<%
'进行循环替换
Do While regEx.test(str)
    str = regEx.Replace(str,"<font face=""$1"">$2</font>")
Loop
%>
<textarea rows="5" cols="30"><%=str%></textarea>
<br>
<%=str%>
```

运行结果如图 6-7 所示。

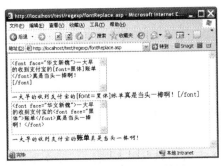

图 6-7　循环匹配的执行结果

从图可以看出，实际上第一次替换的结果是不正确的。按嵌套结构来说，第一次应该替换掉最后一个 [/font] 标签，第二次替换掉中间那个。但是因为表达式中量词使用的是"`.*?`"，属于懒惰型量词，它尽可能少地匹配字符，所以匹配到中间的 [/font] 就结束了。对于此例来说，可以将量词修改为"`.*`"，即贪婪型量词，那么第一次将匹配到最后的 [/font] 标签。运行结果如图 6-8 所示。

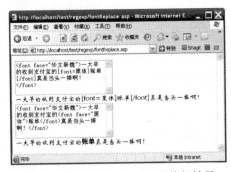

图 6-8　修改为贪婪匹配后的执行结果

但是，如果将文本修改为"[font= 华文新魏] 一大早的 [/font] 收到支付宝的 [font= 黑体] 账单 [/font] 真是当头一棒啊！"，即非嵌套结构，那么使用量词".*"将不正确。结果如图 6-9 所示。

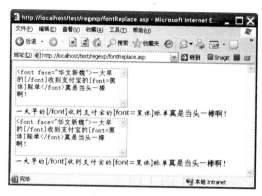

图 6-9 非嵌套结构时的执行结果

可以看到，中间的 [/font] 和 [font= 黑体] 将无法匹配，导致结果错误。所以，综合来看，此例的量词使用".*?"还是比较合适的，虽然中间过程不正确，但毕竟结果是正确的。

6.2.6 多行模式

默认设置下，多行模式是关闭的，整个文本是当作一个字符串来处理的，所以，"^"只能匹配整个文本的开始位置，"$"只能匹配整个文本的结束位置。

将 MultiLine 属性设置为 True，则开启多行模式，即"^"和"$"可以匹配每行的开始和结束，便于以行为单位进行处理。Windows 系统下，行分隔符通常是"\r\n"这两个字符，实际上"^"会匹配"\r"后面这个位置，也会匹配"\n"后面这个位置，所以一个"\r\n"会匹配两次。同样，"$"会分别匹配"\r"和"\n"前面的位置。那么"^$"呢？它会匹配"\r"和"\n"之间这个位置。

如图 6-10 所示的一段文本，我们尝试将"^$"替换为"A"，看一下结果如何。

范例代码如下所示。

图 6-10 多行的范例文本

BlankLineReplace.asp

```
<%@codepage=936%>
<%
Response.Charset="GBK"

' 创建正则对象
```

```
Set regEx = New RegExp
regEx.Global = true
regEx.multiLine = true      '多行模式
regEx.Pattern = "^$"

'待处理文本
str = "Hello World!" & VbCrLf
str = str & "        " & VbCrLf & VbCrLf & "Good"

'替换
result = regEx.Replace(str,"A")

'输出结果的十六进制编码
For i= 1 To Len(result)
    hexStr = hexStr & " "  & hex(asc(mid(result,i,1)))
Next %>
<textarea rows="8" cols="30"><%=result%></textarea><br>
<%=hexStr%>
```

运行结果如图 6-11 所示。

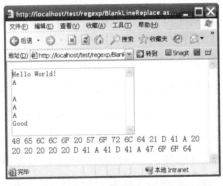

图 6-11　将"^$"替换为"A"的结果

　　从十六进制编码可以看出，0D 和 0A 之间被插入了 41，即字符"A"，说明"^$"匹配的正是"\r"和"\n"之间的位置。

　　那么，如何将空行替换掉呢？首先看一下空行的特征。如果空行位于第一行，那么此行内容相当于是"^\r\n"。如果位于中间行或者末尾行，那么该行与上一行的末尾放在一起是"\r\n\r\n"。把空行替换掉，其实就是将空行的"\r\n"替换掉，那么表达式写为"^\r\n"其实就可以了。对于非空行来说，"\r"之前有内容，所以不能匹配"^"。

　　修改程序，将表达式改为"^\r\n"，替换内容修改为空串，运行结果如图 6-12 所示。

　　这个例子比较特殊，实际上在多行模式下，大多时候不用对"\r\n"考虑太多。如要求每行只有数字，那么表达式写成"^\d+$"就行了，根本不用去想"\r\n"。

图 6-12 替换掉空行

6.3 实例演示

6.3.1 UBB 中 Code 标签的替换

在 UBB 中，"[code]"和"[/code]"之间的内容被认为是代码，不应该进行任何替换，应该原样输出。由于内容中可能有"[font]""[size]"和"[color]"等其他 UBB 标签，所以难点就在于，如何不替换 Code 标签之内的 UBB 标签。

保持 Code 标签中的 UBB 标签不变，有两种办法。一种是先替换 UBB 标签，然后将 Code 标签内被错误替换的 UBB 标签再替换回来。这种处理方法比较烦琐，替换回来这个步骤也比较难以操作。另一种是先查找 Code 标签，然后只对 Code 标签之外的内容执行 UBB 标签替换，这种办法相对清晰简洁一些，本例将采用此办法。

为了简化范例，对于嵌套 Code 标签的情况暂不考虑，多个 Code 标签只能并列排布，内容的结构如图 6-13 所示。

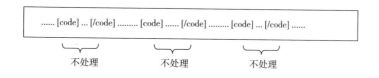

图 6-13 Code 标签的结构

那么，处理过程是怎样的呢？首先，查找第一对 Code 标签，得到起始和结束位置，对 Code 标签之前的内容进行 UBB 替换，然后在 Code 标签之后查找下一对 Code 标签，替换两对 Code 标签之间的内容，如此反复，直到后面没有 Code 标签为止。

由于每次只需查找一对 Code 标签，所以 Global 属性可以设置为 False，这样正则引擎在得到一个匹配结果后就会结束查找。查找表达式可以简单地写为"\[code].*?\[/code]"，范例代码如下所示。

CodeTagReplace.asp

```
<%@codepage=936%>
<%
Response.Charset="GBK"

'替换font和size的函数
Function ReplaceOtherUBB(str)
    Dim regEx
    Set regEx = New RegExp
    regEx.Global=true
    regEx.Pattern = "\[font=(.*?)](.*?)\[/font]"
    str = regEx.Replace(str,"<font face=""$1"">$2</font>")
    regEx.Pattern = "\[size=(.*?)](.*?)\[/size]"
    str = regEx.Replace(str,"<font size=""$1"">$2</font>")
    ReplaceOtherUBB = str
End Function

'创建正则对象
Set regEx = New RegExp
regEx.Global=False
regEx.Pattern = "\[code](.*?)\[/code]"

'要处理的文本
str = "这道[size=6]烤排骨[/size]，是用[size=5][font=黑体]浓缩橙汁[/font][/size]
做的，[code]还添加了[size=5]陈皮[/size]和[font=隶书]柠檬[/font]，吃起来口感更加浓郁，[/
code][size=5]酸甜[/size]的水果味道[code]既能去腥又增添[size=6]香味[/size]，[/code]吃起来
味道[font=隶书]特别好[/font]呢！"

'保存结果的字符串
result = ""

'进行循环替换
Set Matches = regEx.Execute(str)
Do While Matches.count > 0
    beforeStr = mid(str,1,Matches(0).FirstIndex)
    codeStr = Matches(0).SubMatches(0)
    afterStr = mid(str,Matches(0).FirstIndex + Matches(0).Length + 1)
    response.write "之前的文本：" & beforeStr & "<br>"
    response.write "匹配的文本：" & codeStr & "<br>"
    response.write "之后的文本：" & afterStr & "<hr>"

    '替换之前的文本
    result = result & ReplaceOtherUBB(beforeStr)

    '替换Code标签的内容
    result = result & "<div style='border:1px solid;margin:10px;padding:5px'>" &
codeStr & "</div>"
```

```
    ' 之后的文本作为待处理文本
    str = afterStr

    ' 继续匹配
    Set Matches = regEx.Execute(str)
Loop

' 最后一段不能匹配的文本也要替换
result = result & ReplaceOtherUBB(str)
%>
<%=result%>
```

运行结果如图 6-14 所示。

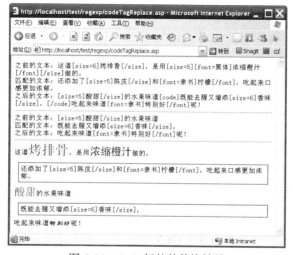

图 6-14 Code 标签的替换结果

在程序中，每次匹配成功后，都将 Code 标签之后的文本重新作为待处理文本，这样待处理文本就越来越少，直至找不到 Code 标签退出循环。在循环匹配时，一定要注意变化待处理文本，因为执行 Execute 方法时，正则引擎是从文本起始位置开始查找，如果文本不变化，那么永远可以匹配到结果，就无法退出循环了。

6.3.2　嵌套标签的替换

嵌套标签的难点在于如何匹配到正确的起始标签和结束标签，下面以 UBB 中的"[quote][/quote]"为例讲解一下如何处理。

"[quote]"标签的作用是引用，即在评论或论坛中引用另一个人的文字，通常显示为表格的形式。引用可以多层嵌套，最终形成叠层的效果。如图 6-15 所示是新闻评论中的嵌套引用。

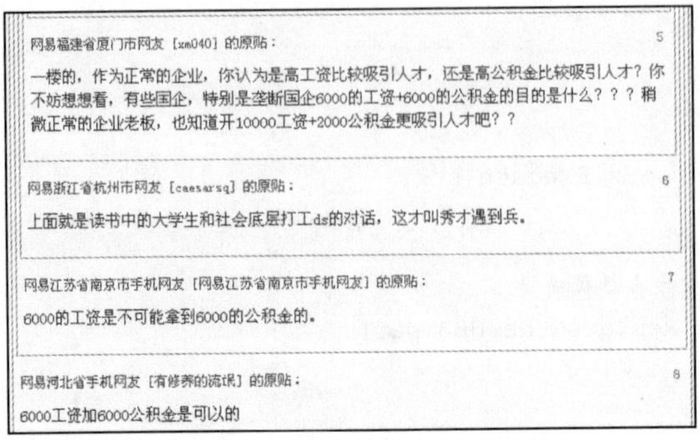

图 6-15 新闻评论中的叠层效果

用"[quote]"标签的话，这段内容可以表示为以下内容：

```
[quote]
    [quote]
        [quote] 一楼的，作为正常的企业，你认为是高工资比较吸引人才 ...[/quote]
        上面就是读书中的大学生和社会底层打工 ds 的对话，这才叫秀才遇到兵。
    [/quote]
    6000 的工资是不可能拿到 6000 的公积金的。
[/quote]
6000 工资加 6000 公积金是可以的
```

正则表达式可以初步写为"\[quote](.*?)\[/quote]"，考虑到有换行存在，所以用"[\s\S]"来代替点，所以表达式为"\[quote]([\s\S]*?)\[/quote]"，范例代码如下所示。

quoteReplace.asp

```
<%@codepage=936%>
<%
Response.Charset="GBK"

'创建正则对象
Set regEx = New RegExp
regEx.Global=true
regEx.Pattern = "\[quote]([\s\S]*?)\[/quote]"

'要处理的文本
    str = "[quote][quote][quote] 一楼的，作为正常的企业，你认为是高工资比较吸引人才 ...[/
quote] 上面就是读书中的大学生和社会底层打工 ds 的对话，这才叫秀才遇到兵。[/quote]6000 的工资是不可能
拿到 6000 的公积金的。[/quote]6000 工资加 6000 公积金是可以的 "

'进行循环替换
Set Matches = regEx.Execute(str)
Do While Matches.count > 0
    response.write Matches(0).Value & "<hr>"
    str = regEx.Replace(str,"<div style='border:1px solid;margin:10px;padding:5
px'>$1</div>")
    Set Matches = regEx.Execute(str)
```

```
Loop
%>
<%=str%>
```

运行结果如图 6-16 所示。

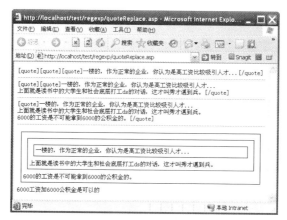

图 6-16　叠层的初次执行结果

从叠层的效果来看是成功的，但匹配的过程是不正确的。

我们希望的效果是，标签能够按正确的层次成对的进行匹配，第一层的开始标签和第一层的结束标签匹配，第二层的开始标签和第二层的结束标签匹配，以此类推。如果从外层标签开始匹配的话，那么要求内层的起始标签和结束标签的个数要一致，这个是用正则表达式比较难以描述的。如果从内层标签开始匹配，那么要求起始标签和结束标签之间不能存在其他起始标签或结束标签。

"不存在某个字符串"这样的问题，适合用否定环视来解决。整个文本中不存在某个字符串，也就是每个字符的后面都不是该字符串，整个文本由具有这样特征的字符组成。那么，文本中不存在"[quote]"标签，可以写成"(.(?!\[quote]))*"，表达式每个部分的含义如图 6-17 所示。

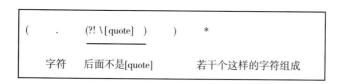

图 6-17　表达式每个部分的含义

对本例来说，不想包含"[quote]"和"[/quote]"，并且单个匹配字符不想参与分组，所以最后表达式为"\[quote]((?:[\s\S](?!\[/?quote]))*)\[/quote]"。尝试运行一下，却发现一个结果都没有，说明表达式没有匹配上。再次仔细查看表达式，表达式要求文本中间的每一个字符后面都不能是"[quote]"或"[/quote]",那么最后一个字符也是这样要求的,但如果想匹配成功的话,最后一个字符的后面应该是"[/quote]",条件矛盾了。所以,最后一个字符不做要求,表达式修改为"\[quote]((?:[\s\S](?!\[/?quote]))*[\s\S])\[/quote]"。

运行程序,结果如图6-18所示。

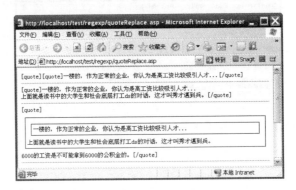

图6-18 使用否定环视后的结果

从图6-18中可以看出,第一次的匹配结果是错误的。因为中间文本是以"[quote]"开始的,第一个字符是"[",它的后面是"quote]",是符合要求,所以,还要想办法将起始标签"[quote]"后面紧跟的"[quote]"排除掉,仍然使用否定环视,将表达式修改为:

```
\[quote](?!\[/?quote])((?:[\s\S](?!\[/?quote]))*[\s\S])\[/quote]
```

好长的表达式,仔细查看后,发现可以简化,最终的表达式是:

```
\[quote]((?:(?!\[/?quote])[\s\S])*)\[/quote]
```

修改程序,运行结果如图6-19所示。

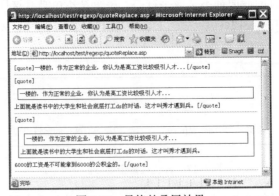

图6-19 最终的叠层效果

其实对于本例来说,匹配过程是否正确是无所谓的,因为匹配到的文本没有进行任何处理,是直接放到结果中的。

6.3.3　给关键字增加链接

在一些文章系统中，会自动地给相关的关键字增加链接，便于读者的扩展阅读。如有一篇介绍银行信息的文章，有以下内容：

随着昨晚 `<a href=' http://www.icbc.com.cn'>` 中国工商银行 `</a>` 和中国银行年报出炉

要处理的关键字是"银行"，希望给"银行"两个字自动增加链接，但是，像"中国工商银行"这样本身是链接的则不进行处理，即希望的结果如下：

随着昨晚 `<a href=' http://www.icbc.com.cn '>` 中国工商银行 `</a>` 和中国 `<a href="?key=` 银行 `">` 银行 `</a>` 年报出炉

让我们考虑一下表达式如何写。需求是查找所有"银行"，但要排除掉位于" `<a></a>` "标签内的结果。很自然想到的办法就是查找两次，第一次查找"银行"，第二次查找 `<a>` 标签内的银行，然后做个减法就可以了。其实两次查找可以合为一次，查找"银行"的表达式是"银行"，查找位于 `<a>` 标签内的"银行"的表达式可以写为" `<a .*?>.*?` 银行 `.*?</a>` "，那么最后的表达式可以使用" `<a .*?>.*?` 银行 `.*?</a>|` 银行"，即使用了选择匹配符。一段文本要么匹配前者，要么匹配后者，只有匹配后者的内容才进行处理。

范例代码如下所示。

keyWordAddLink.asp.asp

```
<%@codepage=936%>
<%
Response.Charset="GBK"

' 创建正则对象
Set regEx = New RegExp
regEx.Global=False        ' 每次匹配一个结果
regEx.Pattern = "<a .*?>.*? 银行 .*?</a>| 银行 "

' 要处理的文本
str = " 随着昨晚 <a href=' http://www.icbc.com.cn'> 中国工商银行 </a> 和中国银行年报出炉 "

' 保存结果的字符串
result = ""

' 进行循环替换
Set Matches = regEx.Execute(str)
Do While Matches.count > 0
    beforeStr = mid(str,1,Matches(0).FirstIndex)
    matchStr = Matches(0).Value
    afterStr = mid(str,Matches(0).FirstIndex + Matches(0).Length + 1)
    response.write " 之前的文本: " & Server.HTMLEncode(beforeStr) & "<br>"
    response.write " 匹配的文本: " & Server.HTMLEncode(matchStr) & "<br>"
    response.write " 之后的文本: " & Server.HTMLEncode(afterStr) & "<hr>"
```

```
        ' 非 <a> 标签内的 "银行",替换为链接
        If matchStr=" 银行 " Then
                result = result & beforeStr
                result = result & "<a href='?key= 银行 '>" & matchStr & "</a>"
        Else
                '<a> 标签内的 "银行" 不变,直接放入结果中
                result = result & beforeStr & matchStr
        End If

        ' 之后的文本作为待处理文本
        str = afterStr

        ' 继续匹配
        Set Matches = regEx.Execute(str)
Loop

' 最后一段不能匹配的文本也要放到结果中
result = result & str
%>
<textarea rows="4" cols="50"><%=result%></textarea><br>
<%=result%>
```

运行结果如图 6-20 所示。

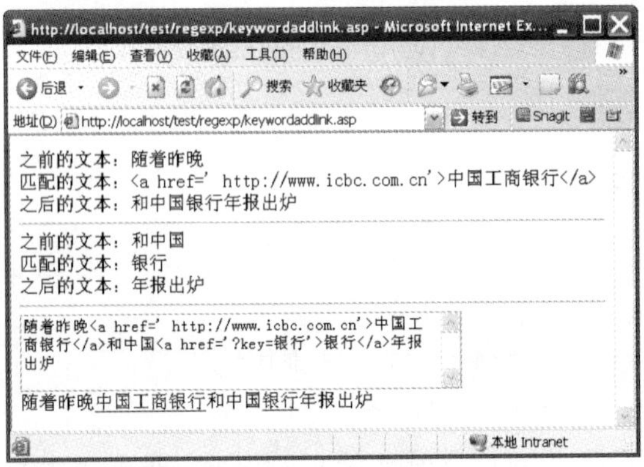

图 6-20　给关键字增加链接

6.3.4　清除 HTML 标签

在某些应用场合,经常需要清除内容中的 HTML 标签,保留主要的文本内容。HTML 标签和内容混杂在一起,还是比较难以处理的,特别是文本内容是一些代码或 HTML 时,根本无法区分。所以,不要试图写出能处理此问题的万能的正则表达式,而应该根据实际情况,写出有针对性的、适用的、够用的表达式。

下面简单列举一些 HTML 中常见的标签形式。

1）"<hr/>""<br/>"、"<img src='..'/>"，单个闭合的标签。

2）"<b></b>"、"<font size=5></font>"、"<div id='title'></div>"，成对的标签。

3）"<script>….</script>"、"<style>…</style>"和"<noscript>…</noscript>"，有内容的标签。

第一种情况，表达式初步写为"<.+?/>"，但测试发现，它会匹配"<a href='..'>xx</a>
"这样的内容，使用"."来匹配字符，范围有些过大，所以将表达式修改为"<[^>]+?/>"，即要求最多匹配到第一个尖括号为止。

第二种情况，这些标签纯粹是装饰性的，直接单独替换即可，没有必要成对替换，所以表达式可以写为"</?[^>]+?>"，将它与第一种情况合二为一，结果为"</?[^>]+?/?>"，由于"[^>]"能够匹配"/"，所以干脆将"/"省略掉，最后表达式为"<[^>]+?>"。

第三种情况，这些标签内部都有内容主体，内容主体也需要替换掉，表达式初步写为"<(script|style|noscript)[^>]*?>.*?</\1>"，考虑到有换行存在，所以用"[\s\S]"替换".",所以最后表达式为"<(script|style|noscript)[^>]*?>[\s\S]*?</\1>"。

下面以网易新闻首页为例，演示一下如何清除 HTML 标签。程序采用了依次替换的方法，由于 HTML 标签大小写比较混乱，所以注意将正则对象的 IgnoreCase 属性设置为 True。

范例代码如下。

HtmlTagReplace.asp

```
<%@codepage=936%>
<%
Response.Charset="GBK"

' 取得网易新闻首页的 HTML
Set xmlHttp = Server.CreateObject("Msxml2.ServerXMLHTTP.3.0")
xmlHttp.Open "GET", "http://news.163.com", False
xmlHttp.Send
html = xmlHttp.responseText
Set xmlHttp = nothing

' 表达式数组
Dim regArray(2)
regArray(1)="<(script|style|noscript)[^>]*?>[\s\S]*?</\1>"
regArray(2)="<[^>]*?>"

' 创建正则对象
Set regEx = New RegExp
regEx.Global=True
regEx.IgnoreCase = True

' 依次进行替换
For i = 1 To Ubound(regArray)
```

```
    regEx.Pattern = regArray(i)
    html = regEx.Replace(html,"")
Next

' 输出结果
response.write "<textarea rows=20 cols=80>" & html & "</textarea>"
%>
```

运行结果如图 6-21 所示。

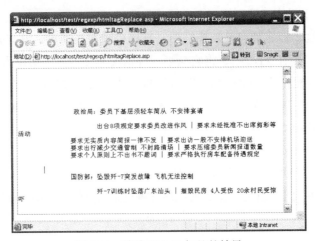

图 6-21　清除 HTML 标签的结果

查看输出的内容，可以看到 HTML 标签都被清除掉了，剩余的基本都是文字内容。但是还有一点不足，就是还存在很多空白行，每行的前面也有很多空白，让我们来想想办法。

上文讲过，替换不含字符的空白行可以使用 "^\r\n"，那么替换整行空白字符的表达式可以写为 "^\s*\r\n"，替换每行文字之前的空白字符的表达式可以写为 "^\s*"。实际上后两个表达式可以一次匹配多行。如有一段文本，内容如图 6-22 所示。

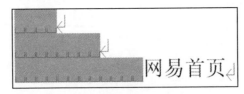

图 6-22　包含空白的一段文本

对于此段文本，表达式 "^\s*\r\n" 会从起始位置一直匹配到第二行结束的 "\r\n"，表达式 "^\s*" 会从起始位置一直匹配到 "网" 字之前的位置，因为 "\s" 是可以匹配 "\r\n" 的。所以，对于此例来说，使用 "^\s*" 就可以了。

修改程序，在输出结果之前增加以下代码：

```
'替换空白字符
regEx.multiLine = True
regEx.Pattern = "^\s*"
html = regEx.Replace(html,"")
```

重新运行程序，结果如图 6-23 所示。

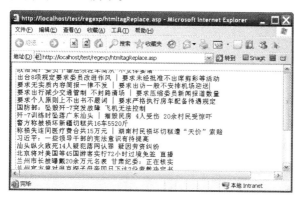

图 6-23　替换掉空行后的结果

从图可以看出，效果还是不错的，目的达到了。

Chapter 7 第7章

文件上传与下载

7.1 上传文件简介

7.1.1 对表单的要求

通过表单上传文件，表单的提交方式必须为 Post，即使用 method="post"，同时必须指定编码方式为 multipart/form-data，即使用 enctype="multipart/form-data"。如果没有指定 enctype 或者指定为 application/x-url-encoded，则提交表单时，浏览器不会提交文件内容，只会提交文件路径。

编码方式使用 multipart/form-data 时，所有表单项目的 name、value 及文件内容均以二进制形式提交，不会进行 URL 编码。与编码方式 application/x-url-encoded 相比，以二进制形式提交可以节省大量时间，更适合于传输大量的数据。

编码方式使用 multipart/form-data 后，在服务器端 ASP 程序中就不要再使用 Request.Form 集合了，它那样是取不到数据的。Request.Form 集合是针对表单使用编码方式 application/x-url-encoded 的情况设计的，它无法解析编码方式为 multipart/form-data 时提交的数据。

以下还有一些细节需要注意：

1）文件框是不能选择目录的，它只能选择一个文件。要上传几个文件，表单中就要有几个文件框。

2）文件框的值不能通过 JavaScript 等脚本设定，必须由用户自己选择，这是出于安全的考虑。

3）没有客户端软件的支持是无法实现断点续传的，因为浏览器总是发送文件的全部数据。

4）文件框的外观样式很难设定，想美化的话，只能间接实现。

5）大多数浏览器上传文件的大小上限是 2GB。

7.1.2　数据的提交格式

1. 测试程序

下面让我们直观地看一下数据是以怎样的格式提交到服务器端的。以下是上传页面的代码。

uploadTest.asp

```
<%@codepage=936%>
<% Response.Charset="GBK" %>
<form name="upload" action="uploadTestSave.asp" method="post" enctype="multipart/form-data">
文本框: <input type="text" name="text1" value="ABC"><br>
文件框: <input type="file" name="file1"><br>
<input type="submit" value=" 提交 ">
</form>
```

这是很简单的表单，只有一个文本框和一个文件框，运行界面如图 7-1 所示。

图 7-1　上传页面的界面

接收页面的代码如下。

uploadTestSave.asp

```
<%@codepage=936%>
<%
Response.Charset="GBK"
Response.BinaryWrite Request.BinaryRead(Request.TotalBytes)
%>
```

在接收页面中，直接以二进制形式读取所有的上传数据，再以二进制形式直接输出。

2. 上传文本文件

首先创建一个文本文件，内容为"Hello World! 春天"。在表单页面，选择该文本文件，提交表单，运行结果如图 7-2 所示。

图 7-2　上传文本文件的结果

格式看起来有些乱，稍微格式化一下，如图 7-3 所示。

图 7-3　上传数据的格式

从图可以看出，数据排列是很有规律的。

首先，"-----------------------------7dd315359065c"这一大串字符是表单项目的分隔符。它由若干个横杠和若干个字符组成的随机字符串组成，该字符串的长度是不固定的，可能随着环境的不同而变化。该分隔符在 Head 信息的 Content-Type 行也是存在的，格式如下：

```
Content-Type: multipart/form-data; boundary=---------------------------7dd315359065c
```

注意，此处的分隔符比数据部分的分隔符在末尾少两个横杠。

在分隔符之下，就是表单项目的 Head 部分，如 name、filename、Content-Type 等。此部分占一行或两行（Content-Type 单独占一行）。在 Head 之后是一个空行，它是 Head 和 Body 部分的分隔符，然后紧跟的就是 Body 数据部分。

如果分隔符后面紧跟着两个横杠，则标志着整个数据结束。每行结尾还有回车换行符，即十六进制的 0D0A，它们占两个字节。

虽然此例直接输出的上传数据看起来很正常，但千万不要认为数据本来就是文本形式，实际上它们是以字节流的形式提交的，原始形态如图 7-4 所示。

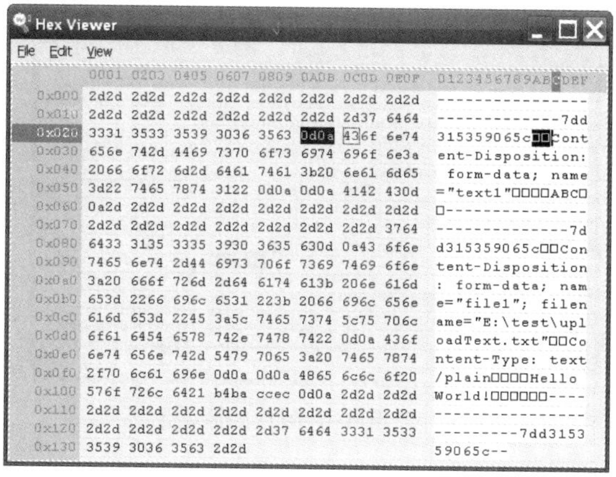

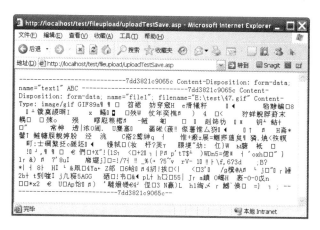

图 7-4　上传文本文件的原始形态

图 7-4 中左侧是字节流的十六进制形式，右侧是对应的字符显示。图中选中的两个字符是分隔符之后的回车换行符。

3. 上传二进制文件

在表单页面选择一个 GIF 图片文件，提交表单，结果如图 7-5 所示。

图 7-5　上传 GIF 图片的结果

从图可以看到，输出结果已经一团糟了，但是，数据的排列规律是还是不变的。图 7-6 是提交数据的原始形态。

图 7-6 中选中的 4 个字符是 Head 和 Body 之间的两个回车换行符。

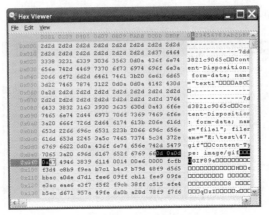

图 7-6　上传 GIF 图片的原始形态

7.2　无组件上传

无组件上传，就是在服务器没有安装第三方上传组件的情况下，通过 ASP 内置的方法及常见组件来实现文件上传。

7.2.1　纯脚本拆分数据的实现

下面先通过一个简单的例子，介绍一下如何使用纯脚本进行数据拆分。表单仍然使用测试程序中的表单，只有一个文本框和一个文件框，上传的文件使用上文提到的文本文件。

1. 取得上传的所有数据

在数据上传刚开始时，服务端程序就已经知道该次上传数据的总大小了。这个大小是通过 HTTP 信息中的 Content-Length 来传递的，在 ASP 中可以通过 Request.TotalBytes 属性得到该值。然后，使用 BinaryRead 方法就可以得到所有的上传数据。

范例代码如下所示。

uploadSplitSave.asp

```
Dim byteArray
byteArray = Request.BinaryRead(Request.TotalBytes)
```

此时，变量 byteArray 是一个纯正的字节数组，TypeName(byteArray) 返回 Byte()。

2. 取得数据分隔符

上传数据的第一行是数据分隔符，只要找到第一个 CRLF 的位置，然后截取就可以了。由于是字节数据，所以为了查找 CRLF 应该使用 ChrB 函数，而不是 Chr 函数。

范例代码如下所示。

```
'取得分隔符
Dim firstCrLfPos,boundary
firstCrLfPos = InStrB(byteArray,chrB(13)&chrB(10))
boundary = LeftB(byteArray,firstCrLfPos-1)
```

可以输出变量 **boundary** 的内存形式直观地看一下，如图 7-7 所示。

图 7-7 分隔符的内存形式

该分隔符也可以从 Content-Type 行取得，但要注意取得的分隔符前面要补两个横杠，而且取得的分隔符是字符串形式，还需要转成 BSTR 形式，以便后面的查找使用。

3. 取得每个表单项目的数据

得到分隔符之后，只要在上传数据中找到每个分隔符的位置，它们之间的部分就是每个表单项目的数据。在实际应用中，表单项目通常是不固定的，分隔符的个数也是不固定的，适合使用循环查找。而本例中只有 3 个分隔符，为了简化范例就直接取得它们的位置了。

范例代码如下所示。

```
'取得每个分隔符的起始位置
Dim boundarySize,firstPos,secondPos,thirdPos
boundarySize = LenB(boundary)           '分隔符的字节数
firstPos = 1                            '第一个分隔符的起始位置是1
secondPos = InstrB(firstPos + boundarySize,byteArray,boundary)    '第二个
thirdPos = InstrB(secondPos + boundarySize,byteArray,boundary)    '第三个
```

由于变量 byteArray 是字节数组，所以对它操作时应该始终使用 InstrB、LeftB 和 RightB 等名称中带 "B" 的函数，它们都是以字节为单位进行操作的。

进行查找之后，3 个变量都指向分隔符的第一个字符，如图 7-8 所示。

得到分隔符的位置后，进一步应该如何将每个项目数据的 Head 和 Body 部分拆开呢？上文提到，每个项目的 Head 和 Body 之间，有一个 CRLF，再加上 Head 末尾的 CRLF，共两个 CRLF，可以把它们作为 Head 和 Body 的分隔符。据此，就可以得到每个 Head 和 Body 的开始和结束位置。

范例代码如下所示。

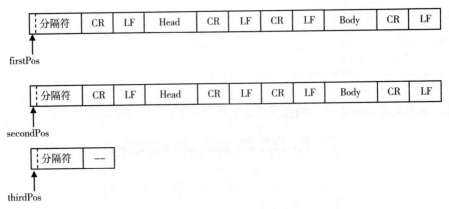

图 7-8　3 个变量的初始位置

```
' 取得每个 Head 起始位置
Dim txtHeadBegin,fileHeadBegin
txtHeadBegin = firstPos + boundarySize + 2      ' 文本项目 Head 部分的起始位置
fileHeadBegin = secondPos + boundarySize + 2    ' 文件项目 Head 部分的起始位置

' 取得每个 Head 结束位置
Dim splitBSTR,txtHeadEnd,fileHeadEnd
splitBSTR = chrB(13)&chrB(10)&chrB(13)&chrB(10) ' 两个 CRLF
txtHeadEnd = InstrB(txtHeadBegin,byteArray,splitBSTR)  ' 文本项目 Head 部分的结束位置
fileHeadEnd = InstrB(fileHeadBegin,byteArray,splitBSTR) ' 文件项目 Head 部分的结束位置

' 取得每个 Body 的起始位置
Dim txtBodyBegin,fileBodyBegin
txtBodyBegin = txtHeadEnd + 4                   ' 两个 CRLF
fileBodyBegin = fileHeadEnd + 4

' 取得每个 Body 的结束位置
Dim txtBodyEnd,fileBodyEnd
txtBodyEnd = secondPos - 2                       ' 一个 CRLF
fileBodyEnd = thirdPos - 2
```

此时，每个变量指向的位置，即关键性的位置如图 7-9 所示。

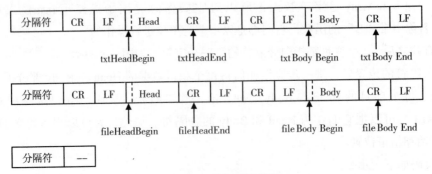

图 7-9　关键性的位置

关键性的位置都已经得到，那么取得表单项目的数据就很轻松了，范例代码如下所示。

```
'取得每个 Head 的数据
Dim txtHeadData,fileHeadData
txtHeadData = MidB(byteArray,txtHeadBegin,txtHeadEnd-txtHeadBegin)
fileHeadData = MidB(byteArray,fileHeadBegin,fileHeadEnd-fileHeadBegin)

'取得每个 Body 的数据
Dim txtBodyData,fileBodyData
txtBodyData = MidB(byteArray,txtBodyBegin,txtBodyEnd-txtBodyBegin)
fileBodyData = MidB(byteArray,fileBodyBegin,fileBodyEnd-fileBodyBegin)
```

可以将这几个变量转换为字符串，输出结果如图 7-10 所示。

图 7-10　输出关键内容

从图 7-10 中可以看出，数据的拆分结果是正确的。

4. 拆分 Head 数据

每个表单项目的 Head 和 Body 部分都已经得到了，下一步要做的就是继续拆分。

对于普通的表单项目，它的 name 在 Head 中，value 就是整个 Body 的数据，比较简单。对于文件项目，则略微复杂一些，它的 name、filename 和 Content-Type 在 Head 中，文件的内容就是整个 Body 的数据。

范例代码如下所示。

```
'将 Head 数据转换为字符串，便于处理
txtHeadData = BinaryToString(txtHeadData)
fileHeadData = BinaryToString(fileHeadData)

'声明变量
Dim txtName,txtValue
Dim fileName,fileFileName,fileContentType,fileContent

'创建正则对象
Set reg = New RegExp
reg.Global = False '只匹配一次

'文本框的 name
reg.Pattern="^.+name=""(.+)""$"
```

```
txtName = reg.Replace(txtHeadData,"$1")

'文本框的value
txtValue = BinaryToString(txtBodyData)

'文件框的name
reg.Pattern="^.+\bname=""(.+?)""[\s\S]+$"
fileName = reg.Replace(fileHeadData,"$1")

'文件的路径
reg.Pattern="^.+\bfilename=""(.+)""\r\n.+$"
fileFileName = reg.Replace(fileHeadData,"$1")

'文件的类型
reg.Pattern="^[\s\S]+\bContent-Type: (.+)$"
fileContentType = reg.Replace(fileHeadData,"$1")

'文件的内容
fileContent = BinaryToString(fileBodyData)

'输出拆分结果
response.write "name=" & txtName & "<br>"
response.write "value=" & txtValue & "<br><br>"
response.write "name=" & fileName & "<br>"
response.write "filename=" & fileFileName & "<br>"
response.write "contentType=" & fileContentType & "<br>"
response.write "content=" & fileContent & "<br>"
response.write "size=" & LenB(fileBodyData) & "<br>"
```

范例中，首先将 Head 数据转换为字符串，以方便处理。BinaryToString 函数就是一个简单的转换函数，不再细说。Head 中要拆分的部分比较多，如果使用字符串函数进行查找，会比较烦琐，所以范例中使用了正则对象，相对来说要简洁一些。这几个正则表达式可能写得不太好，但是对于本例来说已经够用了。文件内容是字节数据，正常来说不应该转换输出，由于本例上传的是文本文件，所以没什么问题。

运行结果如图 7-11 所示。

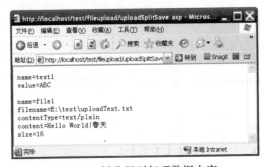

图 7-11 拆分得到每项数据内容

　　至此，我们就将整个上传数据完全地拆分开了，之后就可以进行保存文件、数据入库等操作了。

7.2.2 化境上传类简介

　　上例的代码虽然解决了问题，但是它并不通用，而且大段的代码令人头疼。使用无组件上传类就可以克服这些缺点。

　　无组件上传类，就是一个 VBScript 类，它将拆分数据的繁杂过程封装起来，同时对外提供访问数据的接口。使用无组件上传类可以大大减少处理上传问题的工作量和复杂程度。化境无组件上传类是出现较早也较为出名的，目前的最新版本是 2.0 版。

　　下面就看一下如果使用化境无组件上传类，程序看起来是什么样子。范例代码如下。

uploadExample.asp

```
<%@codepage=936%>
<!--#include File="upload_5xsoft.inc" -->
<%
Response.Charset="GBK"

'创建一个上传类的实例
Set upload=new upload_5xsoft

'取得文本项目
Response.write "文本:" & upload.Form("text1") & "<br>"

'取得文件项目
Set file=upload.file("file1")
Response.write "FileName:" & file.FileName & "<br>"
Response.write "FilePath:" & file.FilePath & "<br>"
Response.write "FileType:" & file.FileType & "<br>"
Response.write "FileSize:" & file.FileSize & "<br>"
%>
```

　　不用怀疑，这就是全部代码，10 行代码都不到。其中 include 的文件 upload_5xsoft.inc 就是化境上传类的代码，引入它之后，首先创建 upload_5xsoft 的实例，然后通过它的属性和方法就可以访问上传数据了。

　　将表单的提交地址修改为该文件，运行结果如图 7-12 所示。

图 7-12　使用化境上传类的执行结果

7.2.3 化境上传类代码注解

下面看一下化境上传类的结构。代码较多，下面仅给出整体的框架结构。

```
Dim Data_5xsoft                    '暂存所有上传数据的 Stream 对象

'分析上传数据的类
Class upload_5xsoft

    '公开属性，分别是普通表单项目的集合、文件对象的集合、上传类的版本信息
    Dim objForm,objFile,Version

    '公开方法，外部可以访问，返回表单项目的 Value
    Public Function Form(strForm)
    End Function

    '公开方法，外部可以访问，返回指定的文件对象（FileInfo 类的实例）
    Public Function File(strFile)
    End Function

    '类的构造方法，进行初始化，主要工作都在这里进行的
    Private Sub Class_Initialize
    End Sub

    '类的销毁方法，释放资源
    Private Sub Class_Terminate
    End Sub

    '私有方法，取得文件路径（不包括文件名）
    Private Function GetFilePath(FullPath)
    End Function

    '私有方法，取得文件名
    Private Function GetFileName(FullPath)
    End Function
End Class

'保存文件信息的类
Class FileInfo
    '公开属性，分别是在表单中的项目名、文件名、文件路径、文件大小、文件类型、文件开始位置
    Dim FormName,FileName,FilePath,FileSize,FileType,FileStart

    '初始化属性
    Private Sub Class_Initialize
    End Sub

    '公开方法，将文件保存到指定的路径
    Public Function SaveAs(FullPath)
    End Function
End Class
```

化境上传类实际上由 upload_5xsoft 和 FileInfo 两个类组成，前者负责解析上传数据，提供对外接口，后者负责保存文件信息，提供文件保存方法。upload_5xsoft 类将解析数据的动作放在了构造方法中，所以使用时，创建一个 upload_5xsoft 实例之后，上传数据就已经处理完毕，可以直接使用了。

以下是构造方法中的代码。

```
Private Sub Class_Initialize
    '初始化一些变量
    Dim RequestData,sStart,vbCrlf,sInfo,iInfoStart,iInfoEnd,tStream,iStart,theFile
    Dim iFileSize,sFilePath,sFileType,sFormValue,sFileName
    Dim iFindStart,iFindEnd
    Dim iFormStart,iFormEnd,sFormName
    Version="化境HTTP上传程序 Version 2.0"

    '初始化两个 Dictionary 对象,保存普通项目和文件项目
    set objForm=Server.CreateObject("Scripting.Dictionary")
    set objFile=Server.CreateObject("Scripting.Dictionary")

    '如果提交字节数小于1,直接退出
    If Request.TotalBytes<1 Then Exit Sub

    'tStream 是用来临时转换文本的 Stream 对象
    Set tStream = Server.CreateObject("adodb.stream")

    '下面这段就将提交的所有数据存入 Data_5xsoft 这个 Stream 对象中
    '同时,再复制一份,给 RequestData 变量,在它上面进行查找
    Set Data_5xsoft = Server.CreateObject("adodb.stream")
    Data_5xsoft.Type = 1
    Data_5xsoft.Mode =3
    Data_5xsoft.Open
    Data_5xsoft.Write Request.BinaryRead(Request.TotalBytes)
    Data_5xsoft.Position=0
    RequestData =Data_5xsoft.Read

    '做一些准备工作
    iFormStart = 1                       '此变量实际是表示当前处理位置的
    iFormEnd = LenB(RequestData)         '结束位置
    vbCrlf = chrB(13) & chrB(10)         '二进制的 CRLF
    sStart = MidB(RequestData,1, InStrB(iFormStart,RequestData,vbCrlf)-1) '这 个
sStart 保存的就是分隔符
    iStart = LenB (sStart)               '分隔符的字节长度
    iFormStart=iFormStart+iStart+1       '指向第一个 Head 之前的 LF

    '下面就是循环所有的项目,直到指针指向最后的 "-"
    While (iFormStart + 10) < iFormEnd
            '下面这段将 Head 部分取出来,然后转换为字符串
            iInfoEnd = InStrB(iFormStart,RequestData,vbCrlf & vbCrlf)+3 '指向 Body
之前的 LF
```

```
                tStream.Type = 1
                tStream.Mode =3
                tStream.Open
                Data_5xsoft.Position = iFormStart      '注意，Stream 对象的位置是从 0 开始的，
所以 Stream 对象的指针指向 Head 的开始位置
                Data_5xsoft.CopyTo tStream,iInfoEnd-iFormStart
                tStream.Position = 0
                tStream.Type = 2
                tStream.Charset ="gb2312"
                sInfo = tStream.ReadText         '包括了 Body 之前的两个 CRLF
                tStream.Close

            '指向下一个分隔符的起始位置
            iFormStart = InStrB(iInfoEnd,RequestData,sStart)

            '从 Head 中取得表单项目名称
            iFindStart = InStr(22,sInfo,"name=""",1)+6
            iFindEnd = InStr(iFindStart,sInfo,"""",1)
            sFormName = lcase(Mid (sinfo,iFindStart,iFindEnd-iFindStart))

            '如果有 "filename="，说明是文件项目
            If InStr (45,sInfo,"filename=""",1) > 0 Then
                    '将文件名、路径等信息拆分出来，存入 objFile 集合

                    Set theFile=new FileInfo      '新建 FileInfo 类的一个实例

                    '取得文件名
                    iFindStart = InStr(iFindEnd,sInfo,"filename=""",1)+10
                    iFindEnd = InStr(iFindStart,sInfo,"""",1)
                    sFileName = Mid (sinfo,iFindStart,iFindEnd-iFindStart)
                    theFile.FileName=getFileName(sFileName)

                    '文件路径
                    theFile.FilePath=getFilePath(sFileName)

                    '取得文件类型
                    iFindStart = InStr(iFindEnd,sInfo,"Content-Type: ",1)+14
                    iFindEnd = InStr(iFindStart,sInfo,vbCr)
                    theFile.FileType =Mid (sinfo,iFindStart,iFindEnd-iFindStart)

                    '文件数据起始位置
                    theFile.FileStart =iInfoEnd        '同上，在 Stream 对象中，这个位置指向
Body 的开始位置

                    '文件字节数
                    theFile.FileSize = iFormStart -iInfoEnd -3

                    '文件在表单中的项目名
                    theFile.FormName=sFormName

                    '添加到 objFile 集合
```

```
                    If Not objFile.Exists(sFormName) Then
                            objFile.add sFormName,theFile
                    End If
            Else
                '如果是普通表单项目，则将 Body 部分转换字符串，存入 objForm 集合
                tStream.Type =1
                tStream.Mode =3
                tStream.Open
                Data_5xsoft.Position = iInfoEnd        '位置的意思同上
                Data_5xsoft.CopyTo tStream,iFormStart-iInfoEnd-3
                tStream.Position = 0
                tStream.Type = 2
                tStream.Charset ="gb2312"
                sFormValue = tStream.ReadText
                tStream.Close

                '如果有同名项目存在，则用 "，" 连接，否则添加
                If objForm.Exists(sFormName) Then
                        objForm(sFormName)=objForm(sFormName)&", "&sFormValue
                Else
                        objForm.Add sFormName,sFormValue
                End If
            End If
            iFormStart=iFormStart+iStart+1        '指向下一个 Head 之前的 LF，最后一次循环，则
指向最后的 "-"
        Wend
        RequestData=""
        Set tStream =nothing
    End Sub
```

代码比较长，但是相信大家在有了前面的基础后，还是可以轻松看懂的。

另外一个重要的方法就是 FileInfo 类的 SaveAs 方法，代码如下。

```
Public function SaveAs(FullPath)
    Dim dr,ErrorChar,i
    SaveAs=true
    If trim(fullpath)="" or FileStart=0 or FileName="" or right(fullpath,1)="/"
Then Exit Function

    Set dr=CreateObject("Adodb.Stream")    'new 一个 Stream 对象
    dr.Mode=3
    dr.Type=1
    dr.Open
    Data_5xsoft.position=FileStart         '设定起始位置
    Data_5xsoft.copyto dr,FileSize         '复制指定的字节数
    dr.SaveToFile FullPath,2               '保存文件
    dr.Close
    Set dr=nothing

    SaveAs=false
End Function
```

保存文件是使用 Adodb.Stream 对象的 SaveToFile 方法实现的。对于每个文件来说，它的起始位置和大小在构造方法中已经得到了，所以此方法要做的事情并不多，只是保存文件而已。

看过此方法后，照葫芦画瓢，可以写一个 Function 来得到文件本身的数据，代码如下。

```
Public function GetFileData()
    Data_5xsoft.position = FileStart        '设定起始位置
    GetFileData = Data_5xsoft.Read(FileSize)  '读取指定的字节数
End Function
```

只需要两行就可以了，将它加到 SaveAs 方法之后，后面要用到它。

7.2.4 化境上传类的使用方法

化境上传类的使用还是比较简单的，不管是不是普通表单项目与文件的混合上传，也不管是不是多个文件的上传。只要记住，取得普通项目用 Form(name) 方法和 objForm 集合，取得文件项目用 File(name) 方法和 objFile 集合即可。

1. 表单项目固定的情况

表单项目固定时，直接使用 Form(name) 方法和 File(name) 方法得到项目数据即可。范例代码如下所示。

getItemByNameSave.asp

```
<%@codepage=936%>
<!--#include File="upload_5xsoft.inc" -->
<%
Response.Charset="GBK"

'创建一个上传类的实例
Set upload=new upload_5xsoft

'取得文本项目
Response.write " 文本 :" & upload.Form("text1") & "<br>"

'取得文件项目
Set file=upload.file("file1")
If file.FileSize>0 Then

    '保存文件时，参数可以使用实际路径
    'file.SaveAs("c:\aa\bb\cc.txt")

    '以原文件名保存在 upload 子目录下
    file.SaveAs(Server.MapPath("upload/" & file.FileName))
End If
%>
```

SaveAs 方法的参数必须是完整的实际路径，包括目录结构和文件名。其中的目录结构必须已经存在，否则保存时会出错，而文件名就是要保存为的文件名，可以根据需要设置。使用虚拟路径时，可以通过 Server.MapPath 方法将虚拟路径转换为实际路径。

2. 表单项目不固定的情况

表单项目不固定时，可以遍历 objForm 和 objFile 两个集合，得到所有普通表单项目和文件项目。范例代码如下所示。

getItemsByLoopSave.asp

```asp
<%@codepage=936%>
<!--#include File="upload_5xsoft.inc" -->
<%
Response.Charset="GBK"

' 创建一个上传类的实例
Set upload=new upload_5xsoft

' 遍历所有的普通表单项目
For Each formName in upload.objForm
    Response.write formName & ":" & upload.Form(formName) & "<br>"
Next

' 遍历所有的文件项目
For Each formName in upload.objFile
    set file=upload.file(formName)
    If file.FileSize>0 Then
            file.SaveAs(Server.MapPath("upload/" & file.FileName))
    End If
Next
%>
```

除了使用 For Each 来遍历之外，objForm 和 objFile 两个集合都有 Count 属性，所以也可以用普通的 For 循环来遍历。

3. 限制文件的大小和类型

FileInfo 类提供了文件项目的文件名、字节大小、客户端路径和文件类型等信息，但没有提供内置的属性和方法来限制文件的大小类型等，自己写的话也不麻烦。范例代码如下所示。

checkFileInfoSave.asp

```asp
<%@codepage=936%>
<!--#include File="upload_5xsoft.inc" -->
<%
Response.Charset="GBK"
```

```
'创建一个上传类的实例
Set upload=new upload_5xsoft

'定义常量
Dim fileSizeLimit,fileExtList,fileTypeList
fileSizeLimit = 1024 *1024          '单位是字节，所以这里是1MB
fileExtList = "jpg|gif|bmp|png"   '允许的文件后缀名
fileTypeList = "image/jpeg|image/pjpeg|image/gif|image/bmp|image/png"   '允许的文件类型

'取得文件项目
Set file=upload.file("file1")
If file.FileSize>0 Then
    '检查文件大小
    If file.FileSize > fileSizeLimit Then
            Response.Write "文件" & file.Filename & " 超过" & fileSizeLimit\1024 & "KB。<br>"
    Else
            '取得文件后缀名
            Dim fileExt
            fileExt = LCase(Mid(file.Filename, InStrRev(file.Filename, ".")+1))

            '检查后缀名
            If Instr(fileExtList,fileExt)=0 Then  '不在允许的后缀名列表中
                    Response.Write "后缀名为" & fileExt & " 的文件不能被上传。<br>"
            Else
                    '检查文件类型
                    If Instr(fileTypeList,LCase(file.FileType))=0 Then
                                                  '不在允许的类型列表中
                            Response.Write "MIME 类型为" & file.FileType &
                                            "的文件不能被上传。<br>"
                    Else
                            '所有检查都通过，才保存文件。
                            file.SaveAs(Server.MapPath("upload/" & file.FileName))
                    End If
            End If
    End If
End If
%>
```

检查文件类型要比检查文件后缀名略为严格一些，如把一个 txt 文件后缀名改为 jpg 上传，是通不过文件类型检查的，因为 txt 文件的 ContentType 是 "txt/plain"。

4. 保存文件数据到数据库

化境上传类并没有内置保存文件到数据库的方法，但是这个功能实现起来也不难。前文在上传类里追加了名为 GetFileData 的 Function，通过它可以得到文件数据，那么剩下的事情就很简单了。

在数据库中保存文件时，表的列类型 Access 可以使用 OLE 对象类型，SQL Server 可以使用 Image 类型。以 Access 为例，表结构如图 7-13 所示。

uploadFiles

字段名称	数据类型
fileID	自动编号
fileName	文本
fileSize	数字
fileType	文本
fileData	OLE 对象

图 7-13 Access 中保存文件的表结构

范例代码如下所示。

uploadFileToDBSave.asp

```
<%@codepage=936%>
<!--#include File="upload_5xsoft.inc" -->
<%
Response.Charset="GBK"
Set upload=new upload_5xsoft

Set file=upload.file("file1")
If file.FileSize>0 Then

    '连接数据库
    Set conn = Server.CreateObject("ADODB.Connection")
    connStr="Provider=Microsoft.Jet.OLEDB.4.0;"&_
                "Data Source=" & Server.MapPath("fileUpload.mdb")
    conn.open connStr

    '追加记录
    Set rs=Server.CreateObject("adodb.recordset")
    rs.open "uploadFiles",conn,1,3
    rs.AddNew
    rs("fileName") = file.FileName         '文件名
    rs("fileSize") = file.FileSize         '文件大小
    rs("fileType") = file.FileType         '文件类型
    rs("fileData").AppendChunk file.GetFileData() '文件数据
    rs.Update
    fileID = rs("fileID") '取得 ID，下面检索使用
    rs.close

    '此处直接检索出来，实际应用中是在不同的 ASP 文件中
    sql="select fileData from uploadFiles where fileID=" & fileID
    rs.open sql,conn,0,1
    response.write "文件大小：" & rs("fileData").ActualSize & "字节<br>"

    '文件数据，此处直接输出到客户端了
    fileData = rs("fileData").GetChunk(rs("fileData").ActualSize)
    response.binarywrite fileData

    '关闭记录集、数据库连接
    rs.close
```

```
        Set rs=nothing
        conn.close
        Set conn=nothing
End If
%>
```

追加数据使用 AppendChunk 方法，取得数据使用 GetChunk 方法，其他都是常规的
ADO 操作，没有什么难的。从数据库重新取得文件数据后，注意它是字节数组，想输出到
客户端的话，需要使用 binaryWrite 方法。如果想保存为文件，可以配合 Adodb.Stream 对
象使用。

上传一个 GIF 图片后，运行结果如图 7-14 所示。

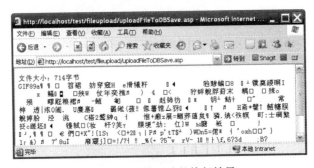

图 7-14　上传图片的执行结果

一般来说，较小的文件可以保存在数据库中，而较大的文件还是建议保存在硬盘上，
因为文件太大的话，读写数据库需要较多的内存和 CPU 时间，效率比较低。

7.2.5　常见问题

1. 写入文件失败

此错误一般发生在 SaveAs 方法的 "dr.SaveToFile FullPath" 这一行，它通常有以下几
种原因：

1）SaveAs 方法的参数不是一个正确的实际路径，或该路径并不是已经存在的。

2）用户 "IUSR_计算机名" 对该路径没有写入权限。

3）该路径下存在同名的文件，并且是只读的。

4）文件名包含 "\/:*?"<>|" 等特殊字符。

2. 不允许操作

错误截图如图 7-15 所示。

此错误通常发生在如下这一行：

```
Data_5xsoft.Write Request.BinaryRead(Request.TotalBytes)
```

图 7-15 不允许操作的错误

错误是 BinaryRead 方法报出来的，因为它的参数 Request.TotalBytes 的值超过了 IIS 允许上传的数据长度，解决方法如下：

1）在控制面板 / 管理工具 / 服务里关闭 IIS admin 服务。

2）找到 c:\windows\system32\inetsrv 下的 metabase.xml 文件。

3）用记事本打开，找到"ASPMaxRequestEntityAllowed"，它的默认值是 204 800，即 200KB，将它修改为需要的值即可，然后保存。

4）重启被关闭的服务即可。

此问题通常发生在 IIS6 上，IIS7 中此属性的默认值高达 4GB，等于无限制。

3. 类没有被定义

如果没有正确引入 upload_5xsoft.inc 文件，将会报此错误。如果没有使用 IIS，而是 NetBox（一个不需要 IIS 即可运行 ASP 的软件），也可能出现此错误，NetBox 似乎不支持以下形式的语句。

```
<Script RunAt=SERVER Language=Vbscript>
...
</Script>
```

那么，只要将第一行和最后一行分别改为"<%"和"%>"即可。

4. 不能调用 BinaryRead

出现此错误，是因为代码中使用了 Request.Form。请记住，代码中有 Request.Form 就不能有 Request.BinaryRead，反之也是，这两句是一对冤家，不能同时出现。在上传文件时，就不要使用 Request.Form 集合了，什么都获取不到。

5. 无效的过程调用或参数 :'MidB'

这个错误通常指向 upload_5xsoft.inc 的第 58 行，内容如下：

```
sStart = MidB(RequestData,1, InStrB(iFormStart,RequestData,vbCrlf)-1)
```

原因很简单，上传的表单中没有加" enctype="multipart/form-data""，所以表单是以普通形式提交的，RequestData 中不存在 CRLF，所以 MidB 函数的第三个参数为 –1，所以参数错误。

6. 上传文件时单击其他页面无响应

上传一个很大的文件，通常需要较长的时间，这时单击表单页面的另一个链接，发现很久都打不开。很多人对此很困惑，其实原因很简单，两个页面都使用了 Session，那么 ASP 引擎会依次执行两个页面，一个页面执行完毕后才会执行另一个，即"页面排队"机制。

如果不想让页面排队，需要明确声明当前页面不使用 Session，即在代码的第一行加上 "<% EnableSessionState=False%>"。如果没有这个声明，即使代码中一句 Session 相关的代码都没有，也会被排队。禁用 Session 后，就不能通过 Session 传递数据了，存取 Session 会报错。

7. 繁体页面中上传文件乱码

当编写繁体编码的网页时，上传文件会出现乱码。这是为什么呢？上传文件时，文件本身的数据是以字节流直接发送的，所以它的内容是简体还是繁体都是无关紧要的。问题出在文件名上，文件名与普通的文本项目一样，有编码的问题。

提交表单时，浏览器会根据 Charset 指定的编码转换字符。如文件名中有个"啊"字，那么 Charset 是 GBK 时，实际发送的字节是"B0A1"，Charset 是 Big5 时，发送的是"B0DA"，Charset 是 Windows 1252 时，发送的是"262332313833343B"，也就是字符串"啊"。

在处理页面，需要使用正确的编码对字节流进行解码。在化境上传类中，是使用 ADODB.Stream 对象进行的解码，Charset 属性固定是 GB2312，那么当表单 Charset 是 Big5 时，就需要将 GB2312 修改为 Big5，即解码使用的 Charset 应该与表单的 Charset 一致。

另外，在实际测试中发现，在表单页面单独使用 response.charset 时，提交时实际使用的编码不可预测，与 response.charset 指定的编码可能不符。建议使用 meta 的 charset，使用它时结果非常稳定。

7.2.6 上传进度条的实现

上传一个较大的文件或一次上传较多文件时，用户通常需要等待一段时间，这段时间的长度是不确定的。从用户体检的角度来说，能够提供一个真实的上传进度条是最好不过了。

计算上传的进度，需要知道上传数据的总大小和当前已经上传的数据大小。前者通过 Request 对象的 TotalBytes 属性可以得到，后者就是程序已经从缓存读入的数据长度。有了这两个数据，就可以计算出上传进度，如果再加上时间差，就可以计算出上传的速度。

那么进度数据如何传递给客户端呢？首先想到的是在上传处理页面直接输出，但前文提过，上传未完成前，浏览器不会理睬服务端的输出数据，所以，需要将进度数据保存在某个地方，客户端去取。保存在哪里呢？通常能想到的有 Session、Application、文件和数据库。

首先尝试一下使用 Session，上传页面的代码如下所示。

uploadProgressBySession.asp

```
<%@codepage=936%>
<meta http-equiv="content-type" content="text/html;charset=gbk">
<form name="upload" action="uploadProgressBySessionSave.asp" method="post"
enctype="multipart/form-data">
文本框: <input type="text" name="text1" value="ABC"><br>
文件框: <input type="file" name="file1"><br>
<input type="submit" value=" 提  交 " onclick="window.open('getProgressBySession.
asp')">
</form>
```

很简单的页面，在单击"提交"按钮时，弹出一个窗口，访问 getProgressBySession.asp 页面，该页面的代码如下所示。

getProgressBySession.asp

```
<%@codepage=936%>
<meta http-equiv="content-type" content="text/html;charset=gbk">
<meta http-equiv="refresh" content="1" />
<%
response.write " 数据总大小: " & session("totalBytes") & " 字节 <br>"
response.write " 已上传大小: " & session("readBytes") & " 字节 "
%>
```

在该页面中，从 Session 取得数据总大小和已上传大小，页面每 1 秒刷新一次。

上传处理页面的代码如下所示。

uploadProgressBySessionSave.asp

```
<%@codepage=936%>
<%
Response.Charset="GBK"
Server.ScriptTimeOut = 600          ' 脚本超时 600 秒

' 保存数据的 stream 对象
Set stream = Server.CreateObject("adodb.stream")
stream.Type = 1                     ' 二进制
stream.Open

' 上传数据总大小
session("totalBytes") = Request.TotalBytes
session("readBytes") = 0
```

```
'循环读取数据，直至全部读取
readBlockSize = 1024 * 48
readBlock = Request.BinaryRead(readBlockSize)
readSize = Lenb(readBlock)
While readSize>0
    stream.Write readBlock

    '已上传数据长度
    session("readBytes") = session("readBytes") + readSize

    '继续读取
    readBlock = Request.BinaryRead(readBlockSize)
    readSize = Lenb(readBlock)
Wend

'把上传数据直接存为 dmp 文件
stream.SaveToFile Server.MapPath("./upload.dmp"),2
stream.Close
Set stream=nothing
response.write "ok"
%>
```

在处理页面中，分块读取上传数据，同时更新 Session 变量。

运行范例后，就会发现，上传开始后，进度显示页面一直处于载入状态，如图 7-16 所示。

图 7-16　进度显示页面一直处于载入状态

直至上传完毕后才会显示最终的数据，如图 7-17 所示。

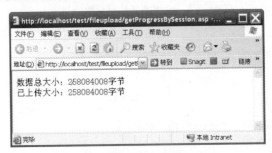

图 7-17　上传完毕后才显示结果

　　进度显示页面不能显示中途的进度，只能显示最终结果，这样的进度页面就没有什么用了。原因出在哪里呢？原因还是 Session 的副作用"页面排队"，使用 Session 时，页面是排队执行的，上传处理页面进入长时间执行后，进度显示页面只能等待。看来通过 Session 传递进度数据是不可行的。

　　那么通过 Application、文件或数据库呢？实际上它们都是可行的，只要保证进度显示页面能够取得实时数据即可。使用数据库的话，有些大材小用，通常不建议，一般都是使用 Application 或文件。要注意的问题就是在适当的时机清除进度数据，因为进度数据属于临时性的数据，上传动作完成后这些数据就没有用了。

　　还有很重要的一点，就是每个访问者的进度数据要区分开。比如有些范例是使用 Application 变量保存进度数据的，如用 Application("uploadBytes") 保存上传的字节数，这样的方式一个用户测试时当然没有问题，但是，如果多个用户同时上传文件呢，进度不就混淆了吗？所以，需要给每个用户生成一个标识，更具体地说，需要为每次上传动作生成一个标识。这个标识，需要通知进度显示页面和上传处理页面两者，前者根据它去取得进度数据，后者根据它写入进度数据。

　　下面看一下范例。

uploadProgressByFile.asp

```
<%@codepage=936%>
<%
' 根据时间和 SessionID 生成进度 ID
d = NOW()
progressID = Year(d) & Month(d) & Day(d) & Hour(d) & minute(d) & second(d)
progressID = progressID & Session.sessionID
%>
<meta http-equiv="content-type" content="text/html;charset=gbk">
<form name="upload" action="uploadProgressByFileSave.asp?progressID=
<%=progressID%>" method="post" enctype="multipart/form-data">
文本框: <input type="text" name="text1" value="ABC"><br>
文件框: <input type="file" name="file1"><br>
<input type="submit" value=" 提交 "
onclick="window.open('getProgressByFile.asp?progressID=<%=progressID%>')">
</form>
```

在上传页面中，需要生成进度 ID，并传递给处理页面和进度显示页面。

进度显示页面的代码如下所示。

getProgressByFile.asp

```
<%@codepage=936 EnableSessionState=False%>
<meta http-equiv="content-type" content="text/html;charset=gbk">
<%
' 从 URL 中取得进度 ID
```

```
progressID = Request.QueryString("progressID")

'取得进度数据
filePath = Server.MapPath(".") & "\uploadProgress" & progressID & ".txt"
Set fso = CreateObject("Scripting.FileSystemObject")
isDataOK = False
If fso.FileExists(filePath) Then                          '文件可能不存在
    Set txtFile = fso.OpenTextFile(filePath)
    If NOT txtFile.AtEndOfStream Then                     '可能无内容
        content = txtFile.ReadAll()                       '读入文件内容
        If Len(content)>0 Then
            lineArray = split(content,vbcrlf)             '按回车换行拆分
            If Ubound(lineArray)=3 Then
                totalBytes = lineArray(0)                 '总字节数
                readBytes = lineArray(1)                  '已上传字节数
                uploadTime = lineArray(2)                 '已耗时秒数
                isDataOK = True
            End If
        End If
    End If
    txtFile.Close
End If

'如果内容取得失败，则刷新页面
If NOT isDataOK Then
    response.write "<script>setTimeout('window.location.reload()',1000);</script>"
    response.end
End If
Set fso = Nothing

'进度百分比
If totalBytes >0 Then
    persent = Fix(readBytes/totalBytes * 100)             '取整数部分
End If

'已用时，保留两位小数点，显示小数点前的 0
uploadTime = FormatNumber(uploadTime,2,-1)

'上传速度
If uploadTime>0 Then
    uploadSpeed = (readBytes/uploadTime)/1024/1024        '每秒多少 MB
    uploadSpeed = FormatNumber(uploadSpeed,2,-1)          '保留两位小数点
End If

'如果进度没到 100%，就刷新页面
If persent<100 Then
    response.write "<script>setTimeout('window.location.reload()',1000);</script>"
End If

'显示进度数据
```

```
response.write "数据总大小: " & totalBytes & " 字节 <br>"
response.write "已上传大小: " & readBytes & " 字节 <br>"
response.write "进度: " & persent & "%<br>"
response.write "已用时: " & uploadTime & " 秒 <br>"
response.write "上传速度: " & uploadSpeed & "MB/秒 <br>"

'用两个 DIV 模拟进度条
%>
<div style="width:600px;height:30px;border:1px solid black;padding:2px">
<div style="width:<%=persent%>%;height:100%;background-color:black"></div>
</div>
```

此页面从 URL 中取得进度 ID, 然后从对应的文件中取得进度数据, 剩下就是处理和显示的工作了。需要注意的细节问题较多, 如进度文件可能还未创建、进度文件中没有内容等。另外, 一定要想着将 EnableSessionState 置为 False, 否则页面会一直处于等待状态。

处理页面的代码如下所示。

uploadProgressByFileSave.asp

```
<%@codepage=936%>
<%
Response.Charset="GBK"
Server.ScriptTimeOut = 600 '脚本超时 600 秒

'脚本开始执行时刻
startime=timer()

'保存数据的 Stream 对象
Set stream = Server.CreateObject("adodb.stream")
stream.Type = 1 '二进制
stream.Open

'从 URL 中取得进度 ID
progressID = Request.QueryString("progressID")

'根据进度 ID 生成文件名
filePath = Server.MapPath(".") & "\uploadProgress" & progressID & ".txt"

'需要频繁写入数据, 创建 fso 留着后面用
Set fso = CreateObject("Scripting.FileSystemObject")

'进度数据初始值
totalBytes = Request.TotalBytes
readBytes = 0
uploadTime = 0

'创建进度文件
Call WriteProgressFile(True)

'循环读取数据, 直至全部读取
```

```
readBlockSize = 1024 * 48
readBlock = Request.BinaryRead(readBlockSize)
readSize = Lenb(readBlock)
while readSize>0
    stream.Write readBlock

    '已上传数据长度、使用时间
    readBytes = readBytes + readSize
    uploadTime = timer()-startime        '单位是秒

    '写入进度数据
    Call WriteProgressFile(False)

    '继续读取
    readBlock = Request.BinaryRead(readBlockSize)
    readSize = Lenb(readBlock)
Wend

'把上传数据直接存为 dmp 文件
stream.SaveToFile Server.MapPath("./upload.dmp"),2
stream.Close
Set stream=nothing
response.write "ok"

'最后删除进度文件
fso.DeleteFile(filePath)
Set fso = Nothing

'进度数据写入文件
Sub WriteProgressFile(isCreateFile)
    Dim txtFile
    If isCreateFile Then
            Set txtFile = fso.CreateTextFile(filePath)    '创建文件
    Else
            Set txtFile = fso.OpenTextFile(filePath,2)    '打开文件
    End If
    txtFile.WriteLine(totalBytes)        '总字节数
    txtFile.WriteLine(readBytes)         '已上传字节数
    txtFile.WriteLine(uploadTime)        '已耗时秒数
    txtFile.Close
End Sub
%>
```

处理页面的流程与之前使用 Session 是类似的，只是增加了取得进度 ID、创建文件、写入文件和删除文件的步骤。删除进度文件，最好放在最后进行，如果在数据接收完毕的时候就马上删除文件，那么进度显示页面就无法取到最后的 100% 这个进度了。

运行效果如图 7-18 所示。

实际上，在处理页面最后删除进度文件也是不太好的。如果上传的文件比较小，瞬间

就可以上传完毕，进度文件刚被创建，然后就被删除了。进度显示页面发现文件不存在，还以为上传刚开始，进度文件还没有创建呢，它会一直刷新等待。所以，更好一点的处理方式是，处理页面不删除进度文件，而在其他时机集中处理。如在用户访问上传页面时，遍历文件夹下的所有进度文件，如果文件的修改时间在一天之前，则删除。

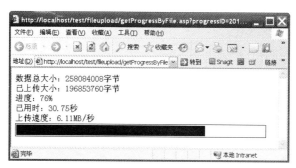

图 7-18　使用文件保存上传进度

此例使用 fso 将进度数据写入文件，fso 不支持修改文件的部分内容，以 ForWriting 方式打开文件时，文件的内容就被清空了，所以进度显示页面打开该文件时，内容可能为空。WriteLine 方法是实时写入的，所以进度显示页面读取到的数据可能是 1 行、2 行或 3 行。fso 较弱的文件读写能力导致代码比较复杂。实际上，此例还可以使用 XMLDOM 来读写文件，首先按格式创建一个 XML 文件，然后在循环读取数据时访问 XML 中的节点，修改节点的值，然后保存即可。由于是修改数据，而不是清空再写入，所以可以保证数据始终是 3 行。

7.3　AspUpload 组件

AspUpload 组件是 Persits 公司的一款产品，它功能齐全、性能卓越、使用简便，大多数主机空间都支持它。AspUpload 组件是收费的商业产品，官方网址为 http://www.aspupload.com，可以访问该网站下载最新的试用版本。

AspUpload 组件的部分功能特色如下：

❑ 可以一次上传多个文件。

❑ 可以存取表单中的文本项目。

❑ 支持上传进度条。

❑ 支持 Unicode。

❑ 可以变更文件属性。

❑ 可以将文件作为 BLOB 保存到数据库中。

- 支持 MS Access 的 OLE Object 的 Head 部分。
- 支持从数据库中导出文件。
- 可以自动生成唯一的文件名，避免与存在的文件冲突。
- 可以限制上传文件的大小。
- 可以保持文件的"上次修改"时间戳。
- 支持加密。
- 可以列出目录经过排序的列表。
- 支持文件复制、移动和删除。
- 支持目录的创建和删除。
- 处理 BLOB 数据时，可以提供完整的 ADO 支持。
- 支持 MacBinary。
- 支持目录上传（客户端需要使用 XUpload 或 Jupload）。
- 可以提取图片的尺寸和类型。

7.3.1 对象组成

AspUpload 组件由以下 5 个对象组成。

- UploadManager 对象，最主要的顶层对象，负责文件的上传处理。
- UploadedFile 对象，代表每个上传的文件。
- FormItem 对象，代表每个普通的表单项目。
- DirItem 对象，代表一个文件或目录，用在文件管理中。
- ProgressManager 对象，也是顶层对象，负责上传进度条的处理。

对象的关系如图 7-19 所示。

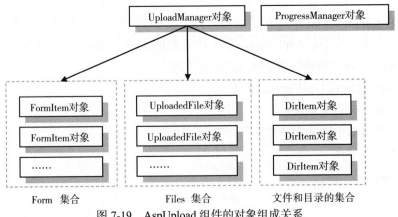

图 7-19 AspUpload 组件的对象组成关系

UploadManager 是最主要的对象，使用以下语句即可创建：

```
Set Upload = Server.CreateObject("Persits.Upload")
```

7.3.2　使用方法举例

1. 简单的例子

AspUpload 组件的使用与化境上传类是很类似的，取得普通项目使用 UploadManager 对象的 Form 集合或 Form(name) 方法，取得文件项目使用 Files 集合或 Files(name) 方法。

Form 集合就是 FormItem 对象的集合，它包含了所有普通的表单项目，Form(name) 方法则返回指定名称的 FormItem 对象。FormItem 对象很简单，它只有 Name 和 Value 两个属性，分别对应它在表单中的 name 和 value，FormItem 对象没有任何方法。

Files 集合就是 UploadedFile 对象的集合，它包含了所有文件项目，Files(name) 方法则返回指定名称的 UploadedFile 对象。UploadedFile 对象的属性和方法较多，下文会逐渐展示。

如有以下的表单页面。

uploadSimple.asp

```
<%@codepage=936%>
<% Response.Charset="GBK" %>
<form action="uploadSimpleSave.asp" method="post" enctype="multipart/form-data">
标题: <input type="text" name="title" value="我的旅游照片"><br>
照片: <input type="file" name="photo1"><br>
照片: <input type="file" name="photo2"><br>
<input type="submit" value="提交">
</form>
```

这是个很简单的表单，只有一个文本框和两个文件框，运行界面如图 7-20 所示。

图 7-20　上传页面的界面

处理页面的代码如下所示。

uploadSimpleSave.asp

```
<%
Set Upload = Server.CreateObject("Persits.Upload")
```

```
Upload.Save '保存到内存

'---- 直接用项目名取得 ----
Response.Write "title:" & Upload.Form("title") & "<br>"
If Not Upload.Files("photo1") Is Nothing Then
    Response.Write "photo1:" & Upload.Files("photo1").OriginalFileName & "<br>"
End If
If Not Upload.Files("photo2") Is Nothing Then
    Response.Write "photo2:" & Upload.Files("photo2").OriginalFileName & "<br><br>"
End If

'---- 遍历 -----------------
'所有普通项目
For Each Item in Upload.Form
    Response.Write Item.Name & ":" & Item.Value & "<br>"
Next

'所有文件项目
For Each File in Upload.Files
    Response.Write File.Name & ":" & File.OriginalFileName & "<br>"
Next
%>
```

选择两张照片后，提交表单，运行结果如图 7-21 所示。

图 7-21　上传图片的结果

AspUpload 组件有一点比较特殊，就是在访问 Form 集合或 Files 集合之前，通常需要调用一下 Save 方法，否则什么值都取不到。这是因为创建 UploadManager 对象只是创建了一个对象，并没有进行解析数据的操作，而调用 Save 方法后，数据被解析，并被保存在内存中，Form 集合和 Files 集合就可以访问了。

Files 集合只包括有效的 UploadedFile 对象，如果表单的某个文件框并没有选择文件，那么这个项目是不在 Files 集合中的。判断指定名称的 UploadedFile 对象是否有效，可以使用类似"NOT Upload.Files("photo1") IS Nothing"这样的语句。

范例中的 OriginalFileName 属性是上传文件的原始文件名，更多的属性下文会介绍。

2. 表单项目重名的处理

当一个普通表单存在重名项目时，使用 Request.Form(name) 会得到类似 "aaa, bbb, ccc" 这样的结果。而在 AspUpload 组件中使用 Form(name)，只能得到第一个该名称的表单项目的值，如 "aaa"。要得到所有该名称的项目的值，需要遍历 Form 集合。文件项目重名时也是类似的。

如一个表单的代码如下所示，其中文本框、复选框和文件框的 name 都是重复的。

uploadSameName.asp

```
<form action="uploadSave2.asp" method="post" enctype="multipart/form-data">
标题: <input type="text" name="title" value=" 我的旅游照片 1"><br>
标题: <input type="text" name="title" value=" 我的旅游照片 2"><br>
<input type="checkbox" name="photoType" value=" 风景 "> 风景
<input type="checkbox" name="photoType" value=" 人像 "> 人像
<input type="checkbox" name="photoType" value=" 新闻 "> 新闻 <br>
<select name="photoType2" multiple>
<option value=" 风景 "> 风景 </option>
<option value=" 人像 "> 人像 </option>
<option value=" 新闻 "> 新闻 </option>
</select><br>
照片: <input type="file" name="photo1" size="15"><br>
照片: <input type="file" name="photo1" size="15"><br>
<input type="submit" value=" 提交 ">
</form>
```

表单界面如图 7-22 所示。

图 7-22　有重名项目的表单界面

处理页面的代码如下所示。

uploadSameNameSave.asp

```
<%
Set Upload = Server.CreateObject("Persits.Upload")
Upload.Save
```

```
' 直接输出，只能输出第一个 Value
response.write Upload.Form("title") &"<br>"

' 列出项目所有的 Value
Call listItemValue("title")
Call listItemValue("photoType")
Call listItemValue("photoType2")

' 循环输出所有的 Value
Sub listItemValue(itemName)
    Response.write "<br>" & itemName & ":<hr>"
    For Each item in Upload.Form
            If item.name = itemName Then
                    response.write item.value & "<br>"
            End If
    Next
End Sub

' 文件项目重名的时候，是指向第一个项目的
Set file = Upload.Files("photo1")
If Not file Is Nothing Then ' 如果文件存在
    Response.Write "<br>文件名：" & Upload.Files("photo1").OriginalFileName
End If
%>
```

运行结果如图 7-23 所示。

图 7-23   有重名表单项目的处理结果

实际应用中，通常复选框的 name 是重复的，一定要注意遍历 Form 集合来取得所有的值。

3. 保存文件

如果想以原文件名保存文件，那么最简单的办法是使用 UploadManager 对象的 Save 方法或 SaveVirtual 方法，前者对应实际路径，后者对应虚拟路径。

范例代码如下所示。

uploadOriginalNameSave.asp

```
<%@codepage=936%>
<% Response.Charset="GBK" %>
<%
Set Upload = Server.CreateObject("Persits.Upload")
count = Upload.SaveVirtual("upload/")
'count = Upload.Save(Server.MapPath("upload/"))     '两行的写法是等价的
Response.Write "共上传" & count & "个文件。"
%>
```

Save 方法和 SaveVirtual 方法会将所有上传的文件以原文件名保存到指定的路径下，该路径必须是已经存在的路径，否则会报错。这两个方法都会返回一个数值，它代表上传的文件数。

如果 Save 方法或 SaveVirtual 方法不带参数的话，则是将文件保存到内存中，之后可以使用 UploadedFile 对象的 Save 方法或 SaveVirtual 方法进行保存。此时，这两个方法的参数也是路径，但它是文件路径，包含了文件名。如果想以新的文件名保存文件，那么只要把新文件名拼接到路径中即可。

范例如下所示。

uploadNewNameSave.asp

```
<%@codepage=936%>
<% Response.Charset="GBK" %>
<%
Set Upload = Server.CreateObject("Persits.Upload")
Upload.Save

newFileName = "photo.jpg"        '新文件名
Set file = Upload.Files("photo1")
If Not file Is Nothing Then      '如果文件存在
    File.SaveAs Server.MapPath("upload") & "\" & newFileName
    'File.SaveAsVirtual "upload" & "\" & newFileName
End If
%>
```

SaveAs 方法可以多次调用，所以，一个文件想保存多少份就可以保存多少份，想保存到哪里就可以保存到哪里，只要变更参数即可。

UploadedFile 对象还有 Copy、CopyVirtual、Move 和 MoveVirtual 这几个方法，对应的是复制文件和移动文件的功能，它们的参数也是文件路径，也可以起到文件重命名的作用。

举例如下：

```
File.Copy "c:\upload2\" & newFileName
File.CopyVirtual "upload2/" & newFileName
File.Move "c:\upload2\" & newFileName
File.MoveVirtual "upload2/" & newFileName
```

在使用这几个方法之前，应该先将文件保存到硬盘，保存到内存是不可以的，因为这几个方法对应的是文件操作。

总结一下，推荐的方法是：

1）上传小文件时，可以先调用 UploadManager 对象的 Save 方法，不带参数，保存到内存，然后使用 UploadedFile 对象的 SaveAs 方法保存到硬盘。

2）上传大文件时，建议先调用 UploadManager 对象的 Save 方法，带参数，保存到硬盘，这样可以降低内存占用，然后使用 UploadedFile 对象的 Move 方法改名。

对于 Save 方法和 SaveVirtual 方法，当目录下存在同名文件时，默认是覆盖的。该设置可以通过 UploadManager 对象的 OverwriteFiles 属性来更改，如果更改为 False，则会自动在文件名中添加"(1)""(2)"等形式的字符串，如 photo.jpg 已经存在时，将以新文件名"photo(1).jpg"保存文件。

对于 Copy、CopyVirtual、Move 和 MoveVirtual 方法，当目录下存在同名文件时，默认也是覆盖的。如果将 OverwriteFiles 属性更改为 False，存在同名文件时，则会报错。

如果想限制每个上传的文件的大小，可以使用 UploadManager 对象的 SetMaxSize 方法，如：

```
Upload.SetMaxSize 50000,True
```

第一个参数是字节数，第二个参数表示超过指定大小时是否报错，True 则报错，False 则截取指定大小的数据，不报错。该语句应该放在 Save 方法之前。

4. 文件的常用属性

UploadedFile 对象的常用属性如表 7-1 所示。

表 7-1　UploadedFile 对象的常用属性

属性名	说　明
Attributes	设置或返回文件的系统属性
Binary	返回文件的二进制数据
ContentType	返回上传数据文件 Head 中的 Content-Type
CreationTime	返回文件的创建时间
Ext	返回文件的扩展名
FileName	返回文件实际保存的文件名

（续）

属性名	说　明
Folder	返回文件实际保存的目录
LastAccessTime	返回文件的上次访问时间
LastWriteTime	返回文件的上次写入时间
MD5Hash	返回文件的 MD5 哈希值（十六进制形式）
Name	返回文件在表单中的文件名
OriginalFileName	返回文件原来的文件名
OriginalFolder	返回文件原来的目录
OriginalPath	返回文件原来的完整路径
OriginalSize	返回文件原来的大小
Path	返回文件实际保存的完整路径
Size	返回文件实际保存的大小

其中，只有 Attributes 属性是可写的，其他属性都是只读的。范例代码如下所示。

uploadFilePropertiesSave.asp

```
<%@codepage=936%>
<% Response.Charset="GBK" %>
<%
Set Upload = Server.CreateObject("Persits.Upload")
Upload.Save(Server.MapPath("upload/"))
'Upload.Save

Set file = Upload.Files("photo1")
If Not file Is Nothing Then ' 如果文件存在
    Response.Write "Attributes       :" & file.Attributes & "<br>"
    Response.Write "ContentType      :"&file.ContentType & "<br>"
    Response.Write "CreationTime     :"&file.CreationTime & "<br>"
    Response.Write "Ext              :"&file.Ext & "<br>"
    Response.Write "FileName         :"&file.FileName & "<br>"
    Response.Write "Folder           :"&file.Folder & "<br>"
    Response.Write "LastAccessTime   :"&file.LastAccessTime & "<br>"
    Response.Write "LastWriteTime    :"&file.LastWriteTime & "<br>"
    Response.Write "MD5Hash          :"&file.MD5Hash & "<br>"
    Response.Write "Name             :"&file.Name & "<br>"
    Response.Write "OriginalFileName:"&file.OriginalFileName & "<br>"
    Response.Write "OriginalFolder   :"&file.OriginalFolder & "<br>"
    Response.Write "OriginalPath     :"&file.OriginalPath & "<br>"
    Response.Write "OriginalSize     :"&file.OriginalSize & "<br>"
    Response.Write "Path             :"&file.Path & "<br>"
    Response.Write "Size             :"&file.Size & "<br>"
End If
%>
```

上传一个 JPG 文件，输出如图 7-24 所示。

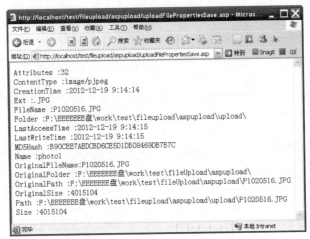

图 7-24　UploadedFile 对象的常用属性

5.图片文件的类型、宽和高

如果上传的文件是图片文件，那么 AspUpload 组件可以直接得到它们的文件类型、图片的宽和高。

UploadedFile 对象的 ImageType 属性返回图片的类型，返回值是字符串，可能的值有"BMP""GIF""JPG""PNG"或"TIF"，如果不是图片，则返回"UNKNOWN"。

ImageWidth 和 ImageHeight 属性返回图片的宽度和高度。如果不是图片文件，则这两个属性都是 0。对于 TIF 文件，AspUpload 组件只能得到文件类型，无法得到它的宽和高。

范例代码如下。

uploadPictureInfoSave.asp

```
<%@codepage=936%>
<% Response.Charset="GBK" %>
<%
Set Upload = Server.CreateObject("Persits.Upload")
Upload.Save

Set file = Upload.Files("photo1")
If Not file Is Nothing Then        '如果文件存在
    If file.ImageType = "UNKNOWN" Then
        Response.Write "请选择图片文件。"
        Response.End
    End If
    Response.Write "图片类型: " & file.ImageType & "<br>"
    Response.Write "图片尺寸 :"&file.ImageWidth & "*" & file.ImageHeight & "<br>"
End If
%>
```

上传一个 JPG 文件，运行结果如图 7-25 所示。

图 7-25 图片的类型和尺寸

这个功能还是非常实用的，取得图片信息就不再需要 AspJpeg 等组件了，"一站式服务"，很轻松快捷。

6. 保存文件到数据库

UploadedFile 对象的 Binary 属性返回的就是文件的数据，保存文件到数据库的操作与无组件中的例子类似，不赘述。

UploadedFile 对象还提供了一个便捷的 ToDatabase 方法，格式如下：

```
ToDatabase (Connect As String, SQL As String)
```

其中，参数 Connect 是连接字符串，只支持 ODBC 驱动的写法；参数 SQL 是一个 Insert 或 Update 语句，文件数据对应的字段使用问号作为占位符。

范例如下。

uploadFileToDBSave.asp

```
<%@codepage=936%>
<% Response.Charset="GBK"
Set Upload = Server.CreateObject("Persits.Upload")
Upload.Save

Set file = Upload.Files("photo1")
If Not file Is Nothing Then      '如果文件存在
    '连接字符串
    Connect = "Driver={Microsoft Access Driver (*.mdb)};DBQ=" &_
                Server.MapPath("fileUpload.mdb")

    'SQL 语句
    SQL="insert into uploadFiles(fileName,fileSize,fileType,fileData) " &_
        "Values('{A}',{B},'{C}',?)"
    SQL=Replace(SQL,"{A}",file.OriginalFileName)        '文件名
    SQL=Replace(SQL,"{B}",file.OriginalSize)            '文件大小
    SQL=Replace(SQL,"{C}",file.ContentType)             '文件类型

    '保存到数据库
    file.ToDatabase Connect,SQL
End If
%>
```

复杂程度和使用 ADO 的 AppendChunk 方法差不多。

7. 导出数据库中文件

文件保存到数据库后，想导出时，可以使用 ADO 的 GetChunk 方法，配合 ADODB. Stream 对象即可将数据库中的文件数据保存到硬盘文件。这通常需要较多代码来实现，UploadManager 对象提供了两个便捷方法：FromDatabase 方法和 FromRecordset 方法。

FromDatabase 方法的格式如下：

```
FromDatabase (Connect As String, SQL As String, Path As String)
```

其中参数 Connect 是连接字符串，仍然是 ODBC 驱动的写法；参数 SQL 是一个 Select 语句，它应该至少返回一条记录，而且 Select 列表中的第一项应该是文件数据对应的字段（该方法会将第一项的数据保存到文件）；参数 Path 是要保存为的文件的完整路径，目录结构应该是已经存在的。

FromRecordset 方法则支持 ODBC 和 OLE DB，它的格式如下：

```
FromRecordset (RecorsetValue As Variant, Path As String)
```

参数 RecorsetValue 是 RecordSet 对象中文件数据对应的列，应该使用类似 Rs("fileData"). Value 的写法，其中".Value"不要省略；参数 Path 是要保存为的文件的完整路径。

范例代码如下所示。

SaveDBToFile.asp

```
<%@codepage=936%>
<% Response.Charset="GBK"
Set Upload = Server.CreateObject("Persits.Upload")

'FromDatabase 只支持 ODBC 连接方式
Connect = "Driver={Microsoft Access Driver (*.mdb)};DBQ=" &_
          Server.MapPath("fileUpload.mdb")
SQL = "select top 1 fileData from uploadFiles"

' 保存到文件
Upload.FromDatabase Connect,SQL,Server.MapPath("DBFile.dat")

'FromRecordset 方法，就可以使用 OLE DB 连接方式了
Set conn = Server.CreateObject("ADODB.Connection")
connStr="Provider=Microsoft.Jet.OLEDB.4.0;"&_
          "Data Source=" & Server.MapPath("fileUpload.mdb")
conn.open connStr

' 检索数据
Set rs=Server.CreateObject("adodb.recordset")
rs.open SQL,conn,0,1
```

```
'保存到文件
Upload.FromRecordset rs("fileData").Value,Server.MapPath("DBFile2.dat")

rs.close
Set rs = nothing
conn.close
Set conn=nothing
%>
```

8. 保存文件到文件服务器

在某些应用场景中，会提供专门的文件服务器用来存放文件，这就需要将上传的文件保存到指定的服务器上。这个问题的难点在于权限上，通常IIS的匿名访问者使用的是"IUSR_机器名"这个用户，它的权限通常都比较低，无法在另外一台机器上写入文件。

实现这个功能需要3步，第一步是让某个用户在目标文件夹上拥有写入权限，第二步是让ASP程序以这个用户去执行，第三步是修改ASP程序中的保存路径。

第一步比较简单，在文件服务器上创建一个用户，如用户名是"upload"，密码是"123456"，然后创建一个文件夹如"upload"，权限中添加"upload"用户，给予写入权限，最后共享该文件夹。

第二步，可以修改IIS的匿名访问所使用的用户，修改为"upload"，密码是"123456"，如图7-26所示。

图7-26　修改IIS的匿名访问用户

当然，事先还需要在该机器上创建用户"upload"，密码也是"123456"。

第三步，只要把保存路径修改为 \\192.168.2.30\upload\ 这样的形式就可以了。

AspUpload组件的UploadManager对象还提供了一个临时切换用户的方法，格式如下：

```
LogonUser (Domain As String, Username As String, Password As String)
```

3个参数分别为域名、用户名和密码，对于未加入域的机器来说，第一个参数使用空串即可，就是切换为本机的用户，而不是域的用户。所以，上述的第二步可以不用修改IIS的匿名访问所使用的用户，在上传代码中临时切换一下即可。范例代码如下所示。

uploadFileServerSave.asp

```
<%@codepage=936%>
<% Response.Charset="GBK" %>
```

```
<%
Set Upload = Server.CreateObject("Persits.Upload")

'切换用户
Upload.LogonUser "", "upload", "123456"

'保存文件
count = Upload.Save("\\192.168.2.30\upload\")
Response.Write "共上传" & count & "个文件。"
%>
```

9. 显示上传进度条

ProgressManager 对象提供了两个方法，一个 CreateProgressID 方法，一个 FormatProgress
方法。前者用来生成进度 ID，后者用来生成当前进度的 HTML 内容。

CreateProgressID 方法需要在表单页面中使用，范例如下所示。

uploadProgress.asp

```
<%@codepage=936%>
<%
'生成进度 ID
Set UploadProgress = Server.CreateObject("Persits.UploadProgress")
progressID = UploadProgress.CreateProgressID(
%>
<meta http-equiv="content-type" content="text/html;charset=gbk">
<form action="uploadProgressSave.asp?progressID=<%=progressID%>"
    method="post" enctype="multipart/form-data">
标题: <input type="text" name="title" value="我的旅游照片"><br>
照片: <input type="file" name="photo1"><br>
<input type="submit" value="提 交" onclick="window.open('uploadProgressShow.asp?
progressID=<%=progressID%>')">
</form>
```

在表单页面中，生成进度 ID，然后传递给处理页面和进度显示页面。处理页面的代码
如下所示。

uploadProgressSave.asp

```
<%@codepage=936%>
<% Response.Charset="GBK"
Server.ScriptTimeOut = 600          '脚本超时 600 秒

'从 URL 中取得进度 ID
progressID = Request.QueryString("progressID")

'把进度 ID 传递给 UploadManager 对象
Set Upload = Server.CreateObject("Persits.Upload")
Upload.ProgressID = progressID '进度 ID
```

```
' 保存文件
count = Upload.SaveVirtual("upload/")
Response.Write "共上传 " & count & " 个文件。"
%>
```

处理页面只要接收进度 ID，传递给 UploadManager 对象即可，其他的工作后者会自动完成，这就简单了很多。

进度显示页面的代码如下所示。

uploadProgressShow.asp

```
<%@codepage=936 EnableSessionState=False%>
<%
Response.Charset="GBK"

' 从 URL 中取得进度 ID
progressID = Request.QueryString("progressID")

' 获取进度显示的 HTML 内容
Set UploadProgress = Server.CreateObject("Persits.UploadProgress")
html = UploadProgress.FormatProgress(progressID, 5,"#00007F", "")
response.write html

' 刷新页面
response.write "<script>setTimeout('window.location.reload()',1000);</script>"
%>
```

运行效果如图 7-27 所示。

图 7-27 显示上传进度

进度页面的 HTML 内容都是用 FormatProgress 方法生成的，该方法的格式如下：

```
FormatProgress (PID As String, ByRef Iteration As Variant, BarColor As String,
FormatString As String)
```

参数 PID 是进度 ID；参数 Iteration 是指处理页面出错后，进度显示页面最多刷新几次；参数 BarColor 是进度条的颜色，默认值是"#00007F"；参数 FormatString 是生成 HTML 的模板，默认值是"%TUploading files...%t%B3%T%R left (at %S/sec) %r%U/%V (%P)%l%t"。

在模板中可以使用一些特殊字符，生成 HTML 时会自动替换为对应的内容，如表 7-2 所示。

表 7-2　模板可以使用的特殊字符

特殊字符	对应内容	举　例
%E	已用时间	00:09
%R	剩余时间	00:03
%S	上传速度	1.87M
%U	已传输大小	16.8M
%V	总上传大小	24.2M
%P	完成百分比	70%
%Y	剩余大小	7.35M
%Bn	进度条，n 是每个小方块的宽度百分比，实线进度条，用 %B0	

还有一些代表格式的特殊字符，如表 7-3 所示。

代表格式的这些特殊字符，用处倒不是很大，因为模板里是可以直接写 HTML 标签的。FormatProgress 方法只是生成了 HTML 内容，至于上传是否完成，页面是否需要刷新，它是不管的，这些都需要自己来做。

表 7-3　代表格式的特殊字符

特殊字符	对应内容
%T	\<table>\<tr>\<td>
%t	\</td>\</tr>\</table>
%d	\</td>\<td>
%r	\</td>\<td align=right>
%c	\</td>\<td align=center>
%l	\</td>\</tr>\<tr>\<td>
%n	\

从 3.1 版本开始，ProgressManager 对象又多了一个 XmlProgress 方法，它的参数只有进度 ID，它返回的是 XML 格式的进度数据，格式举例如下。

```
<?xml version="1.0"?>
<Progress>
  <ElapsedTime>02:44</ElapsedTime>
  <RemainingTime>01:53</RemainingTime>
  <PercentComplete>28</PercentComplete>
  <TotalBytes>6.13M</TotalBytes>
  <UploadedBytes>1.71M</UploadedBytes>
  <RemainingBytes>4.42M</RemainingBytes>
  <TransferSpeed>39.8K/Sec</TransferSpeed>
</Progress>
```

这样的格式更加清晰一些，也可以让使用者发挥更大的灵活性，推荐使用。

10. 文件管理功能

UploadManager 对象的 Directory 属性可以得到指定目录的子目录和文件的集合，该集合是 DirItem 对象的集合，Directory 属性的格式如下：

```
Directory (Path As String, Optional SortBy, Optional Ascending)
```

参数 Path 是目标路径；参数 SortBy 是排序方式，可选值如表 7-4 所示。

表 7-4　参数 SortBy 的可选值

参数值	含　义	参数值	含　义
1	按名称排序，默认值	4	按创建时间排序
2	按类型排序	5	按上次修改时间排序
3	按大小排序	6	按上次访问时间排序

参数 Ascending 指升序或降序，True 为升序，False 为降序。排序功能还是非常实用的，范例代码如下所示。

listFolder.asp

```
<%@codepage=936%>
<% Response.Charset="GBK" %>
<%
'当前路径
path = Server.MapPath(".")

'创建对象
Set Upload = Server.CreateObject("Persits.Upload")

'路径下所有文件，按名称排序，升序
Set Dir = Upload.Directory(path & "\*.*",1,True)

'输出属性
For Each Item in Dir
    Response.Write "<div style='width:300px;float:left;border:1px solid'>"
    Response.Write "属性: " & Item.Attributes & "<br>"
    Response.Write "创建时间: " & Item.CreationTime & "<br>"
    Response.Write "名称: " & Item.FileName & "<br>"
    Response.Write "文件类型: " & Item.FileType & "<br>"
    Response.Write "文件夹? : " & (Item.IsSubdirectory=True) & "<br>"
    Response.Write "上次访问: " & Item.LastAccessTime & "<br>"
    Response.Write "上次修改: " & Item.LastWriteTime & "<br>"
    Response.Write "文件大小: " & Item.Size & " 字节 </div>"
Next
%>
```

运行结果如图 7-28 所示。

UploadManager 对象还提供了一些常用的文件管理方法，比较简单，不再一一列举。范例代码如下所示。

图 7-28　得到目录信息

FileManager.asp

```
<%@codepage=936%>
<% Response.Charset="GBK" %>
<%
' 当前路径
path = Server.MapPath(".")

' 创建对象
Set Upload = Server.CreateObject("Persits.Upload")

' 创建 XX, YY 两级目录, 已存在则不报错
Upload.CreateDirectory path & "\XX\YY", True

' 文件路径
filePath = path & "\XX\YY\test.txt"

' 如果文件已存在, 则删除
If Upload.FileExists(filePath) Then
    Upload.DeleteFile filePath
End If

' 创建空文件
Upload.CreateFile filePath
'... 写入内容

' 打开文件
Set File = Upload.OpenFile(filePath)
'...File.Binary ' 获取文件内容
'... 其他操作

' 复制文件, 存在则覆盖
copyToPath = path & "\XX\test.txt"
Upload.CopyFile filePath,copyToPath,True

' 移动文件, 目标文件不能已存在
moveToPath = path & "\XX\test2.txt"
If NOT Upload.FileExists(moveToPath) Then
    Upload.MoveFile filePath,moveToPath
Else
    Upload.DeleteFile filePath
End If

' 删除目录, 目录必须是空的
Upload.RemoveDirectory path & "\XX\YY"
%>
```

11. 其他属性和方法

以下是其他一些可能用到的 **UploadManager** 对象的属性和方法。

（1）CodePage 属性

指定对文本项目进行解码时使用的 CodePage。如数据提交编码为 UTF-8，那么应该指定 CodePage 属性为 65001，否则数据不能正确解码。不指定时则使用系统默认的 CodePage，当使用香港空间或外国空间时应该注意设置此属性。

（2）IgnoreNoPost 属性

如果只使用了一个 ASP 页面，数据提交到本身，那么应该设置 IgnoreNoPost 属性为 True，否则第一次进入该页面时，由于没有上传数据，AspUpload 的处理部分将会出错。

（3）TotalBytes 属性

上传数据的总字节数，必须在调用 Save 方法之后才能使用。

（4）TotalSeconds 属性

上传花费的时间，必须在调用 Save 方法之后才能使用。

（5）Expires 属性

AspUpload 组件的过期时间。

（6）Version 属性

AspUpload 组件的版本。

7.4 FileUp 组件

FileUp 组件是 SoftArtisans 公司的一款产品，它具有齐全的功能和卓越的性能，与 AspUpload 组件齐名。FileUp 组件也是收费的商业产品，官方网站为 http://fileup.softartisans.com。

FileUp 组件的部分功能特色如下：

❑ 支持数据库的上传和下载。

❑ 支持上传的交易控制。

❑ 支持上传进度条。

❑ 包含性能监视计数器，可以监视上传和下载的性能。

❑ 支持 MD5，可用来验证上传数据的完整性。

❑ 支持目录的递归上传（需要客户端使用 JFile 或 Xfile）。

❑ 支持 Unicode 的文件名或 Form Value。

❑ 可以上传到内存，更加安全。

❑ 支持下载的断点续传（需要客户端工具支持）。

❑ 支持 MacBinary。

❑ 可以修改文件的权限。

❑ 可以注册 DLL 文件。

7.4.1 对象组成

FileUp 组件由以下 4 个对象组成：

❑ FileUp 对象，最主要的顶层对象，负责文件上传的处理。

❑ File 对象，代表一个文件。

❑ Form 集合，表单所有项目的集合，包括文件。

❑ FileUpProgress 对象，也是顶层对象，负责上传进度的处理。

对象间关系如图 7-29 所示。

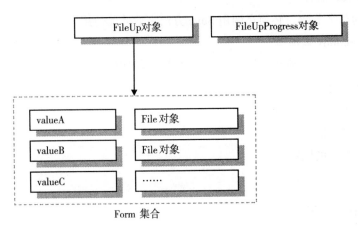

图 7-29　FileUp 组件的对象关系

其中，FileUp 是最主要的对象，使用以下语句即可创建：

```
Set Upload = Server.CreateObject("SoftArtisans.FileUp")
```

7.4.2 使用方法举例

1. 简单的例子

首先看一个简单的范例，表单的代码如下所示。

uploadSimple.asp

```
<%@codepage=936%>
<% Response.Charset="GBK" %>
<form action="uploadSimpleSave.asp" method="post" enctype="multipart/form-data">
文件: <input type="file" name="file1"><br>
文件: <input type="file" name="file2"><br>
<input type="submit" value=" 提交 ">
</form>
```

这是个很简单的一个表单，只有两个文件框，处理页面的代码如下所示。

uploadSimpleSave.asp

```
<%@codepage=936%>
<% Response.Charset="GBK" %>
<%
'创建 FileUp 对象
Set Upload = Server.CreateObject("SoftArtisans.FileUp")

'设置缓存路径
Upload.Path = Server.MapPath("upload")

'保存第一个文件
Upload.Save

'输出第一个文件信息
Response.Write "原文件名: " & Upload.ShortFilename & "<br>"
Response.Write "原路径: " & Upload.UserFilename & "<br>"
Response.Write "文件类型: " & Upload.ContentType & "<br>"
Response.Write "实际保存路径: " & Upload.ServerName & "<br>"
Response.Write "实际保存大小: " & Upload.TotalBytes & "<br>"
%>
```

选择两个文件，提交表单，运行结果如图 7-30 所示。

图 7-30　简单的上传例子

在范例中，首先创建 FileUp 对象，然后设置 Path 属性，最后调用 Save 方法，只需 3
步，文件就保存完毕了，代码非常简洁。

FileUp 组件默认是把上传的数据放到缓存文件中的，缓存文件放在哪里，是通过 Path
属性指定的，如果没有指定，则 FileUp 组件会使用系统环境变量 "%TEMP%" 指定的路
径。推荐的做法是将 Path 属性指定为文件要保存到的路径。

查看 upload 目录，会发现只有一个文件，这是因为 FileUp 对象的 Save 方法只会保存
第一个文件，而不是像 AspUpload 组件那样保存所有的文件，所以，该 Save 方法只适用于
上传一个文件。如果是上传多个文件，则应该使用每个 File 对象的保存方法。FileUp 对象
的 ShortFilename、UserFilename 等文件相关的属性也是针对第一个文件的。

2. 多个文件和表单项目的混合上传

FileUp 组件将所有的表单项目（包括文件）都放在 Form 集合中，而不像 AspUpload 那样为文件单独提供了 Files 集合。Form 集合中的每个项目，不是字符串，就是一个 File 对象，可以使用 IsObject 方法来判断是否是文件。Form 集合的使用与 Request.Form 基本相同，它也是一个集合，有 Count 属性，可以遍历，Form(name) 返回指定名称的项目的值，如果有多个该名称的项目，则将返回多个值拼接在一起的结果，形式如 "valueA,valueB,valueC"。

Form 集合还有一个兄弟集合，即 FormEx 集合，它的使用与前者基本一致，唯一的不同是，FormEx(name) 返回的是一个集合，而不是字符串，想得到同名项目的每一个值时，比较方便。

下面看一个复杂一些的例子，表单的代码如下所示。

uploadMultiItem.asp

```
<%@codepage=936%>
<% Response.Charset="GBK" %>
<form action="uploadMultiItemSave.asp" method="post"
    enctype="multipart/form-data">
标题: <input type="text" name="title" value="我的旅游照片1"><br>
标题: <input type="text" name="title" value="我的旅游照片2"><br>
<input type="checkbox" name="photoType" value="风景">风景
<input type="checkbox" name="photoType" value="人像">人像
<input type="checkbox" name="photoType" value="新闻">新闻 <br>
<select name="photoType2" multiple>
<option value="风景">风景 </option>
<option value="人像">人像 </option>
<option value="新闻">新闻 </option>
</select><br>
照片: <input type="file" name="photo1" size="15"><br>
照片: <input type="file" name="photo2" size="15"><br>
<input type="submit" value="提交 ">
</form>
```

表单中有普通项目，也有文件，其中有很多是重名的，表单的效果如图 7-31 所示。

处理页面的代码如下所示。

uploadMultiItemSave.asp

```
<%@codepage=936%>
<% Response.Charset="GBK" %>
<%
Set Upload = Server.CreateObject("SoftArtisans.
FileUp")
```

图 7-31　有重复项目的表单界面

```
Upload.Path = Server.MapPath("upload")

'---- 通过项目名取得值 ----
Response.Write "title:" & Upload.Form("title") & "<br>"
Response.Write "photoType:" & Upload.Form("photoType") & "<br>"
Response.Write "photoType2:" & Upload.Form("photoType2") & "<br>"
If Not Upload.Form("photo1").IsEmpty  Then
    Response.Write "photo1:" & Upload.Form("photo1").ShortFilename & "<br>"
    Upload.Form("photo1").Save '保存文件
End If
If Not Upload.Form("photo2").IsEmpty  Then
    Response.Write "photo2:" & Upload.Form("photo2").ShortFilename & "<br>"
    Upload.Form("photo2").Save '保存文件
End If
Response.Write "<hr>"

'---- 遍历所有项目 -----
For Each ItemName in Upload.Form
    If IsObject(Upload.Form(ItemName)) Then
            Response.write "[文件]"
    Else
            Response.write "[字符串]"
    End If
    Response.Write ItemName & ":" & Upload.Form(ItemName) & "<br>"
Next
Response.Write "<hr>"

'----- 取得同名项目的每个值 ----
For Each subValue in Upload.FormEx("photoType")
    Response.Write subValue & "<br>"
Next
Response.write "<hr>"

'----- 取得同名项目的每个值 ----
For i=1 to Upload.FormEx("photoType2").Count
    Response.Write Upload.FormEx("photoType2")
(i) & "<br>"
Next
%>
```

运行结果如图 7-32 所示。

从结果可以看出，使用 Form 集合时，同名项目的值都是拼接在一起返回的，而 FormEx 集合可以通过遍历得到每个值。直接输出一个 File 对象，实际输出的是该文件的路径。

3. 保存文件

如果想以原文件名保存文件，直接使用 File 对

图 7-32　有重复表单项目
的处理结果

象的 Save 方法即可，保存的路径通过 Path 属性指定，如果不指定，则继承 FileUp 对象的 Path 属性值。想以新文件名保存，可以使用 File 对象的 SaveAs 或 SaveInVirtual 方法，前者使用实际路径，后者使用虚拟路径。

　　SaveAs 方法的参数可以使用包括文件名的完整路径，也可以只写文件名，如果是后者，那么文件将被保存到 Path 属性指定的目录中。SaveInVirtual 方法同样可以使用包括文件名的完整路径，也可以只写目录名，如果是后者，那么文件将以原文件名保存到指定的路径中。

　　范例代码如下所示。

uploadSaveMethodSave.asp

```asp
<%@codepage=936%>
<% Response.Charset="GBK" %>
<%
Set Upload = Server.CreateObject("SoftArtisans.FileUp")
Upload.Path = Server.MapPath("upload")

'取得文件对象
Set file = Upload.Form("photo1")
If Not file.IsEmpty  Then

    '原文件名保存到 upload 下
    file.Save
    Response.Write "路径:" & file.ServerName & "<br>"

    '新文件名保存到 upload 下
    file.SaveAs "newFile1.jpg"
    Response.Write "路径:" & file.ServerName & "<br>"

    '新文件名保存到 upload2 下
    file.SaveAs Server.MapPath("upload2") & "\newFile2.jpg"
    Response.Write "路径:" & file.ServerName & "<br>"

    '原文件名保存到 upload 下
    file.SaveInVirtual "upload"
    Response.Write "路径:" & file.ServerName & "<br>"

    '新文件名保存到 upload2 下
    file.SaveInVirtual "upload2/newFile2.jpg"
    Response.Write "路径:" & file.ServerName & "<br>"
End If
%>
```

运行结果如图 7-33 所示。

　　范例中使用不同的方法保存了 5 次文件，那么最后文件有几份呢？5 份吗？错了，只有一份，在 upload2 目录下，文件名是 newFile2.jpg，即最后执行的保存方法决定了文件最终在哪里。这点它与 AspUpload 组件是不同的，后者保存多少次就有多少份文件。

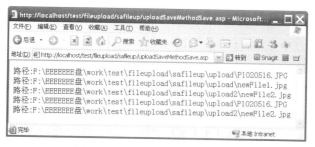

图 7-33　在不同的路径保存文件

当目录下存在同名文件时，默认设置下是覆盖的，该设置是由 FileUp 对象的 CreateNewFile 属性和 OverWriteFiles 属性共同控制的。

如果 CreateNewFile 属性为 True，那么有同名文件存在时，将自动在文件名后追加"_数字"，如"photo_0.jpg""photo_1.jpg"等。如果 OverWriteFiles 属性为 True，那么有同名文件存在时，则会覆盖。这两个属性是相关的，应该结合起来设置，它们的关系如表 7-5 所示。

表 7-5　CreateNewFile 属性和 OverWriteFiles 属性的关系

CreateNewFile	OverWriteFiles	实际效果
False	True	覆盖
True	False	重命名
True	True	重命名
False	False	报错

当有同名文件存在时，首先看 CreateNewFile 属性，它是 True 则自动重命名，它是 False 则再看 OverWriteFiles 属性，是 True 覆盖，是 False 则报错。默认设置下，CreateNewFile 属性是 False，OverWriteFiles 属性是 True，所以效果是覆盖文件。实际应用中，建议同时设置两种属性，其中一个是 True 即可，这样程序看起来比较清晰。

限制上传文件的大小，可以使用 FileUp 对象的 MaxBytes 属性，单位是字节，如：

```
Upload.MaxBytes = 100*1024 '100KB
```

该属性会限制每个文件的大小，而不是整体上传数据的大小。假设该属性设置为 100KB，那么当文件大于 100KB 时，实际只会保存该文件的前 100KB，其余部分全部丢弃。该属性默认为 0，即不限制。由于文件片断通常没有什么用处，所以建议的做法是，使用 MaxBytes 限制大小，但应该在保存文件之后判断 File 对象的 TotalBytes 属性，它是文件实际保存的字节数，如果它等于 MaxBytes，说明文件被裁剪了，此时应该通知用户，文件超过了限制大小。

对 FileUp 对象的关键属性的更改，建议在创建 FileUp 对象之后马上进行，以保证属性设置发生在组件开始缓存数据之前。

4. 文件的常用属性

File 对象的常用属性如表 7-6 所示。

表 7-6　File 对象的常用属性

属 性 名	说　明
Checksum	返回文件的 MD5 哈希值（十六进制形式）
ContentType	返回上传数据文件 Head 中的 Content-Type
IsEmpty	返回文件是否为空，为空返回 True
Path	设置或返回文件的默认保存目录
ServerName	返回文件在服务端的完整路径，包括文件名
ShortFilename	返回文件在客户端的原始文件名
TotalBytes	返回文件的实际字节数
UserFilename	返回文件在客户端的原始完整路径

其中，只有 Path 属性是可写的，其他属性都是只读的。

范例代码如下所示。

uploadFileInfoSave.asp

```
<%@codepage=936%>
<% Response.Charset="GBK" %>
<%
Set Upload = Server.CreateObject("SoftArtisans.FileUp")
Upload.Path = Server.MapPath("upload")

'取得文件对象
Set file = Upload.Form("photo1")

'判断文件是否有效
If Not file.IsEmpty  Then

    '输出文件属性
    Response.Write "MD5 哈希值:" & file.CheckSum & "<br>"
    Response.Write "文件类型:" & file.ContentType & "<br>"
    Response.Write "文件保存的路径:" & file.Path & "<br>"
    Response.Write "保存的完整路径:" & file.ServerName & "<br>"
    Response.Write "实际字节数:" & file.TotalBytes & "<br>"
    Response.Write "原始文件名:" & file.ShortFilename & "<br>"
    Response.Write "原始路径:" & file.UserFilename & "<br>"

    '保存文件
    file.Save

    '输出文件路径
```

```
    Response.Write "保存的完整路径:" & file.ServerName & "<br>"
End If
%>
```

运行结果如图 7-34 所示。

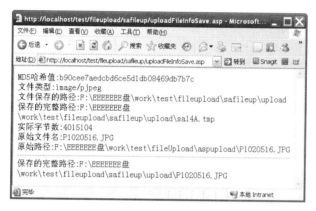

图 7-34 File 对象的常用属性

　　如果用户没有选择文件，或者输入的文件路径是错误的，那么提交表单时，这个文件项目在上传数据中仍然是存在的，只是文件名或者文件数据是空的。此时，FileUp 组件仍然会解析该文件项目，并将它封装为 File 对象，但是它的 IsEmpty 属性将返回 False。建议在处理文件之前，先通过该属性判断文件内容是否为空，为空时可以提示用户正确地选择文件或者简单地跳过处理部分即可。

　　ServerName 属性是文件在服务端的完整路径，保存文件之前是临时文件的路径，保存之后则是实际保存的路径。

5. 获取文件数据

　　FileUp 组件默认是把上传的数据放在缓存文件中的，此时是无法直接通过 File 对象获取文件数据的。想获取文件数据，首先需要在内存中缓存文件，将 FileUp 对象的 UseMemory 属性设置为 True 即可，该属性默认是 False，然后通过 File 对象的 UploadContents 属性即可获取文件数据。

　　UploadContents 属性有一个可选的参数，可以指定返回数据的类型，可选值如表 7-7 所示。

表 7-7 返回数据类型的可选值

参数值	返回数据类型	说 明
0	String	BSTR
1	Variants()	VARIANTS 数组
2	Byte()	VT_UI1	VT_ARRAY

UploadContents(0) 返回的是 BSTR，这个与本书所讲的"保存二进制数据的字符串"BSTR不是一回事，建议不要使用。

UploadContents(1) 返回的是变量数组，就是 VBScript 中的普通数组，数组的每一个元素是 Byte 类型，想遍历数据的每个字节时，可以使用这个。

UploadContents(2) 返 回 的 是 纯 正 的 字 节 数 组，这 个 类 似 于 AspUpload 组 件 中 UploadedFile 对象的 Binary 属性，如果想保存文件到数据库或想配合 Stream 对象使用，可以使用这个。

6. 保存文件到数据库

保存文件到数据库，使用 File 对象的 SaveAsBlob 方法即可，它的参数是一个 ADO 的 Field 对象，实际就是调用该 Field 对象的 AppendChunk 方法。

范例代码如下所示。

uploadToDBSave.asp

```
<%@codepage=936%>
<% Response.Charset="GBK" %>
<%
Set Upload = Server.CreateObject("SoftArtisans.FileUp")
Upload.Path = Server.MapPath("upload")

'取得File对象
Set file = Upload.Form("photo1")
If Not file.IsEmpty  Then

    '连接数据库
    Set conn = Server.CreateObject("ADODB.Connection")
    connStr="Provider=Microsoft.Jet.OLEDB.4.0;"&_
            "Data Source=" & Server.MapPath("fileUpload.mdb")
    conn.open connStr

    '追加记录
    Set rs=Server.CreateObject("adodb.recordset")
    rs.open "uploadFiles",conn,1,3
    rs.AddNew
    rs("fileName") = file.ShortFilename    '文件名
    rs("fileSize") = file.TotalBytes       '文件大小
    rs("fileType") = file.ContentType      '文件类型
    file.SaveAsBlob rs("fileData")         '文件数据
    rs.Update

    '关闭连接
    rs.close
    Set rs=nothing
    conn.close
```

```
    Set conn=nothing
End If
%>
```

FileUp 组件没有提供将数据库中的字段保存为文件的方法，它只提供了一个 TransferBlob 方法，该方法可以将字段数据直接输出给客户端，它的参数也是一个 ADO 的 Field 对象，实际上就是调用该 Field 对象的 GetChunk 方法，范例代码如下所示。

DBFileToClient.asp

```
<%@codepage=936%>
<% Response.Charset="GBK" %>
<%
'连接数据库
Set conn = Server.CreateObject("ADODB.Connection")
connStr="Provider=Microsoft.Jet.OLEDB.4.0;"&_
        "Data Source=" & Server.MapPath("fileUpload.mdb")
conn.open connStr

'查询类型是 image/pjpeg 的记录
Set rs=Server.CreateObject("adodb.recordset")
sql="select top 1 fileData from uploadFiles where fileType='image/pjpeg'"
rs.open sql,conn,0,1
If rs.bof And rs.eof Then
    response.write "没有数据."
Else
    response.ContentType = "image/pjpeg"

    '输出数据
    Set download = Server.CreateObject("SoftArtisans.FileUp")
    download.TransferBlob rs("fileData")
End If

'关闭连接
rs.close
Set rs=nothing
conn.close
Set conn=nothing
%>
```

7. 显示文件的上传进度

FileUpProgress 对象，负责上传进度的处理，使用以下语句即可创建：

```
Set progress = Server.CreateObject("SoftArtisans.FileUpProgress")
```

它提供了 NextProgressID 方法用来生成进度 ID，并通过 Percentage、TransferredBytes、TotalBytes 和 TransferComplete 几个属性提供进度信息，简单好用，直接看范例。

表单页面的代码如下所示。

uploadProgress.asp

```
<%@codepage=936%>
<%
'生成进度 ID
Set progress = Server.CreateObject("SoftArtisans.FileUpProgress")
progressID = progress.NextProgressID()
%>
<meta http-equiv="content-type" content="text/html;charset=gbk">
<form action="uploadProgressSave.asp?progressID=<%=progressID%>"
    method="post" enctype="multipart/form-data">
标题: <input type="text" name="title" value="我的旅游照片"><br>
照片: <input type="file" name="photo1"><br>
<input type="submit" value="提交" onclick="window.open('uploadProgressShow.asp?p
rogressID=<%=progressID%>')">
</form>
```

生成进度 ID，并传递给处理页面和进度显示页面，处理页面的代码如下所示。

uploadProgressSave.asp

```
<%@codepage=936%>
<% Response.Charset="GBK"
Server.ScriptTimeOut = 600          '脚本超时 600 秒

'从 URL 中取得进度 ID
progressID = Request.QueryString("progressID")

'把进度 ID 传递给 FileUp 对象
Set Upload = Server.CreateObject("SoftArtisans.FileUp")
Upload.Path = Server.MapPath("upload")
Upload.ProgressID = progressID   '进度 ID

'保存文件
Set file = Upload.Form("photo1")
If Not file.IsEmpty Then
    file.Save
End If
response.write "OK"
%>
```

进度显示页面的代码如下所示。

uploadProgressShow.asp

```
<%@codepage=936 ENABLESESSIONSTATE=False%>
<%
Response.Charset="GBK"

'从 URL 中取得进度 ID
progressID = Request.QueryString("progressID")
```

```
' 传递进度 ID 给 FileUpProgress 对象
Set progress = Server.CreateObject("Softartisans.FileUpProgress")
progress.ProgressID = progressID

' 已上传的百分比
Percentage = progress.Percentage

' 此页面显示时，可能数据还没有开始上传，所以将百分比设置为 0
If progress.TotalBytes = 0 Then
    Percentage = 0
End If

' 如果上传没有完成，那么每 2 秒刷新一次，完成则自动关闭窗口
If NOT progress.TransferComplete Then
    Response.Write("<meta http-equiv=""Refresh"" content=2>")
Else
    Response.Write "<script>setTimeout('self.close()',2000);</script>"
End If
%>
<div align="center"><b>文件上传进度</b></div>
<hr>
进度 ID: <%=progress.ProgressID%><br>
进度条:
<!------ 用两个 DIV 模拟进度条 ------>
<div style="width:600px;height:30px;border:1px solid black;padding:2px">
    <div style="width:<%=Percentage%>%;height:100%;background-color:black"></div>
</div>
百分比: <%=Percentage%> % <br>
已上传: <%=progress.TransferredBytes%> 字节 <br>
总大小: <%=progress.TotalBytes%> 字节 <br>
```

运行效果如图 7-35 所示。

图 7-35　显示上传进度

FileUpProgress 对象还提供了 Items 集合，该集合包含了所有正在上传中的进度对象，那么遍历该集合就可以监控所有的上传动作的状态。

范例代码如下所示。

AllFileUpProgress.asp

```
<%@codepage=936 ENABLESESSIONSTATE=False%>
<% Response.Charset="GBK" %>
<meta http-equiv="Refresh" content=2>
<div align="center"><b>所有文件的上传进度</b></div><hr>
<%
'创建FileUpProgress对象
Set progress = Server.CreateObject("Softartisans.FileUpProgress")
response.write "共有" & progress.Items.Count & "个上传进度。<hr>"

'循环集合，显示每个上传进度
For Each item In progress.Items
    Percentage = item.Percentage        '已上传的百分比
%>
    进度ID: <%=item.ProgressID%><br>
    进度条:
    <div style="width:600px;height:30px;border:1px solid black;padding:2px">
        <div style="width:<%=Percentage%>%;height:100%;background:black"></div>
    </div>
    百分比: <%=Percentage%> % <br>
    已上传: <%=item.TransferredBytes%> 字节 <br>
    总大小: <%=item.TotalBytes%> 字节 <br>
    <hr>
<%
Next
%>
```

运行效果如图7-36所示。

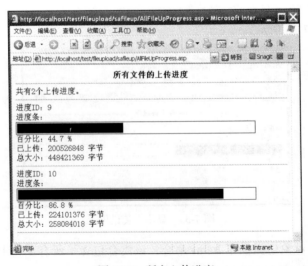

图7-36　所有上传进度

如果由于某些原因某个进度一直存在，可以使用FileUp对象的ResetAllProgressID或

ResetProgressID 方法来清除，前者没有参数，重置所有的进度，后者参数是进度 ID，只重置指定的进度，如：

```
Upload.ResetAllProgressID
Upload.ResetProgressID 3
```

8. 文件管理功能

FileUp 组件并没有内嵌文件管理功能，此功能是通过安装时由附赠的 FileManager 组件实现的。该组件是独立存在的，它除了支持 FSO 支持的所有功能外，还支持文件加密、权限控制、用户切换、二进制文件读写和 INI 文件读写等功能。

FileManager 组件由 FileManager、BinaryStream、Drive、File、Folder、TextStream 和 PermItem 几个对象组成，其中 FileManager 对象是最顶层的对象，使用以下语句即可创建：

```
Set Upload = Server.CreateObject("SoftArtisans.FileManager")
```

上传文件保存到文件服务器时，需要切换用户，可以使用 FileManager 对象的 LogonUser 方法，用法都是类似的，直接看范例，代码如下所示。

uploadFileServerSave.asp

```
<%@codepage=936%>
<% Response.Charset="GBK" %>
<%
Set Upload = Server.CreateObject("SoftArtisans.FileUp")
Upload.Path = Server.MapPath("upload")

'切换用户
Set manager=Server.CreateObject("SoftArtisans.FileManager")
manager.LogonUser "", "upload", "123456"

'保存文件
Set file = Upload.Form("photo1")
If Not file.IsEmpty  Then
    file.SaveAs "\\192.168.2.30\upload\newFile2.jpg"
    Response.Write "路径:" & file.ServerName & "<br>"
End If
%>
```

FileManager 组件的功能较多，不再一一展示，更多的功能请参考帮助文档。

9. 其他属性和方法

以下是其他一些可能用到的 FileUp 对象的属性和方法。

（1）CodePage 属性

指定对文本项目进行解码时使用的 CodePage。如数据提交编码为 UTF-8，那么应该指定 CodePage 属性为 65001，否则数据不能正确解码。不指定时则使用系统默认的

CodePage，当使用香港空间或外国空间时应该注意设置此属性。

（2）BufferSize 属性

设置读取上传数据的缓存的大小，单位是字节，默认是 63KB，可以在 2K ~ 200K 之间调整。适当地增大该值，可以提高上传速度，反之则减慢上传速度，但是进度指示会更精确一些。形式如：

```
Upload.BufferSize = 30 * 1024 '30KB
```

（3）ExpirationDate 属性

组件的过期时间。

（4）Version 属性

组件的版本。

（5）Flush 方法

如果不想保存任何数据，可以用此方法放弃全部的上传数据。

（6）SaveBinaryAs 方法

将原始的提交数据保存到文件。如：

```
Upload.SaveBinaryAs "C:\file.txt"
```

此方法应该单独使用，使用它之后，就不能再用 Form 和 FormEx 集合了。

7.5 防范上传漏洞

网站具有上传功能，就相当于对外保留了一个入口。如果对上传的数据不进行严格的验证，用户就可能上传 ASP 木马、病毒、黑客工具等恶意文件，通过系统漏洞进一步控制服务器，轻则泄露程序源代码，重则丢失重要数据、商业机密等信息。近些年来，一些知名网站、企业和部门的网站都被发现过上传漏洞，某论坛的上传漏洞更是导致无数小网站被黑，而问题的根源可能仅仅是程序员在设计时考虑不周。

7.5.1 毫无防范

ASP 新手最可能写出毫无防范的上传代码，因为他们对上传功能不熟悉，匆匆忙忙地找到一段范例代码，发现能用就完全照搬，放到自己的程序中。

表单页面的代码如下所示。

uploadNoCheck.asp

```
<%@codepage=936%>
<% Response.Charset="GBK" %>
```

```
<form name="upload" action="uploadNoCheckSave.asp"
    method="post" enctype="multipart/form-data">
文本框: <input type="text" name="text1" value="ABC"><br>
文件框: <input type="file" name="file1"><br>
<input type="submit" value=" 提交 ">
</form>
```

处理页面的代码如下所示。

uploadNoCheckSave.asp

```
<%@codepage=936%>
<!--#include File="upload_5xsoft.inc" -->
<%
Response.Charset="GBK"
Set upload=new upload_5xsoft

' 保存文件
Set file=upload.file("file1")
If file.FileSize>0 Then
    file.SaveAs(Server.MapPath("upload/" & file.FileName))
End If
Response.write "OK"
%>
```

处理页面中直接保存文件，没有任何检查，这样的上传页面，直接上传一个 ASP 木马文件即可。

7.5.2 只在客户端检查

有一些程序员会复制一段 javascript 代码，在客户端检查文件的后缀名，选择不符合条件的文件，则不能提交表单，范例代码如下所示。

uploadClientCheck.asp

```
<%@codepage=936%>
<% Response.Charset="GBK" %>
<form name="upload" action="uploadClientCheckSave.asp"
    method="post" enctype="multipart/form-data"
    onSubmit="return doCheck()">
文本框: <input type="text" name="text1" value="ABC"><br>
文件框: <input type="file" name="file1"><br>
<input type="submit" value=" 提交 ">
</form>
<script>
Function doCheck(){
    Var filePath = upload.file1.value;
    If(filePath==""){
        alert(" 请选择文件 ");
        return false;
```

```
        }
        Var pos = filePath.lastIndexOf(".");
        Var fileExt = filePath.substring(pos+1).toLowerCase();
        If(fileExt!="jpg" && fileExt!="gif"){
                alert("请选择 jpg 或 gif 文件");
                Return False;
        }
        Return True;
    }
</script>
```

在表单页面中，用户只能选择 jpg 或 gif 文件，看起来很好，但是处理页面并没有修改，与上例一样。对于这样的上传页面，只要在浏览器中禁用 JavaScript 就可以了，或者简单地将网页保存，编辑源码，去除 JavaScript 代码，修改 action 地址即可。

记住，在 Web 开发中，所有的检查需要在服务端进行，客户端的检查完全不可靠。

7.5.3 文件后缀名检验不够

在服务端，主要检查的东西是文件后缀名，因为不管是原名保存还是别名保存，通常都要保留原有的后缀名。检查的目的，就是排除有危险的后缀名，比如"asp"和"asa"等。范例代码如下所示。

uploadCheckFileExtSave.asp

```
<%@codepage=936%>
<!--#include File="upload_5xsoft.inc" -->
<%
Response.Charset="GBK"
Set upload=new upload_5xsoft

'保存文件
Set file=upload.file("file1")
If file.FileSize>0 Then
    '取得后缀名
    pos = InStrRev(file.Filename, ".")
    fileExt = LCase(Mid(file.Filename, pos+1))

    '判断后缀名
    If fileExt="asp" Or fileExt="asa" Then
            response.write "不能上传该后缀的文件"
            response.end
    End If
    file.SaveAs(Server.MapPath("upload/" & file.FileName))
End If
Response.write "OK"
%>
```

不允许的后缀名，类似于黑名单，黑名单上应该列出所有的可能，而大多数程序都会有所遗漏。对本例来说，只过滤了"asp"和"asa"，而以"cer""cdx""htr"和"shtml"为后缀的文件都可能是可以执行的。即使这些后缀都过滤了，却不料服务器还支持 asp.net，用户上传一个 aspx 后缀的文件又可以执行，过滤了 aspx，却发现 ashx 也可以执行，如此反复，总是会遗漏一些后缀名。当前 IIS 支持的后缀名可以在站点属性中的应用程序配置中查看，其中所有映射的扩展名都要过滤，如图 7-37 所示。

图 7-37　IIS 中的映射配置

建议的做法是使用白名单，只需在白名单上列出允许的后缀名即可，那么其他未知的后缀名一律不允许。对于图片上传，通常主要允许"jpg""gif""bmp"和"png"就足够了，对于视频上传，根据需要允许"rmvb""mpeg""mov""mkv""mp4"和flv"等即可。对于"网盘"这种通用上传的系统，初期可以添加大量常见的后缀名，如"rar""zip""doc""xls"和"ppt"等，然后根据用户反馈逐步添加需要的后缀名即可。

至于文件类型 Content-Type，检查的作用不大，因为它的内容是来自客户端的，想修改的话非常简单。检查它的话，只能简单地防止一些普通用户将 txt 文件后缀名改为 jpg 然后上传这种情况。

7.5.4　危险的原文件名

很多程序会将上传的文件以原文件名保存在服务器上，这样文件列表看起来清晰，使用或下载文件时也比较方便。照理说，过滤了危险后缀名后，文件名是什么应该无所谓了，反正它不能运行了。但是，请记住，原文件名是客户端提交的，可能是任何内容，完全不可靠。

几年前，外国人发现的"结束符 \0 截断"的漏洞，导致无数论坛陷落。"\0"即 ASCII 编码为 0 的字符，在一些编程语言中，它是字符串的结束符，当出现"\0"时，就表示这个字符串结束了。当客户端提交的文件名是"test.asp □ .jpg"（其中的方框代表"\0"）时，ASP 程序取得的文件名是正确的，因为 VBScript 的字符串是可以包含"\0"的，"\0"在

VBScript 中只是一个普通字符，并无特别含义。对文件名进行拆分，发现后缀名是"jpg"，符合要求，按原文件名保存文件。ASP 程序调用文件操作的组件，通常是 FSO 或 ADODB. Stream，而在它们的编程语言中，恰巧"\0"是字符串的结束符，所以实际保存的文件名是"test.asp"。

看一下测试程序，代码如下所示。

FileNameCutTest.asp

```
<%@codepage=936%>
<%
'创建文件名
fileName = "test.asp" & chr(0) & ".jpg"

'取得后缀名
pos = InStrRev(fileName, ".")
fileExt = LCase(Mid(fileName, pos+1))
response.write "后缀名: " & fileExt

'判断后缀名
If fileExt<>"jpg" Then
    response.write "不能上传该后缀的文件"
    response.end
End If

'文件路径
filePath = Server.MapPath(".") & "\" & fileName

'使用 FSO 写入文件
Set fso = CreateObject("Scripting.FileSystemObject")
Set txtFile = fso.CreateTextFile(filePath)
txtFile.Write("<")
txtFile.Write("%=now()%")
txtFile.Write(">")
txtFile.Close
Set fso = Nothing

'使用 Stream 写入文件
Set stream = Server.CreateObject("ADODB.Stream")
stream.Type = 2 '文本方式
stream.charset="gbk"
stream.Open
stream.WriteText "<"
stream.WriteText "%=now()%"
stream.WriteText ">"
stream.SaveToFile filePath,2 '覆盖
Set stream = Nothing
%>
```

运行程序，结果如图 7-38 所示。

ASP 输出的后缀名是"jpg",该文件名通过了检查。查看程序所在目录,可以发现文件"test.asp"已经生成了,FSO 和 Stream 都在"\0"处截断了文件名。尝试访问 test.asp,结果如图 7-39 所示。

图 7-38 通过了后缀名检查

图 7-39 实际保存为 ASP 文件

是的,我们使用一个小小的"\0"就通过了程序的检查,并成功上传了一个 ASP 文件。范例中只是写入了显示时间的代码,实际中可以通过该方式上传各种 ASP 木马。

除了"\0",冒号也有截断的效果,如文件名使用"test.asp:.jpg",最后也会创建文件"test.asp",但是,内容是空的,所以实际上没有什么危险。

一些程序将保存路径、文件大小和后缀的限制等关键信息放在表单的隐藏框中提交,这也是非常不可取的。保存路径与文件名一样,可以使用"\0"漏洞,至于文件大小和后缀的限制,写在客户端就等于没有写,客户端提交的所有信息都是不可信的。

避免此漏洞最好的办法是重新生成文件名,保存路径等关键信息在程序中固定或通过 Session 传递,除了后缀名和文件内容,其他信息一律不依赖客户端。 如果必须使用原文件名,建议对特殊字符进行过滤,主要是"\0"和冒号,其他 Windows 文件名中不允许使用的字符"/\|?*"<>"建议也过滤掉。

对于 AspUpload 组件,使用"\0"时,解析过程会报出错误信息"can't find file line",使用冒号时,执行可以成功,文件"test.asp"会被创建,但内容为空。对于 FileUp 组件,使用"\0"时,可以成功创建文件"test.asp",而且内容也被写入了,所以 FileUp 组件也是存在此漏洞的,应注意防范。使用冒号时,保存文件过程中报错,可能组件内部将冒号替换为了下划线。

7.5.5 IIS 解析漏洞

IIS6 有一个著名的文件名解析漏洞,常常被非法访问者利用。正常的 ASP 文件的后缀名是"asp",如"test.asp",但是,文件名"test.asp;"(后面多了一个分号)仍然被当作 ASP 文件执行。实际上,分号后面即使有更多的字符,结果也是一样的。那么,只要将一个 ASP 文件改名为"test.asp;123.jpg"之类的名字就可以通过图片文件的上传检查,然后访问该 jpg 文件即可执行 ASP 代码,如图 7-40 所示。

IIS6 还有一个目录名解析漏洞，以 ".asp" 结尾的目录中的所有文件都会被当作 ASP 执行，如名为 "1.asp" 的文件夹下有一个 "123.jpg" 文件，里面写有 ASP 代码，那么访问这个 jpg 文件，即可执行 ASP 代码，如图 7-41 所示。

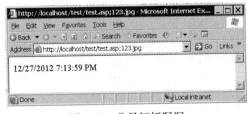

图 7-40　分号解析漏洞　　　　　图 7-41　目录名解析漏洞

这个漏洞利用起来稍微麻烦一些，需要想办法创建以 ".asp" 结尾的目录，如某些系统会为每个用户创建单独的目录，目录名称使用的是用户名，那么就可以注册含有 ".asp" 的用户，然后上传含有 ASP 代码的 jpg 文件即可。

以上只是以包含 "asp" 举例。实际上将目录名或文件名中的 "asp" 替换为 "asa" "cer" 或 "cdx" 等都是可以的，具体支持哪些需要查看 IIS 映射的扩展名。

微软公司认为这两个漏洞只是设计缺陷，所以并没有发布系统补丁。那么，修补漏洞就要依靠服务器管理员和程序员自己了。较好的办法是在 IIS 中增加 URLRewrite 支持，将非法的 URL 访问转向到错误页，这样程序就无需修改了。

依靠程序防范漏洞的话，对于文件名解析漏洞，建议过滤分号，更干脆一些，可以将后缀名之外的所有字符 "." 都替换掉。对于目录名解析漏洞，注意避免创建以 ".asp" ".asa" 等结尾的文件夹即可。

IIS7 并不存在这两个漏洞，但是不排除发现新的解析漏洞的可能。

综合以上信息，建议在解析上传数据得到文件名后，马上进行特殊字符过滤，过滤函数的范例代码如下所示。

```
'过滤文件名
Function FilterFileName(fileName)
    fileName = replace(fileName,chr(0),"")
    fileName = replace(fileName,":","")

    Dim filterStr,i,filterChar
    filterStr = "/\|?*""<>;"
    For i = 1 To Len(filterStr)
            filterChar = mid(filterStr,i,1)
            fileName = replace(fileName,filterChar,"_")
    Next
    FilterFileName = fileName
End Function
```

7.5.6 文件内容并不可靠

对于上传的文件内容本身，服务端实际上是有些无奈的。比如文件名是"123.jpg"，但文件内容其实可以是音乐文件、Word 文档、RAR 压缩包，或者干脆是一个病毒文件，服务端根本无法辨别每一个文件的内容是否正确。有些程序会通过读写文件头的方法检测文件，但实际上意义不大，伪造文件头很容易。上传程序能做的其实只是尽可能过滤危险的文件名，想尽办法保证文件保存后不能被执行。

除了程序控制之外，可以在 IIS 的应用程序设置中，将保存上传文件的目录的执行权限改为"无"，如图 7-42 所示。这样，用户访问该目录下的脚本文件或可执行文件时，IIS 将返回"禁止执行访问"的错误页面。

图 7-42　IIS 中的应用程序设置

7.5.7 其他注意事项

"千里之堤，溃于蚁穴"，一个看似严密的系统，通常因为很小的疏忽而导致陷落。上传页面通常是系统最好的突破口，作为程序员，要防范每一个有上传功能的页面。如上传头像、上传附件和备份文件等页面通常都不是网站的重点功能，程序员一般都不太重视，抄来一段代码，能用就行了，于是就留下了漏洞。

对于一些所见即所得的编辑器也要慎重使用，如 eWebEditor 和 FCKeditor 等编辑器就曾经暴露出上传漏洞。要使用的话，最好到官方网站下载最新版本，及时留意官方的信息，有漏洞时要迅速打补丁。

将上传的文件保存到独立的文件服务器上，也是比较好的办法，只是下载文件时要略微麻烦一些。最后，使用高版本的 IIS、及时打补丁也是必不可少的。

7.6　下载文件

下载文件的请求通常都是由 IIS 直接处理的，我们无需插手，但以下一些场合可能需要通过程序来控制下载，如：

❑ 希望点击链接时，可以下载文本文件或图片文件，而不是在浏览器中直接打开。
❑ 需要验证用户是否有下载的权限。

❑ 出于安全的考虑，需要将文件放在 Web 目录之外。

❑ 服务器限制了可以直接下载的文件类型。

通过 ASP 程序下载文件时，需要将下载的链接地址指向对应的 ASP 文件，ASP 文件需要输出必要的 Head 信息和文件数据，必要时，可以在 URL 中传递 ID 或文件路径之类的信息。使用此种方式下载文件时，所有的数据都是通过 ASP 引擎输出的，下载效率会比 IIS 直接处理有些下降，所以，此种方式只适用于下载较小的文件。

7.6.1 文件下载简介

文件下载主要需要设置以下 3 个 Head 信息。

1. Content-Type

数据的 MIME 类型，如 text/plain、image/jpeg、image/gif 和 application/msword 等，通过它可以告知浏览器当前发送数据的类型，浏览器可以根据它执行不同的操作，如图片和文本直接显示、Word 文件用 Word 软件打开等。表示类型未知可以使用" application/octet-stream"。

2. Content-Disposition

数据的处理方式，可选值有 inline 或 attachment，表示在浏览器内显示或作为附件打开。

3. Content-Length

数据的字节大小。

下载的文件内容，可以通过文件读入、程序生成、和数据库读出等方式获得，方式不重要，只要能获得数据即可。获得的数据通常是二进制数据，输出时需要使用 BinaryWrite 方法。

以下是一个输出 JPG 图片文件的范例。

downloadExample.asp

```
<%@codepage=936%>
<%
' 获取文件数据
Set stream = CreateObject("ADODB.Stream")
stream.Type = 1                ' 二进制方式
stream.Open
stream.LoadFromFile Server.MapPath("maoshu.jpg")
fileData = stream.Read         ' 所有数据
fileSize = stream.size         ' 字节数
stream.close
Set stream=nothing
```

```
' 输出 Head
Response.ContentType = "image/jpeg"            ' 数据类型
Response.AddHeader "Content-Length", fileSize  ' 数据长度

' 输出文件数据
response.BinaryWrite fileData
%>
```

输出某个文件时，通常使用 ADODB.Stream 对象获取文件数据，程序的运行结果如图 7-43 所示。

图 7-43　输出 JPG 图片

此时，downloadExample.asp 就相当于一个图片文件，我们可以在 HTML 中引用它。如有以下一段 HTML 内容：

```
<table width="400" border="1">
    <tr>
        <td><img src="downloadExample.asp" width="300"></td>
        <td width="100">猫叔 </td>
    </tr>
</table>
```

显示效果如图 7-44 所示。

图 7-44　在 HTML 中引用该图片

如果想显示两次图片，那么就用两个"<img>"标签就可以了，想显示 100 次，就用 100 个标签。此时，downloadExample.asp 和普通的图片文件没有什么区别。

7.6.2 强制弹出保存对话框

对于 TXT 文件和图片文件，浏览器通常都会直接显示，Word 文件、Excel 文件、PPT 文件和 PDF 文件有时也会直接显示。如何让浏览器不显示，而是弹出保存对话框呢？只要设置 Head 中的 Content-Disposition 行即可，格式如下所示：

```
Response.AddHeader "Content-Disposition","attachment;"
```

修改程序，增加该 Head 行的输出，浏览器将弹出保存对话框，如图 7-45 所示。

图 7-45　强制弹出保存对话框

选择打开时，将使用默认的关联程序打开该文件，选择保存时，将弹出保存对话框。从图可以看出，默认的文件名是 downloadAttachment.jpg，非常不友好。如果该程序可以根据 ID 输出不同文件的话，所有的文件都使用这一个名字，也不太好。

实际上，Content-Disposition 还有一个参数 filename，可以指定使用的文件名，格式如下所示。

```
Response.AddHeader "Content-Disposition","attachment;filename=猫叔.jpg"
```

修改程序，运行结果如图 7-46 所示。

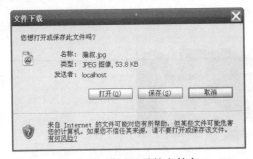

图 7-46　设置显示的文件名

如果文件名包含空格或"()<>@,;:\"/[]?="等一些特殊字符，建议用双引号将文件名括起来。

7.6.3　文件名乱码的问题

上例在简体中文系统运行得很好，但是如果用户使用的是不同语言的系统呢？图 7-47 是英文系统访问 downloadAttachment.asp 的结果。

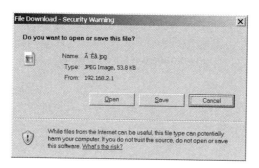

图 7-47　英文系统下的保存对话框乱码情况

图 7-48 是繁体中文系统的结果。

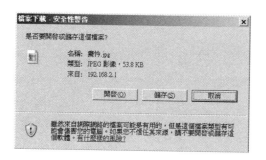

图 7-48　繁体中文系统下的保存对话框乱码情况

从图可以看出，文件名乱码了，原因出在哪里呢？这是因为 downloadAttachment.asp 在 Head 信息中输出的文件名是 GBK 编码的，如图 7-49 所示。

图 7-49　Head 信息中的文件名

此处转换受到页面 CodePage 的影响，由于范例中使用的 CodePage 是 936，所以输出的是"猫叔"两个字的 GBK 编码。输出的字节是"C3 A8 CA E5"，把它当作 Latin1，结果就是"Ã ¨ Êâ"；当作 Big5，结果就是"癒怜"。也就是说，我们的程序是按 GBK 输出的，而访问者的对话框是根据系统的 CodePage 显示的，二者不一致的时候就会乱码。

那么有什么办法可以解决这个问题吗？其实 IE 还支持文件名写成 URL 编码的形式，不过只有 UTF-8 编码的才可以，如"猫叔"两个字应该使用"%E7%8C%AB%E5%8F%94"，使用"%C3%A8%CA%E5"是不行的。

范例如下所示。

downloadAttachmentOK.asp

```
<%@codepage=936%>
<%
'获取文件数据
Set stream = CreateObject("ADODB.Stream")
stream.Type = 1              '二进制方式
stream.Open
stream.LoadFromFile Server.MapPath("maoshu.jpg")
fileData = stream.Read       '所有数据
fileSize = stream.size       '字节数
stream.close
Set stream=nothing

'转换文件名为 UTF-8 的 URL 编码
response.codepage=65001
filename = Server.URLEncode(" 猫叔 ") & ".jpg"

'输出 Head
Response.ContentType = "image/jpeg"              '数据类型
Response.AddHeader "Content-Length", fileSize    '数据长度
Response.AddHeader "Content-Disposition","attachment;filename=" & filename

'输出文件数据
response.BinaryWrite fileData
%>
```

修改后，英文系统访问结果如图 7-50 所示。

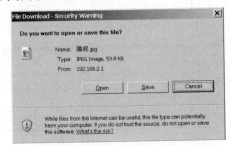

图 7-50　修改程序后，英文系统下的显示情况

繁体中文系统结果如图 7-51 所示。

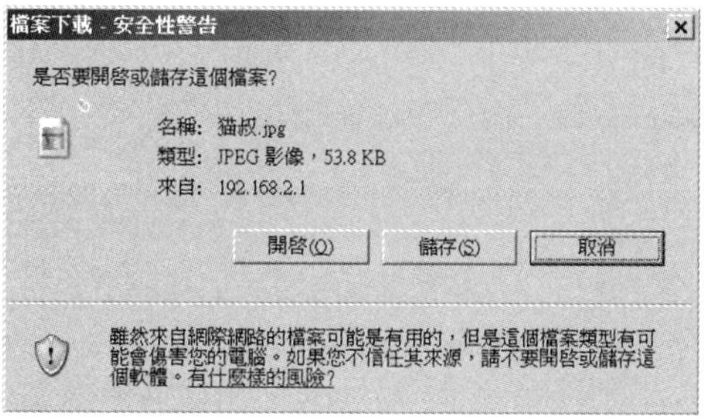

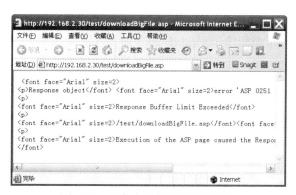

图 7-51 修改程序后，繁体中文系统下的显示情况

注意，只对文件名编码，后缀名".jpg"不要编码。IE 之外的浏览器对此特性的支持可能略有不同，由于浏览器兼容性不是本书重点，所以不赘述。

7.6.4 支持大文件下载

通过 ASP 方式下载大文件时，BinaryWrite 方法会报错，如图 7-52 所示。

图 7-52 下载大文件时的错误信息

这是因为 ASP 的输出缓存也是有大小限制的，当数据大小超过了缓存的限制，就会报错。在 IIS6 中，输出缓存的值是通过 MetaBase 中的 AspBufferingLimit 项来设置的，默认值是 4 194 304，即 4MB，在 IIS5.1（即 XP 系统）中该值默认是 128MB。

解决该问题的一个办法是增大 IIS 中的 AspBufferingLimit 值，另一个办法是采用多次输出的方式，即每次只输出一小块数据，不断循环，直至输出所有数据。范例代码如下。

downloadBigFile.asp

```
<%@codepage=936%>
<%
'脚本超时 600 秒
Server.ScriptTimeOut = 600
```

```
'获取文件数据
Set stream = CreateObject("ADODB.Stream")
stream.Type = 1              '二进制方式
stream.Open
stream.LoadFromFile Server.MapPath("TigerMap.zip")
fileSize = stream.size       '字节数

'输出 Head
Response.ContentType = "application/x-zip-compressed"   '数据类型
Response.AddHeader "Content-Length", fileSize           '数据长度
Response.AddHeader "Content-Disposition","attachment;filename=Test.zip"

'输出文件数据
readBlockSize = 2*1024*1024                  '每块 2MB
readBlock = stream.Read(readBlockSize)       '读取一块数据
Do While Lenb(readBlock)>0
    Response.BinaryWrite readBlock           '写入缓冲区
    Response.Flush                           '输出缓冲区数据
    readBlock=stream.Read(readBlockSize)
Loop
stream.close
Set stream=nothing
%>
```

范例中每次从 Stream 对象中读取 2MB 的数据写入输出缓冲区，然后强制输出缓冲区的数据到客户端，如此反复，直至所有数据输出完毕。输出较大的文件时注意设置脚本超时时间。

7.6.5 支持文件缓存

比如有一篇游记，其中有几十张照片，是通过 <img> 标签直接引用的 jpg 文件。第一次访问该网页时速度会比较慢，因为有几十张照片需要载入，但是，当第二次访问时速度就很快了，网页会瞬间载入完成，因为这些照片已经下载过了，浏览器会直接使用缓存文件。如果尝试将这几十张照片通过 ASP 文件输出，会发现每次打开这个网页都很慢，因为每次都会重新下载这几十张照片。

问题出在哪里呢？让我们做个小实验，分别用浏览器访问 maoshu.jpg 和 download-Example.asp，它们的效果是一样的，都是输出"猫叔"的照片。使用工具抓取 HTTP 数据，结果如图 7-53 所示。

GET	200	55.41 K	image/j... http://localhost/test/download/maoshu.jpg
GET	304	164	image/j... http://localhost/test/download/maoshu.jpg
GET	200	55.36 K	image/j... http://localhost/test/download/downloadExample.asp
GET	200	55.36 K	image/j... http://localhost/test/download/downloadExample.asp

图 7-53 访问图片和 ASP 的抓包记录

可以看到，直接访问 jpg 文件时，第一次返回状态码是 200，也就是 OK，第二

次返回的状态码是 304，也就是"Not Modified"，返回的数据只有 164 字节。访问
downloadExample.asp 时，则每次状态码都是 200，每次返回的数据都是 55.36KB，说明每
次都重新下载了图片。

让我们看一下详细的 HTTP 信息，如图 7-54 所示是直接访问 jpg 文件时的 HTTP 数据，
左侧是浏览器发送的数据，右侧是服务端返回的数据。

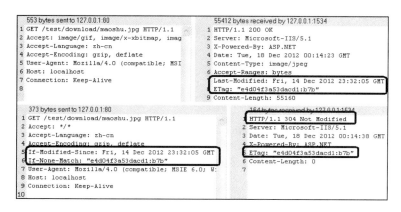

图 7-54　访问 jpg 文件时的 HTTP 数据

图 7-55 是访问 downloadExample.asp 时的 HTTP 数据。

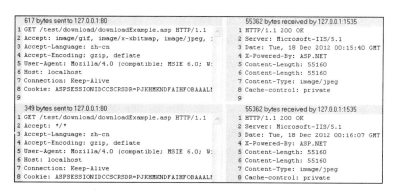

图 7-55　访问 ASP 文件时的 HTTP 数据

对比后可以发现，访问 downloadExample.asp 时，两次的交互数据没什么差别，而第一
次访问 jpg 文件时，服务端返回了"Last-Modified"和"ETag"两行数据，浏览器在发出
第二次请求时，则使用了"If-Modified-Since"和"If-None-Match"这两项，服务端则返
回了"304 Not Modified"。

"Last-Modified"和"If-Modified-Since"对应，"ETag"和"If-None-Match"对应，
它们是 HTTP 定义的用来检查缓存是否需要更新的 Head 项。"Last-Modified"指文件的修
改时间，"ETag"即 Entity Tags 指实体标签，实体标签类似于文件的版本标识，实体标签

不同就代表着文件不同，实体标签可以是任意的字符串，只要能够随着文件的变化而变化，能够用来区分文件的不同版本即可，生成的方式由应用程序自己控制。由于文件修改时间只能精确到秒，所以修改频繁的文件建议使用实体标签，它更加精确。修改时间和实体标签这两者可以只使用一种，不要求必须同时使用。

GET 请求中有 "If-Modified-Since" 或 "If-None-Match" 时，此 GET 请求就是一个有条件的 GET 请求，只有服务端的文件修改时间大于 "If-Modified-Since" 的指定值，或文件的实体标签与 "If-None-Match" 不相同时，服务端才会正常返回文件的数据部分，否则只会返回 "304 Not Modified" 的 Head 部分，不会返回文件数据。

下面尝试使用 "Last-Modified" 和 "If-Modified-Since" 来控制数据的输出。范例如下。

downloadCache.asp

```asp
<%@codepage=936%>
<%
'取得 If-Modified-Since 值
IfModifiedSince = Request.ServerVariables("HTTP_IF_MODIFIED_SINCE")

'不为空，直接返回 304
If IfModifiedSince<>"" Then
    Response.Status = "304 Not Modified"
    Response.End
End If

'获取文件数据
Set stream = CreateObject("ADODB.Stream")
stream.Type = 1              '二进制方式
stream.Open
stream.LoadFromFile Server.MapPath("maoshu.jpg")
fileData = stream.Read      '所有数据
fileSize = stream.size      '字节数
stream.close
Set stream=nothing

'输出 Head
Response.ContentType = "image/jpeg" '数据类型
Response.AddHeader "Content-Length", fileSize '数据长度
Response.AddHeader "Last-Modified", "Tue, 18 Dec 2012 00:14:38 GMT" '修改时间

'输出文件数据
response.BinaryWrite fileData
%>
```

清空浏览器缓存，然后访问几次 downloadCache.asp，抓取的 HTTP 信息如图 7-56 所示。

GET	200	55.41 K	image/j... http://localhost/test/download/downloadCache.asp
GET	304	184	text/html http://localhost/test/download/downloadCache.asp
GET	304	184	text/html http://localhost/test/download/downloadCache.asp
GET	304	184	text/html http://localhost/test/download/downloadCache.asp

图 7-56 支持缓存后的结果

可以看到，目的达到了，后面几次都是返回状态码 304，并且没有文件数据返回。范例中出于简单的目的，直接判断了"If-Modified-Since"值是否为空，不为空则直接返回304，因为这个图片没有人去修改它，实际中应该获取文件的修改时间，与"If-Modified-Since"值进行对比。注意，获取的"If-Modified-Since"值和输出的"Last-Modified"都是GMT 格式的时间，注意转换。

使用"ETag"和"If-None-Match"时，也是类似的。从 Request.ServerVariables 集合获取"If-Modified-Since"值时，参数使用"HTTP_IF_MODIFIED_SINCE"；获取"If-None-Match"时使用"HTTP_IF_NONE_MATCH"即可。

与"If-Modified-Since"和"If-None-Match"相对应的，还有"If-Unmodified-Since"和"If-Match"，后两者是前两者的反义词，通常都是使用前两者，后两者使用得不多。

7.6.6 支持分段下载

支持分段下载，也就是支持文件的断点续传，二者的实质都是下载文件的部分数据。以下载工具"网络蚂蚁"为例，它在下载一个文件时，可以几只蚂蚁共同工作，分别下载文件的不同部分，从而加快整个文件的下载速度。在每个下载任务前有一个环形图标，如果它是彩色的，表示该任务支持分段下载，可以几只蚂蚁同时下载，如果它是灰色的，则表示不支持分段下载，只能有一只蚂蚁工作。如图 7-57 中的 TigerMap.zip 是直接下载的zip 文件，它的图标是彩色的，有 3 只蚂蚁在工作，而 Test.zip 是通过 ASP 输出的文件，它的图标是灰色的，只有一只蚂蚁在工作。

状态	文件	优	大小	比率	字节/秒	已用时间	剩余时间	蚂...	错...
	TigerMap.zip	3	252,034K	16%	101K	00:00:13	00:42:35	3	0
	Test.zip	3	252,034K	9%	99K	00:01:20	00:36:03	1	0

图 7-57 直接下载文件和通过 ASP 下载文件的区别

查看第一个任务的每只蚂蚁，可以看到它们都是"正在接收数据.."的状态，查看第二个任务，它的第一只蚂蚁也是"正在接收数据.."的状态，第二只则说"这个站点不支持续传，蚂蚁中断"，如图 7-58 所示。

那么，问题出在哪里呢？为什么第二只蚂蚁说站点不支持续传呢？它是根据什么判断的呢？让我们先看一下第一个任务的 HTTP 数据。

如图 7-59 所示是第一只蚂蚁的 HTTP 数据，左侧是浏览器发送的数据，右侧是服务端返回的数据。

图 7-58　第二只蚂蚁无法下载

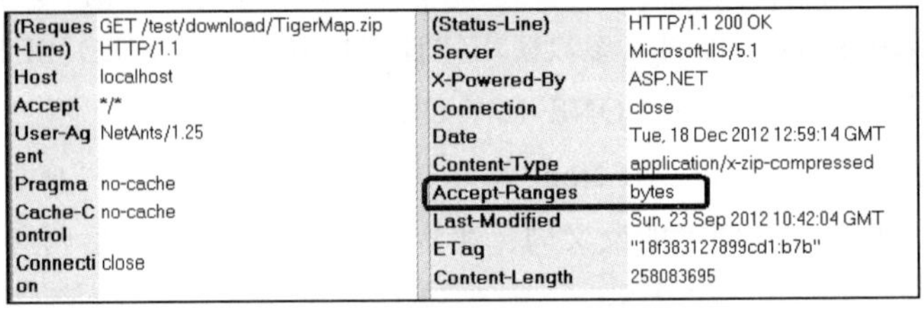

图 7-59　直接下载文件时，第一只蚂蚁的 HTTP 数据

如图 7-60 所示是第二只蚂蚁的 HTTP 数据。

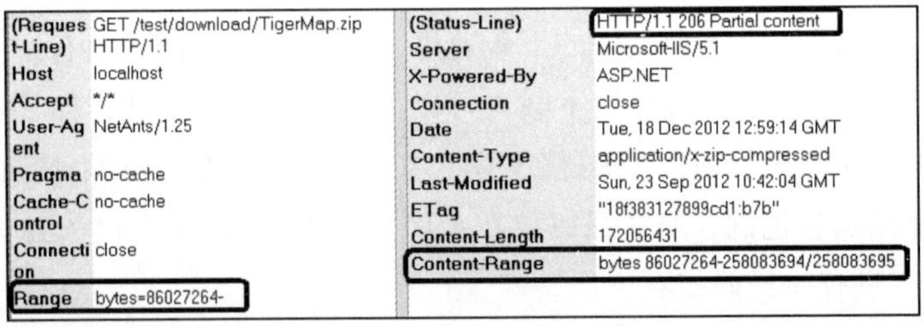

图 7-60　直接下载文件时，第二只蚂蚁的 HTTP 数据

第一只蚂蚁的请求就是普通的 GET 请求，服务端返回的状态码是 200，Content-Length 值是整个文件的大小，没有什么特别的。细心点的读者可以发现，服务端的返回中多了一个 Accept-Ranges 行，该行明确告诉了客户端，服务端是支持该文件的分段下载的。但在此处，它没什么作用，因为网络蚂蚁根本没有理会它。

第二只蚂蚁的请求则比较特殊，多了一个 Range 行，通过该行告诉服务端：我要下载该文件的 86027264 字节往后的数据。注意，字节的偏移是从 0 开始的，所以实际是下载第 86027265 个字节开始往后的数据。服务端返回的状态码是"206 Partial content"，指出是部分数据，Content-Range 行则指出返回数据的范围，Content-Length 则是该段数据的字节长度。

第三只及更多蚂蚁是类似的，只是数据范围不同而已。

　　而第二个任务的第二只蚂蚁，服务端返回的状态码是 200，说明服务端并没有识别请求中的 Range 行，是不支持分段下载的（支持的话必须返回状态码 206），服务端将会返回整个文件的数据，第二只蚂蚁发现后，马上中断了数据接收，并通知用户"该站点不支持断点续传"。

　　那么，ASP 输出文件时，如果想支持分段下载，就需要注意以下几点：

❑ 判断请求中是否有 Range 行，有则取得请求的数据范围。

❑ 有 Range 行，状态码返回 206，没有 Range 行则返回 200。

❑ 响应 Head 中增加 Content-Range 行，指出返回数据的范围，要注意格式。

❑ Content-Length 应该是返回数据段的字节大小。

　　范例代码如下所示。

downloadRange.asp

```
<%@codepage=936%>
<%
' 脚本超时 600 秒
Server.ScriptTimeOut = 600

' 获取文件数据
Set stream = CreateObject("ADODB.Stream")
stream.Type = 1              ' 二进制方式
stream.Open
stream.LoadFromFile Server.MapPath("TigerMap.zip")
fileSize = stream.size    ' 字节数

' 取得请求中的 Range 行
Range=Request.ServerVariables("HTTP_RANGE")
If Range="" Then
    ' 正常请求，正常输出即可
    Response.Status="200 OK" ' 状态码
    Response.AddHeader "Content-Length", fileSize        ' 数据长度
    Response.AddHeader "Accept-Ranges", "bytes"          ' 声明支持分段下载
         Else
    ' 分段下载请求，取得起始点
    Range = Mid(Range,7) '86027264-
    rangeStart = Clng(Split(Range,"-")(0)) '86027264

    ' 起始点必须在 0 ~ fileSize-1 之间
    If rangeStart<0 or rangeStart>fileSize-1 Then
         stream.close
         set stream=nothing
         Response.Status="416 Requested range not satisfiable"   ' 状态码
         Response.End
    End If
```

```
        ' 输出 Head
        Response.Status="206 Partial Content"                    '状态码
        Response.AddHeader "Content-Length", fileSize-rangeStart  '数据长度
        Response.AddHeader "Content-Range", "bytes " & rangeStart & "-" & (fileSize-1)
& "/" & fileSize

        ' 移动 Stream 对象的指针到起始点
        stream.position = rangeStart
    End If
    Response.ContentType = "application/x-zip-compressed"        '数据类型
    Response.AddHeader "Content-Disposition","attachment;filename=Test.zip"

    ' 输出文件数据
    readBlockSize = 2*1024*1024                  '每块 2MB
    readBlock = stream.Read(readBlockSize)       '读取一块数据
    Do While Lenb(readBlock)>0
        Response.BinaryWrite readBlock           '写入缓冲区
        Response.Flush                           '输出缓冲区数据
        readBlock=stream.Read(readBlockSize)
    Loop
    stream.close
    Set stream=nothing
%>
```

使用"网络蚂蚁"下载此 ASP 文件，可以发现，任务前的环形图标变成彩色的了，第二只蚂蚁、第三只蚂蚁都可以正常接收数据了，我们的目的达到了。不过有一点要注意，由于 Stream 对象会将整个文件载入内存，所以多只蚂蚁下载时，会带来内存占用的剧增，可能导致内存不足。

第 8 章 *Chapter 8*

图 片 处 理

8.1 AspJpeg 组件

8.1.1 组件简介

AspJpeg 组件是最常用的图片处理组件，它功能强大，使用广泛，支持 JPEG、GIF、BMP、TIFF 和 PNG 格式图片，可以进行图片的缩放、裁剪、锐化等常用操作，支持自由画图，支持 EXIF 信息读取等。

AspJpeg 组件的官方网站是 http://www.aspjpeg.com，可以从这里下载最新版的试用版组件。

8.1.2 对象组成

AspJpeg 组件由以下几个对象组成：

❑ AspJpeg 对象，最主要的顶层对象，负责大部分的处理功能。

❑ Canvas 对象，即画布，用户挥毫泼墨、自由作图的地方。

❑ Brush 对象，即笔刷，是作图用的小刷子。

❑ Pen 对象，即钢笔，也是作图工具。

❑ Font 对象，即字体，设置作图时所用的字体信息。

❑ Info 对象，图片的元数据，是 InfoItem 的集合。

❑ InfoItem 对象，代表图片元数据的每个项目。

❑ Gif 对象，专门用来处理 GIF 图片的对象。

对象间的关系如图 8-1 所示。

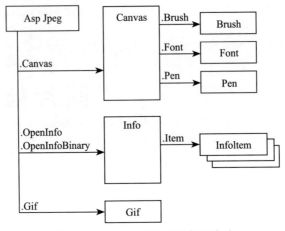

图 8-1　AspJpeg 组件的对象间关系

8.1.3　基本操作

创建 AspJpeg 对象时，使用以下语句即可。

```
Set jpeg = Server.CreateObject("Persits.Jpeg")
```

基本操作过程如下例所示。

Sample.asp

```
<%@codepage=936%>
<%
'创建 AspJpeg 对象
Set jpeg = Server.CreateObject("Persits.Jpeg")

'打开图片文件进行处理
jpeg.Open Server.MapPath("thinker.jpg")

'从二进制数据打开图片
'....
jpeg.OpenBinary rs("image_blob").Value

'或者创建空白图片，宽度 400 像素，高度 300 像素，背景色为蓝色
jpeg.New 400,300,&HDDDDDD&

'进行一些处理

'设置图片质量，100 为最好，0 为最差
jpeg.Quality=100
```

```
'保存到文件
jpeg.Save Server.MapPath("thinker2.jpg")

'或者取得二进制数组，可以保存到数据库
byteArray = jpeg.Binary

'或者直接写入 Response
jpeg.SendBinary

'释放
Set jpeg = nothing
%>
```

打开文件或创建文件，完成处理后，保存到文件、数据库或输出到客户端。

8.2 自由画图

自由画图需要使用 Canvas 对象，通过 AspJpeg 对象的 Canvas 属性可以得到它，然后调用它的各种画图方法即可。

8.2.1 画图的坐标系

画图时，操作单位就不是字符了，而是像素。每张图片都是一个长方形，它的左上角是坐标原点，从原点水平向右是 X 轴，垂直向下是 Y 轴，那么根据 X 和 Y 的值就可以确定一个像素点的位置。如一张图片宽 400 像素，高 300 像素，那么它的右下角坐标就是 (400,300)。

坐标系的示意如图 8-2 所示。

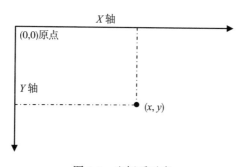

图 8-2 坐标系示意

8.2.2 画各种形状

1. 绘制形状的方法列表

Canvas 对象提供了多种形状的绘制方法，有圆弧、长方形、圆形、椭圆、直线、饼图、四边形和圆角矩形，对应的方法如表 8-1 所示。

表 8-1　绘制形状的方法列表

图的形状	画图方法	参数说明
圆弧	DrawArc(X, Y, Radius, StartAngle, ArcAngle)	X 和 Y 是圆心的坐标，Radius 是圆的半径，Start-Angle 是圆弧开始的角度，ArcAngle 是圆弧所跨越的角度，圆弧是逆时针绘制的
长方形	DrawBar(Left, Top, Right, Bottom)	Left 和 Top 是长方形左上角的坐标，Right 和 Bottom 是右下角的坐标
圆形	DrawCircle(X, Y, Radius)	X 和 Y 是圆心的坐标，Radius 是圆的半径
椭圆	DrawEllipse(Left, Top, Right, Bottom)	椭圆的绘制范围其实就是一个长方形，参数是长方形的左上角和右下角的坐标
直线	DrawLine(x1, y1, x2, y2)	起点和终点的坐标
饼图	DrawPie(X, Y, Radius, StartAngle, EndAngle)	类似于圆弧，只是最后一个参数 EndAngle 是结束位置的角度，而不是跨越的角度
四边形	DrawQuad(X1, Y1, X2, Y2, X3, Y3, X4, Y4)	分别对应四边形 4 个点的坐标
圆角矩形	DrawRoundRect(Left, Top, Right, Bottom, CornerWidth, CornerHeight)	类似于长方形，最后两个参数指定圆角的宽和高

下面看一个简单的范例。

drawShape.asp

```
<%
'创建 AspJpeg 对象
Set jpeg = Server.CreateObject("Persits.Jpeg")

'创建空白图片，宽度 400 像素，高度 300 像素，背景色为蓝色
jpeg.New 400,300,&HDDDDDD&

'取得画布对象
Set canvas = jpeg.Canvas
'jpeg.Canvas.brush.Solid=false

'在画布上画一个圆弧，圆心坐标是 (250,250)
'半径是 50 像素，开始角度是 120°，跨度是 270°（逆时针方向绘制圆弧）
canvas.DrawArc 250,250,50,120,270

'画一个长方形，它的左上角坐标是 (30,50)，右下角坐标是 (100,150)
canvas.DrawBar 30,50,100,150

'画一个圆形，圆心坐标是 (100,240)，半径是 50
canvas.DrawCircle 100,240,50

'画一个椭圆，它所在的长方形的左上角坐标是 (0,0)，右下角坐标是 (150,30)
canvas.Ellipse 0,0,150,30
```

```
'画直线，用起点坐标和终点坐标指定
'画两条对角线
canvas.DrawLine 0,0,400,300
canvas.DrawLine 0,300,400,0

'画两条水平线
canvas.DrawLine 0,100,400,100
canvas.DrawLine 0,200,400,200

'画 3 条竖线
canvas.DrawLine 100,0,100,300
canvas.DrawLine 200,0,200,300
canvas.DrawLine 300,0,300,300

'画饼图，圆心坐标 (350,150)，半径是 50°
'开始角度是 60°，结束角度是 270°
canvas.DrawPie 350,150,50,60,270

'画一个四边形，用 4 个角的坐标来指定
canvas.DrawQuad 250,20,350,80,200,120,150,30

'画圆角矩形，给定两个角的坐标，圆角的宽是 50，高是 30
canvas.DrawRoundRect 150,130,250,190,50,30

'画点，可以用 DrawLine 方法间接实现
canvas.DrawLine 50,180,51,180

'指定图片质量为 100，即最好
jpeg.Quality=100

'保存到当前路径下，名称为 shape.jpg
jpeg.Save Server.MapPath("shape.jpg")

'释放变量
Set jpeg = nothing
%>
<img src="shape.jpg"></img>
```

运行结果如图 8-3 所示。

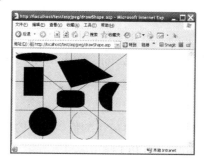

图 8-3 绘制各种形状

2. 如何画一个点

Canvas 对象并没有提供画点的方法，但可以通过 DrawLine 方法间接实现。如想在 (*x*, *y*) 坐标处画一个点，那么可以从 (*x*, *y*) 到 (*x*+1, *y*) 画一条直线，结果就是一个点。

任何图案都是由若干的点组成的，所以理论上可以用画点的方法画出任何图案。如下例，使用公式计算每个点的坐标，画出了一个三叶玫瑰线。

drawThreeLeafedRose.asp

```
' 根据三叶玫瑰线的公式，计算每个点的坐标
For i = 1 To 150 Step 0.02
x=int(i*(sin(i)*sin(3*i))*2)+300
y=int(i*(cos(i)*sin(3*i)))+150
canvas.DrawLine x,y,x+1,y      ' 在 (x,y) 坐标处画点
Next
```

运行结果如图 8-4 所示。

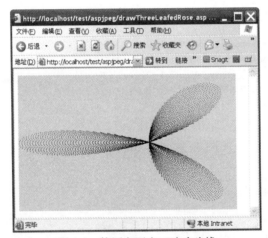

图 8-4　使用点画出三叶玫瑰线

3. 设置形状的填充颜色

从 drawShape.asp 的运行结果可以看出，长方形、圆形、椭圆、饼图、四边形和圆角矩形在默认条件下都是以黑色填充的。填充颜色是由 Brush 对象决定的，可以通过 Canvas 对象的 Brush 属性得到它。它有 3 个属性：Color、Opacity 和 Solid。

- ❏ Color 属性指定形状的填充颜色，也是用 6 位十六进制的形式指定，它只影响上面提到的几种形状，默认值是黑色。
- ❏ Opacity 属性指定遮光度，是一个 0 ~ 1 的值。为 0 的时候，完全透明，为 1 的时候完全不透明。只影响 FillPolyEx 和 FillEllipseEx 方法。该属性从 AspJpeg 的 2.1 版本才开始支持。

❑ Solid 属性指定是否进行填充，它是一个布尔值，True 的时候，填充颜色，False 的
时候不填充，默认是 True。该属性不影响 FillPolyEx 和 FillEllipseEx 方法。

这几个属性可以在绘制过程中进行切换，只影响之后所绘制的形状。那么，在一个图
片中，多个形状就可以有不同的颜色，不同的透明度；一些填充颜色，而另外一些则可以
不填充。

对 drawShape.asp 进行一些简单的修改，在不同的时机下设置 Color 和 Solid 属性，如
下例所示。

drawShapeFillColor.asp

```
' 画一个长方形，它的左上角坐标是 (30,50)，右下角坐标是 (100,150)
canvas.brush.Color=&HFFFF00         ' 指定填充颜色
canvas.DrawBar 30,50,100,150

' 画一个圆形，圆心坐标是 (100,240)，半径是 50
canvas.brush.Color=&H33FF00         ' 指定填充颜色
canvas.DrawCircle 100,240,50

' 画一个椭圆，它所在的长方形的左上角坐标是 (0,0)，右下角坐标是 (150,30)
canvas.brush.Color=&HFF33AA         ' 指定填充颜色
canvas.Ellipse 0,0,150,30

canvas.brush.Solid=False             ' 之后的形状不填充颜色
```

运行结果如图 8-5 所示。

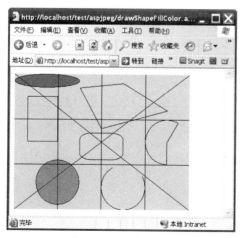

图 8-5　设置填充颜色

4. 设置线条的颜色和宽度

我们已经知道了如何设置形状的填充颜色，那么，形状的边线（线条）如何设置呢？

使用 Pen 对象即可, 可以通过 Canvas 对象的 Pen 属性得到它。它有 3 个属性: Color、Opacity 和 Width。

❑ Color 属性指定线条的颜色, 默认值是黑色。

❑ Opacity 属性指定遮光度, 是一个 0 ~ 1 的值。为 0 的时候, 完全透明, 为 1 的时候完全不透明。只影响 DrawLineEx 方法。该属性从 AspJpeg 的 2.1 版本才开始支持。

❑ Width 属性指定线条的宽度, 默认是 1 像素。

这几个属性也可以在绘制过程中进行切换, 在适当的时机设置不同的颜色和宽度, 就可以画出五花八门的图形。

使用举例如下:

```
canvas.Pen.Width=5              '线条宽度 5 像素
canvas.Pen.Color=&HCC88AA       '设定线条颜色
```

对 drawShape.asp 进行一些修改后, 得到 drawShapeLineColor.asp, 运行结果如图 8-6 所示。

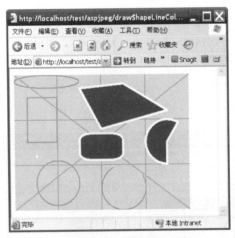

图 8-6 设置线条的颜色和宽度

8.2.3 添加文字

1. 使用 PrintText 方法

在图片上添加文字可以使用 Canvas 对象的 PrintText 方法, 它的格式如下:

```
PrintText(X, Y, TextString, Language)
```

即在坐标 (x, y) 处打印 TextString 指定的文字, 最后的 Language 参数是可选的, 如果指定的文字是 US ASCII 字符集以外的字符时, 应该通过它说明所使用的字符集, 它的默认值是 1。Language 的可选值如表 8-2 所示。

表 8-2 参数 Language 的可选值

Language 值	对应字符集	Language 值	对应字符集
0	ANSI_CHARSET	177	HEBREW_CHARSET
1	DEFAULT_CHARSET	178	ARABIC_CHARSET
2	SYMBOL_CHARSET	161	GREEK_CHARSET
128	SHIFTJIS_CHARSET	162	TURKISH_CHARSET
129	HANGEUL_CHARSET	163	VIETNAMESE_CHARSET
134	GB2312_CHARSET	222	THAI_CHARSET
136	CHINESEBIG5_CHARSET	238	EASTEUROPE_CHARSET
255	OEM_CHARSET	204	RUSSIAN_CHARSET
130	JOHAB_CHARSET	77	MAC_CHARSET
186	BALTIC_CHARSET		

通常，我们会把文字放在图片的几个特定位置上，如左上角、右下角、居中等，而
PrintText 方法的坐标是所要打印的第一个文字的左上角的坐标，这就需要我们计算一下。

文字放在左上角的话，比较简单，根据要留的边距，直接指定坐标即可。如左边距 10
像素，上边距 10 像素，那么坐标使用 (10,10) 即可。其他位置会稍微麻烦一点，下面就看
一下当文字居中放置时，坐标应该如何计算。

我们看一下如图 8-7 所示的示意图。

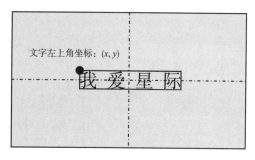

图 8-7 文字居中的示意

稍微想一下，就可以得到 x 和 y 的计算公式：

$$x = (图片宽度 - 文字宽度)/2$$
$$y = (图片高度 - 文字高度)/2$$

图片的宽度和高度是已知的，我们还需要知道文字的宽度和高度，而文字所用的字
体、大小、粗体、斜体之类的设置都会影响宽度和高度的值，这是个很棘手的问题。还好，
AspJpeg 组件提供了一些支持。

宽度使用 Canvas 对象的 GetTextExtent 方法获取，它有两个参数，一个是要打印的文字，一个是可选的 Language 参数（我们还是无视它）。该方法返回指定文字的像素宽度，当然，是在当前字体设置条件下的。字体设置的不同，该方法的返回值也会不同。

很可惜，AspJpeg 没有提供获取高度的方法，我们只能自己估计一下。如果字体设置固定，度量一下高度即可。

看一下范例。

printText.asp

```
<%
'创建 AspJpeg 对象
Set jpeg = Server.CreateObject("Persits.Jpeg")

'创建空白图片，宽度 300 像素，高度 200 像素，背景色为白色
jpeg.New 300,200,&HFFFFFF&

'取得画布对象
Set canvas = jpeg.Canvas

'画一个黑色边框
canvas.Brush.Solid = False
canvas.DrawBar 0,0,300,200

'要打印的文字
text = " 小坦克真厉害 "

'左上角打印文字
canvas.PrintText 0,0,text

'居中打印文字
textWidth = canvas.GetTextExtent(text)    '文字宽度
textHeight = 24                           '字符高度
canvas.PrintText (300-textWidth)/2,(200-textHeight)/2,text

'右下角打印文字
canvas.PrintText (300-textWidth),(200-textHeight),text

'指定图片质量为 100，即最好
jpeg.Quality=100

'保存到当前路径下，名称为 printText.jpg
jpeg.Save Server.MapPath("printText.jpg")

'释放变量
Set jpeg = nothing
%>
<img src="printText.jpg"></img>
```

运行结果如图 8-8 所示。

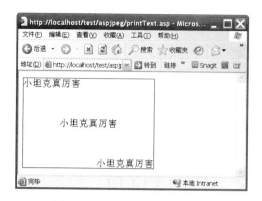

图 8-8 在不同的位置输出文字

Font 对象的 Size 属性的值近似等于所打印的文字的高度，要求不高时可以使用。

2. 使用 PrintTextEx 方法

AspJpeg 组件从 1.8 版本开始，给 Canvas 对象增加了一个 PrintTextEx 方法，它的功能更加强大，格式如下：

```
PrintTextEx(TextString, X, Y, FontPath)
```

即在坐标 (x, y) 处打印 TextString 所指定的文字，但是，这个 (x, y) 不是文字左上角的坐标，而是左下角的坐标，千万要注意。

要打印的文字可以包含回车换行，使用 VbCrLf 即可，在图片中会换行显示。这是 PrintTextEx 方法的特性，PrintText 方法则不支持。

参数 FontPath 是字体文件的物理路径，如"C:\windows\fonts\MSYH.TTF"是微软雅黑的字体文件。这个路径不要求一定是系统 Fonts 目录，任何路径都可以，只要是正确的即可。很容易想到，利用这一特性，可以做一个演示字体的小程序，只要根据用户的选择，指定不同的字体文件，在图片中打印一段文字即可。但是，这个特性也带来了一点小麻烦，当我们没什么特殊要求的时候，仅仅想打印几个文字而已，却也要指定这个路径，这麻烦了一点。

AspJpeg 对象还提供了一个 WindowsDirectory 属性，它可以返回 Windows 目录，如"C:\WINDOWS"。那么上面的"C:\windows\fonts\MSYH.TTF"就可以写为"jpeg. WindowsDirectory & "\fonts\MSYH.TTF""。建议大家一直这样写，可以不受操作系统版本的影响。

printTextEx 方法是一个 Function，是有返回值的，它返回的是所打印的文字的宽度，也就是 GetTextExtent 方法所做的。

对 printText.asp 略加修改，打印文字的程序部分修改如下。

printTextEx.asp

```
' 要打印的文字，包含换行
text = "我爱玩星际" & vbcrlf & "小坦克真厉害"

' 左上角打印文字
fontPath = jpeg.WindowsDirectory & "\fonts\SIMSUN.TTC"    ' 宋体
textWidth = canvas.PrintTextEx(text,0,24,fontPath)         ' 返回值是文字宽度
textHeight = canvas.ParagraphHeight                        ' 所有文字整体高度

' 水平间距50像素再输出另外的文字
canvas.PrintTextEx "嘎嘎",textWidth+50,24,fontPath

' 文字下面画一条线
canvas.DrawLine 0,textHeight+3,300,textHeight+3
```

运行结果如图 8-9 所示。

图 8-9　使用 PrintTextEx 方法输出文字

想居中显示的话，再用 printText 方法中介绍的办法已经不行了，GetTextExtent 方法的返回值已经不正确了。不过，printTextEx 方法已经内置了对齐方式，不必我们再过分担心。

printTextEx 方法表面的东西都已经介绍完了，而更多的功能是通过 Font 对象的属性设置来实现的。

3. 字体设置

字体设置通过 Font 对象实现，可以通过 Canvas 对象的 Font 属性得到它。字体设置应该在 printText 或 printTextEx 方法之前进行，每次设置只影响之后的文字效果。

Font 对象有多个属性，一些属性是给 printText 方法使用的，一些是给 printTextEx 方法使用的，另外的一些则是两者通用的。

（1）PrintText 方法支持的属性

PrintText 方法支持的 Font 属性还是比较多的，如表 8-3 所示。

表 8-3 PrintText 方法支持的 Font 属性

属 性	含 义	说 明
BkColor	背景颜色	6 位十六进制形式的颜色表示方法，要求 BkMode 属性不能是"Transparent"值
BkMode	背景模式	默认值是字符串"Transparent"，即表示文字背景是透明的，若设置为其他任何值，则 BkColor 属性生效
Bold	是否粗体	默认是 False
Color	文字颜色	6 位十六进制形式的颜色表示方法，默认是黑色
Family	字体集	通过名称指定，如"宋体""隶书""微软雅黑"等
Italic	是否斜体	默认是 False
Quality	文字质量	可选值： 0 (Default) 默认 1 (Draft) 草图 2 (Proof) 样稿 3 (Non-Antialiased) 非消除锯齿 4 (Antialiased) 消除锯齿 如果 BkMode 值是"Opaque"（即不透明）的话，则效果始终是反锯齿
Rotation	旋转角度	逆时针旋转的角度，默认是 0
ShadowColor	阴影颜色	6 位十六进制形式的颜色表示方法
ShadowXoffset	阴影水平偏移	默认 0 像素
ShadowYoffset	阴影垂直偏移	默认 0 像素
Size	文字大小	默认是 24 像素
Underlined	是否下划线	默认是 False

看一下综合使用的范例。

printTextFont.asp

```
<%
'创建 AspJpeg 对象
Set jpeg = Server.CreateObject("Persits.Jpeg")

'创建空白图片，宽度 500 像素，高度 400 像素，背景色为白色
jpeg.New 500,400,&HFFFFFF&

'取得画布对象
Set canvas = jpeg.Canvas

'画一个黑色边框
canvas.Brush.Solid = False
canvas.DrawBar 0,0,500,400

'取得字体对象
Set font = canvas.Font

'循环输出几行文字，对应 4 种质量
y = 10
```

```
For size = 20 To 36 Step 4
    font.Size = size '字体大小
    x = 10
    For quality = 1 To 4
            font.Quality = quality              '质量
            canvas.PrintText x,y,"小坦克"
            x = x + 120
    Next
    y = y + 30
Next

'背景不透明，背景色为黄色
font.BkMode = "Opaque"                          '用了它，就始终为反锯齿
font.BkColor = &HFFFFB5&

'输出带背景色文字
canvas.PrintText 10,170,"小坦克真厉害"

'切换字体颜色为红色
font.Color = &HDB2B02&

'粗体文字
font.Bold = True
canvas.PrintText 250,170,"小坦克真厉害"

'斜体文字
font.Italic = True
canvas.PrintText 10,220,"小坦克真厉害"

'下划线文字
font.Underlined = True
canvas.PrintText 250,220,"小坦克真厉害"

'切换字体集
font.Family = "华文彩云"
canvas.PrintText 10,270,"小坦克真厉害"

'阴影文字
font.Size = 72
font.ShadowColor = &HFCDB04&                    '阴影颜色
font.ShadowXoffset = 4                          '阴影水平偏移 4 像素
font.ShadowYoffset = 2                          '阴影垂直偏移 2 像素
canvas.PrintText 10,320,"小坦克真厉害"

'旋转文字
font.BkMode = "Transparent"                     '改成透明的
font.Rotation =45                               '逆时针旋转 45 度
canvas.PrintText 50,280,"小坦克真厉害"

'指定图片质量为 100，即最好
jpeg.Quality=100
```

```
' 保存到当前路径下，名称为printTextFont.jpg
jpeg.Save Server.MapPath("printTextFont.jpg")

' 释放变量
Set jpeg = nothing
%>
<img src="printTextFont.jpg"></img>
```

运行结果如图 8-10 所示。

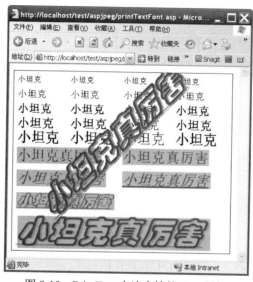

图 8-10　PrintText 方法支持的 Font 属性

从运行结果可以看出，如果文字没有背景颜色，那么效果惨不忍睹，因为实际上根本没有对它进行反锯齿处理，即使 Quality 属性已经指定为 4 了。如果想追求更好的效果，可使用 PrintTextEx 方法。

（2）PrintTextEx 方法支持的属性

PrintTextEx 方法支持的 Font 属性不是很多，如表 8-4 所示。

表 8-4　PrintTextEx 方法支持的 Font 属性

属　　性	含　　义	说　　明
Align	对齐方式	可选值： 0 左对齐，默认值 1 右对齐 2 居中对齐 3 两端对齐 如果值不是 0，则 Width 属性必须设置
Color	文字颜色	6 位十六进制形式的颜色表示方法，默认是黑色

（续）

属　性	含　义	说　明
Opacity	遮光度	0～1之间的数字。如果是0，则文字完全透明，即看不见了。如果是1，则完全不透明。该方法适合用来做文字水印
Rotation	旋转角度	逆时针旋转的角度，默认是0
Size	文字大小	默认是24像素
Spacing	多行文字行间隔	单位是像素。正数增加间隔，负数则减少间隔
Width	文字打印区域的宽度	单位是像素。限制了区域宽度后，必要时，文字会被换行

Align属性和Width属性要配合使用。如果是左对齐，那么Width属性可以不设置，而对于其他的对齐方式，Width属性都要设置。文字的对齐方式是指文字在Width属性指定的打印区域内的对齐方式，所以，Width属性会影响文字的位置。如调用PrintTextEx方法时，X坐标是100，Font对象的Width属性设置为200，那么打印区域就是从X=100到X=300这个范围。文字会根据Align属性在这个范围内左对齐、右对齐或居中对齐等。

看一下综合使用的范例。

printTextExFont.asp

```
<%
'创建 AspJpeg 对象
Set jpeg = Server.CreateObject("Persits.Jpeg")

'创建空白图片，宽度400像素，高度300像素，背景色为白色
jpeg.New 400,300,&HFFFFFF&

'取得画布对象
Set canvas = jpeg.Canvas

'画一个黑色边框
canvas.Brush.Solid = False
canvas.DrawBar 0,0,400,300

'画十字线
canvas.DrawLine 0,150,400,150
canvas.DrawLine 200,0,200,300

'取得 Font 对象
Set font = canvas.Font

'字体路径
fontPath = jpeg.WindowsDirectory & "\fonts\SIMSUN.TTC"

'文字左对齐（左对齐不用设置 Width 属性）
canvas.PrintTextEx " 左对齐 ",0,24,fontPath

'文字右对齐
```

```
font.align=1
font.width = 400
canvas.PrintTextEx "右对齐",0,24,fontPath

'文字居中对齐
font.align=2
font.width = 400
canvas.PrintTextEx "居中对齐",0,24,fontPath

'文字左半部右对齐
font.align=1
font.width = 200
canvas.PrintTextEx "左半部右对齐",0,60,fontPath

'文字右半部居中对齐
font.align=2
font.width = 200
canvas.PrintTextEx "右半部居中对齐",200,60,fontPath

'字体颜色
font.color=&HAA33AA&
canvas.PrintTextEx "小坦克",0,150,fontPath

'不透明度0.3
font.opacity = 0.3
canvas.PrintTextEx "小坦克",200,150,fontPath
font.opacity = 1  '改回来

'文字大小
font.size = 36
canvas.PrintTextEx "小坦克" & vbcrlf & "好厉害",0,200,fontPath

'行间隔增加10像素
font.spacing = 10
canvas.PrintTextEx "小坦克" & vbcrlf & "好厉害",200,200,fontPath

'加个旋转的"绝密"文字
font.align=0
font.width = 400
font.size = 160
font.opacity = 0.1
font.Rotation = 45
canvas.PrintTextEx "绝密",100,300,fontPath

'指定图片质量为100,即最好
jpeg.Quality=100

'保存到当前路径下,名称为printTextExFont.jpg
jpeg.Save Server.MapPath("printTextExFont.jpg")

'释放变量
```

```
Set jpeg = nothing
%>
<img src="printTextExFont.jpg"></img>
```

运行结果如图 8-11 所示。

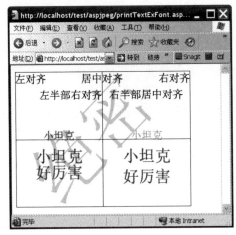

图 8-11　PrintTextEx 方法支持的 Font 属性

8.2.4　添加图片

添加图片可以使用 Canvas 对象的 DrawImage 方法、DrawPNG 方法或 DrawPNGBinary 方法。DrawImage 方法是较为通用的一个方法，它可以支持多种图片格式，而后两个方法则要求图片必须是 PNG 格式的（从 1.8 版本开始，也支持 GIF 图片了）。

首先看一下 DrawImage 方法的格式：

```
DrawImage(X, Y, Picture, Opacity, TranspColor,TranspDeviation)
```

❑ X 和 Y 是所要添加图片的左上角在画布中的坐标。

❑ Picture 应该是一个 AspJpeg 对象，可以用它新建一个图片或打开一个图片，进行一些处理之后，再添加到当前图片中。

❑ 后 3 个参数是可选的，其中 Opacity 是遮光度，是一个 0 ~ 1 之间的数字，0 的时候完全透明，1 的时候完全不透明。

❑ TranspColor 是用来指定所要添加图片的透明颜色值，它是 6 位十六进制颜色值。

❑ TranspDeviation 则是透明颜色值的偏差量，它是 0 ~ 255 之间的数字，默认是 0。JPEG 是一种有损的压缩算法，所以压缩时一些像素点的颜色值会有一些失真。比如原来是 255，保存为 JPEG 时，可能变为了 254。如果按 255 去透明颜色，那么 254 这个点就漏掉了，所以需要有偏差量这个参数。偏差量的值同时影响 RGB 3 种颜色，而且包含正负偏差，如透明颜色指定为 &H20E040，偏差量指定为 10，那么实

际上从 &H16D636 到 &H2AEA4A 这个范围的颜色值都可认为是透明色，即每两位十六进制值加上正负 10 的偏差。

下面再看一下 DrawPNG 方法和 DrawPNGBinary 的格式：

```
DrawPNG(X, Y, Path)
DrawPNGBinary(X,Y,Image)
```

同样，X 和 Y 是坐标，Path 是 PNG 文件的物理路径，Image 是 PNG 图片的二进制数据。两个方法一个操作文件，一个操作二进制数据，其他都是一样的。

讲到这里，要介绍一下 PNG 图片的 Alpha 通道。通常，一个图片只保存每个像素点的颜色值，而增加的 Alpha 通道则保存了每个像素点的透明度值，0 是完全透明，255 是完全不透明，每个像素点的透明度可以独立调节，0 ~ 255 之间的任何值都可以。我们只要在作图时选择透明背景，导出时选择支持 Alpha 透明的格式即可。Alpha 通道使 PNG 图片可以完美地放置在其他背景图片上，不再像 GIF 和 JPG 那样留下难看的图片边缘。

PNG 有 3 种格式：

❑ PNG8，只有 256 种颜色，和 GIF 比较类似，支持索引色透明和 Alpha 透明。

❑ PNG24，不支持透明，但是颜色数变多了。

❑ PNG32，在 PNG24 的基础上增加了 Alpha 通道。

所以，实际应用时应该使用 PNG8+Alpha 透明或 PNG32 格式。具体到绘图软件，在 FireWorks 中导出图片时，可以直接选择以上几项。当在 PhotoShop 中导出图片时，可以选择 PNG8 或 PNG24，若选择后者，则选择透明度一项，最后导出的就是 PNG32。

下面看一下范例。

drawImageTransparency.asp

```
<%
' 创建 AspJpeg 对象
Set jpeg = Server.CreateObject("Persits.Jpeg")

' 创建空白图片，宽度 650 像素，高度 400 像素，背景色为浅黑色
jpeg.New 650,400,&H333333&

' 取得画布对象
Set canvas = jpeg.Canvas

' 用另一个 AspJpeg 对象打开要添加的图片
Set jpeg2 = Server.CreateObject("Persits.Jpeg")
jpeg2.open server.mappath("pic/bird.jpg")

' 添加该图片
canvas.DrawImage 10,10,jpeg2

' 添加该图片，透明色使用白色
```

```
canvas.DrawImage 220,10,jpeg2,,&HFFFFFF&

'添加该图片，透明色使用白色，偏差量是 10
canvas.DrawImage 430,10,jpeg2,,&HFFFFFF&,10

'直接用 DrawPng 方法追加，图片是 PNG8+Alpha 透明
canvas.DrawPng 10,210,server.mappath("pic/birdPNG8.png")

'直接用 DrawPng 方法追加，图片是 PNG24
canvas.DrawPng 220,210,server.mappath("pic/birdPNG24.png")

'直接用 DrawPng 方法追加，图片是 PNG32
canvas.DrawPng 430,210,server.mappath("pic/birdPNG32.png")

'保存到当前路径下，名称为 drawImageTransparency.jpg
jpeg.Save Server.MapPath("drawImageTransparency.jpg")

'释放变量
Set jpeg = nothing
%>
<img src="drawImageTransparency.jpg"></img>
```

运行结果如图 8-12 所示。

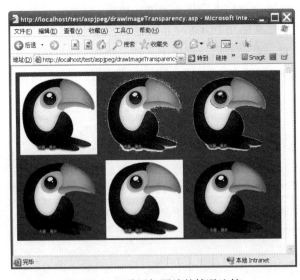

图 8-12　几种添加图片的情况比较

第一个图片是 JPG 的原图，可以看到有大片的白色背景。指定白色为透明颜色后，背景被去掉了很多，但是，留下了很多杂点。指定偏差量为 10 后，杂点变少了，但图片仍有白色边缘，而且小鸟眼睛下边已经出现了黑线，说明有一些不该透明的点被透明了。如果继续增大偏差量的话，图片会变得更加惨不忍睹。

第二排第一个图片是PNG8+Alpha透明的，可以看到，它没有白色背景，图片边缘非常完美，如果仔细观看的话，可以发现颜色有一些失真，因为它只有256种颜色。后面一个图片是PNG24的，它不透明，与JPG格式有些类似。最后一个图片是PNG32的，非常完美，无需多说。

GIF图片也支持Alpha透明，但是效果没有PNG那么完美。比如有阴影的部分，GIF为了显示阴影，会保留一些背景颜色，而PNG不会这样。从1.8版本开始，DrawPNG方法增加了对GIF图片的支持。添加GIF图片时，应尽量用DrawPNG方法代替DrawImage方法，以享受Alpha透明带来的优化效果。

8.3 图片处理

8.3.1 图片缩放

缩放图片很简单，直接设置新的宽度或高度即可。建议将PreserveAspectRatio属性设置为True，这样可以保持宽高的比例。

范例代码如下所示。

resizeImage.asp

```
<%@codepage=936%>
<%
'打开图片
Set jpeg = Server.CreateObject("Persits.Jpeg")
jpeg.Open Server.MapPath("thinker.jpg")

'图片信息
response.write "图片格式: " &jpeg.OriginalFormat & "<br>"
response.write "原始宽度: " &jpeg.OriginalWidth & "<br>"
response.write "原始高度: " &jpeg.OriginalHeight & "<br>"

'设置新宽度
jpeg.width = 150
jpeg.Save Server.MapPath("thinkerResize1.jpg")

'重新打开，设置新宽度
jpeg.Open Server.MapPath("thinker.jpg")
jpeg.PreserveAspectRatio = true   '保持比例
jpeg.width = 150
jpeg.Save Server.MapPath("thinkerResize2.jpg")

'设置高度
jpeg.height = 150
jpeg.Save Server.MapPath("thinkerResize3.jpg")
```

```
' 释放变量
Set jpeg = nothing
%>
<img src="thinker.jpg"/>
<img src="thinkerResize1.jpg"/>
<img src="thinkerResize2.jpg"/>
<img src="thinkerResize3.jpg"/>
```

运行结果如图 8-13 所示。

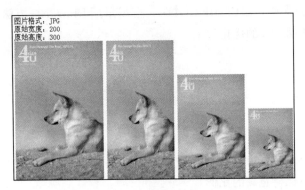

图 8-13　图片缩放

8.3.2　图片裁剪

图片裁剪使用 Crop 方法，格式如下：

```
Crop(x0, y0, x1, y1)
```

其中 (x0, y0) 是待裁剪区域的左上角坐标，(x1, y1) 是右下角坐标。

范例代码如下所示。

CropImage.asp

```
<%@codepage=936%>
<%
'打开图片
Set jpeg = Server.CreateObject("Persits.Jpeg")
jpeg.Open Server.MapPath("thinker.jpg")

'裁剪
jpeg.Crop 40,100,200,270

'保存
jpeg.Quality=100
jpeg.Save Server.MapPath("thinkerCrop.jpg")

'打开裁剪后的图片
```

```
jpeg.Open Server.MapPath("thinkerCrop.jpg")

' 裁剪（坐标超过了图片大小）
jpeg.Canvas.Brush.Color = &HDDDDDD
jpeg.Crop -5, -5, jpeg.Width + 5, jpeg.Height + 5

' 保存
jpeg.Quality=100
jpeg.Save Server.MapPath("thinkerCrop2.jpg")

' 释放变量
Set jpeg = nothing
%>
<img src="thinker.jpg"></img>
<img src="thinkerCrop.jpg"></img>
<img src="thinkerCrop2.jpg"></img>
```

运行结果如图 8-14 所示。

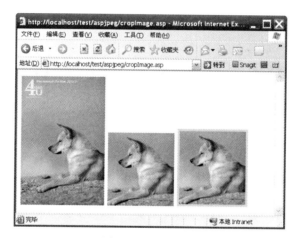

图 8-14　图片裁剪

当坐标超过图片大小时，则自动扩大画布，相当于给图片增加了边框。

8.3.3　图片锐化

图片锐化，使用 Sharpen(Radius, Amount) 方法，参数 Radius 表示每个像素周围锐化的半径，单位是像素，通常使用 1 或 2；参数 Amount 表示锐化的程度，以百分比表示，应大于 100。

范例代码如下所示。

SharpenImage.asp

```
<%@codepage=936%>
<%
```

```
' 打开图片
Set jpeg = Server.CreateObject("Persits.Jpeg")
jpeg.Open Server.MapPath("thinker.jpg")

' 锐化，半径1，程度120%
jpeg.Sharpen 1,120
jpeg.Quality=100
jpeg.Save Server.MapPath("thinkerSharpen1.jpg")

' 锐化，半径2，程度200%
jpeg.Sharpen 2,200
jpeg.Quality=100
jpeg.Save Server.MapPath("thinkerSharpen2.jpg")

' 释放变量
Set jpeg = nothing
%>
<img src="thinker.jpg"></img>
<img src="thinkerSharpen1.jpg"></img>
<img src="thinkerSharpen2.jpg"></img>
```

运行结果如图 8-15 所示。

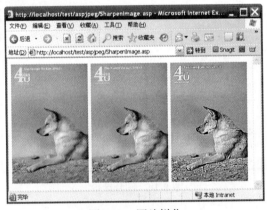

图 8-15　图片锐化

8.3.4　镜像与旋转

图片镜像，使用 FlipH 和 FlipV 方法，分别是水平镜像和垂直镜像。图片旋转，使用 RotateL 和 RotateR 方法，分别是逆时针旋转 90 度和顺时针旋转 90 度。

范例代码如下所示。

flipRotateImage.asp

```
<%@codepage=936%>
<%
Set jpeg = Server.CreateObject("Persits.Jpeg")
```

```
' 水平镜像
jpeg.Open Server.MapPath("thinker.jpg")
jpeg.FlipH
jpeg.Save Server.MapPath("thinkerFlipH.jpg")

' 垂直镜像
jpeg.Open Server.MapPath("thinker.jpg")
jpeg.FlipV
jpeg.Save Server.MapPath("thinkerFlipV.jpg")

' 逆时针旋转
jpeg.Open Server.MapPath("thinker.jpg")
jpeg.RotateL
jpeg.Save Server.MapPath("thinkerRotateL.jpg")

' 顺时针旋转
jpeg.Open Server.MapPath("thinker.jpg")
jpeg.RotateR
jpeg.Save Server.MapPath("thinkerRotateR.jpg")

Set jpeg = nothing
%>
<img src="thinker.jpg"></img>
<img src="thinkerFlipH.jpg"></img>
<img src="thinkerFlipV.jpg"></img>
<img src="thinkerRotateL.jpg"></img>
<img src="thinkerRotateR.jpg"></img>
```

运行结果如图 8-16 所示。

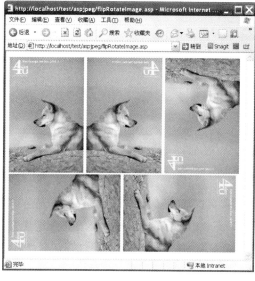

图 8-16 镜像与旋转

8.3.5 图片 EXIF 取得

取得图片的 EXIF 可以使用 OpenInfo 方法，该方法返回一个 Info 对象，它是 InfoItem 对象的集合，可以遍历或通过名称访问。

范例代码如下所示。

ImageMeta.asp

```
<%@codepage=936%>
<%
Set jpeg = Server.CreateObject("Persits.Jpeg")

'取得元数据
Set Info = Jpeg.OpenInfo( Server.MapPath("P1040793.JPG"))

'遍历
For Each Item in Info
    Response.write Item.Name & " = " & Item.Value & "[" & Item.Description & "]<br>"
Next

'取得指定的值
Response.write "光圈: " & Info("FNumber")
Set jpeg = nothing
%>
```

运行结果如图 8-17 所示。

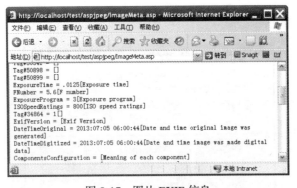

图 8-17　图片 EXIF 信息

EXIF 信息通常是数码相机写入的，每种相机写入的参数可能不同，应根据实际情况灵活运用。EXIF 中的各参数的含义可参考官方网站 www.exif.org，如图中的 Exposure time 是指曝光时间，该照片的曝光时间是 0.0125 秒，而光圈 FNumber 是 5.6，ISO 感光度是 800 等。

在缩放图片时，如果想保留 EXIF 信息，可以在打开图片之前，将 PreserveMetadata 属性设置为 True。

8.4 GIF 动画

GIF 格式的优点是支持背景透明和动画显示，缺点是支持的颜色数较少。AspJpeg 组件从 2.0 版本开始，单独提供了 Gif 对象进行 GIF 动画的处理。

8.4.1 GIF 动画

一个动画是由若干帧静态画面组成的，这些帧以一定的时间间隔进行快速显示，画面中的物体就活动了起来。

1. 帧的添加、移动、删除

添加、移动和删除 Frame 的方法如表 8-5 所示。Frame 的下标是从 1 开始的。

表 8-5 帧的添加、移动和删除方法

方　　法	参数说明
AddFrame(Width, Height, OffsetX, OffsetY)	Frame 的宽度 Frame 的高度 偏移 X 坐标 偏移 Y 坐标
MoveFrame(OriginalIndex, DesiredIndex)	要移动的 Frame 的下标 要移动到的下标
RemoveFrame(Index)	要删除的 Frame 的下标
Clear()	删除所有的 Frame

2. 添加空白帧并自由画图

使用 AddFrame 方法添加的帧，是一个空白帧，可以在上面画各种形状、打印文字等。

（1）画各种形状

画各种形状，Gif 对象支持的方法与 Canvas 对象支持的是一样的，不赘述。

更改形状的填充颜色，使用表 8-6 所示的属性。

表 8-6 更改形状的填充颜色

属　性	含　义	说　明
BrushColor	填充颜色	GIF 使用调色板，所以这里要设置为填充颜色的索引值，而不是颜色值
BrushSolid	是否填充	

更改线条的颜色和宽度，使用表 8-7 所示的属性。

（2）添加文字

添加文字，仍然是使用 PrintText 和 PrintTextEx 方法，使用方法与 Canvas 对象类似，不赘述。

表 8-7　更改线条的颜色和宽度

属　性	含　义	说　明
PenColor	线条颜色	设置为颜色的索引值
PenWidth	线条宽度	设置为宽度数字

更改文字设置，可使用如表 8-8 所示的属性。

表 8-8　更改文字设置

属　性	含　义	说　明	影响方法
FontAlign	对齐方式	可选值： 0 左对齐，默认值 1 右对齐 2 居中对齐 3 两端对齐 如果值不是 0，则 Width 属性必须设置	PrintTextEx
FontFamily	字体	如"Arial""Courier New""宋体"	PrintText
FontRotation	旋转角度	逆时针旋转的角度，默认是 0	PrintText PrintTextEx
FontSize	文字大小	默认是 24 像素	PrintText PrintTextEx
FontSpacing	多行文字行间隔	单位是像素。正数增加间隔，负数则减少间隔	PrintTextEx
FontWidth	文字打印区域的宽度	单位是像素。限制了区域宽度后，必要时，文字会被换行	PrintTextEx

注意，并未提供设置文字颜色和透明度的属性。前者可以通过 PenColor 来设置，该属性不但影响画形状的方法，还影响 PrintText 和 PrintTextEx 方法。

3. 添加图片为新帧

添加图片，使用 AddImage 方法，格式如下：

```
AddImage(Image, OffsetX, OffsetY)
```

参数 Image 是一个 AspJpeg 对象，参数 OffsetX 和 OffsetY 指定图片放置的坐标。注意，图片是单独作为新 Frame 添加到动画中的，不能添加另一个图片到当前帧了，因为再使用 AddImage 方法，新图片是放到另一个新帧中的。

添加的图片占满该帧，所以，事实上，该图片就是该帧的背景图片，可以在它的上面画各种形状，或打印文字。

4. 循环播放次数及延迟时间

使用 Loops 属性，可以指定 GIF 动画播放的次数，如 Gif.Loops = 2 则该动画播放两次后即停止不动了。默认值是 0，即无限次播放。

通过 Delay 属性，可以指定当前帧显示的时间，单位是 0.01 秒，如 Gif.Delay = 200,

则当前帧显示 2 秒，默认值是 100，即显示 1 秒。

5. 范例程序

下面看一下范例。

frameControl.asp

```
<%@codepage=936%>
<%
' 取得 Gif 对象
Set jpeg = Server.CreateObject("Persits.Jpeg")
Set Gif = Jpeg.Gif

' 添加 Frame，背景色默认是黑色
Gif.AddFrame 200, 200, 0, 0                ' 宽 200，高 200，位置 (0,0)
Gif.BrushColor  = 215                      ' 填充颜色为白色
Gif.DrawBar 0,0,200,200                    ' 画个四边形，白色填充
Gif.PrintText 100,100,"1"                  ' 中间位置打印字符 "1"
Gif.FrameToSave = 1                        ' 只保存第一帧
Gif.Save Server.MapPath("z81.gif")         ' 保存

' 添加 Frame
Gif.AddFrame 200, 200, 100, 100            ' 宽 200，高 200，位置 100,100
Gif.BrushColor  = 215                      ' 白色
Gif.DrawBar 0,0,200,200
Gif.PrintText 50,50,"2"                    ' 注意，这个坐标是当前 Frame 内的坐标
Gif.FrameToSave = 2
Gif.Save Server.MapPath("z82.gif")

' 添加 Frame
Gif.AddFrame 100, 100, 50, 50              ' 宽 200，高 200，位置 (0,0)
Gif.BrushColor  = 215                      ' 白色
Gif.DrawBar 0,0,100,100
Gif.PrintText 50,50,"3"
Gif.FrameToSave = 3
Gif.Save Server.MapPath("z83.gif")

Set cat = Server.CreateObject("Persits.Jpeg")
cat.Open Server.MapPath("sun.jpg")
Gif.AddImage cat, 100, 100
Gif.PrintText 10,10,"4"
Gif.FrameToSave = 4
Gif.Save Server.MapPath("z84.gif")

Set cat2 = Server.CreateObject("Persits.Jpeg")
cat2.Open Server.MapPath("tree.jpg")
Gif.AddImage cat2, 200, 200
Gif.PrintText 30,30,"5"
Gif.FrameToSave = 5
Gif.Save Server.MapPath("z85.gif")
```

```
Gif.width=300
Gif.height=300
Gif.FrameToSave = 0              '0保存所有Frame
Gif.Save Server.MapPath("z8_300.gif")

Gif.width=200
Gif.height=200
Gif.FrameToSave = 0              '0保存所有Frame
Gif.Save Server.MapPath("z8_200.gif")
Set jpeg = nothing

%>
<img src="z81.gif" border="0">
<img src="z82.gif" border="0">
<img src="z83.gif" border="0">
<img src="z84.gif" border="0">
<img src="z85.gif" border="0">
<img src="z8_300.gif" border="0">
<img src="z8_200.gif" border="0">
```

运行结果如图 8-18 所示。

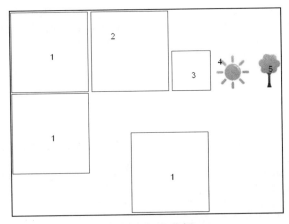

图 8-18　GIF 范例

第一行的 5 个图片是每一帧的图片，是静态的，第二行的两个图片是 GIF 动画，图片中抓取的是第一帧的内容。

Gif 对象的 width 和 height 属性不会影响每帧的内容，也不会影响文件的最终大小（Gif 文件使用两个字节记录宽度，再使用两个字节记录高度，其他数据完全一致）。类似于站在窗前看风景，窗户大，看见的风景就大，但窗户的大小不会影响风景本身，风景本来多大就多大。

8.4.2 GIF 调色板

1. 全局调色板与局部调色板

一个 GIF 图片可以包含多个 Frame，如果多个 Frame 使用的颜色差不多，那么可以将这些颜色放置在全局调色板中，每个 Frame 使用全局调色板中的索引值来表示每种颜色，这样可以避免颜色的重复定义，节约大量的空间。

如果个别 Frame 使用的颜色差别较大，那么可以将这些颜色放置在该 Frame 自己内部的调色板中，即局部调色板，该调色板只有该 Frame 自己使用，其他 Frame 仍然使用全局调色板。

如果每个 Frame 都有自己的调色板，那么全局调色板就可以不使用了。

一个调色板可以包含 2、4、8、16、32、64、128，或 256 种颜色，最多只有 256 种颜色，所以 GIF 格式不适合保存风景照片之类的图片。每个 Frame 都可以定义 256 种颜色，可以与其他 Frame 定义的不同，所以总的颜色数是可以大于 256 的，但这没什么意义，因为单个 Frame 能使用的颜色数有限。

在调色板中，每个颜色使用 3 个字节来表示，3 个字节分别代表颜色值中的红绿蓝。如黑色 RGB 值是 (0,0,0)，那么 3 个字节就是 &H000000，白色 RGB 值是 (255,255,255)，那么 3 个字节就是 &HFFFFFF。

由于图片中的颜色值都是使用索引来表示的，所以，只要更改了调色板中的颜色，整个图片就改变了。如把调色板中下标是 1 的颜色值由 &H000000 改为 &HFFFFFF，那么图片中所有黑色的像素点都变成了白色。

2. 使用内置调色板

AspJpeg 组件内置了 3 种调色板：

❑ 216 种 Web 安全色
❑ 16 种标准 HTML 颜色
❑ 256 种灰度颜色

可以使用 SetStockPalette 方法进行设置，格式如下：

```
SetStockPalette(Global, Type)
```

Global 为 True 时，表示设置全局调色板，为 False 时，表示设置当前 Frame 的局部调色板。Type 的可选值为 1、2 和 3，分别表示 3 种调色板。

PaletteSize 方法可以取得调色板的大小，参数为 True 取全局调色板的大小，为 False 取当前 Frame 的局部调色板的大小。

PaletteItem 方法取得调色板中指定下标的颜色值，0、1、2 分别对应第一个颜色的红绿蓝，3、4、5 对应第二个颜色的红绿蓝，以此类推。

下面输出 3 种调色板的颜色看一下。

colorPalette.asp

```
<%@codepage=936%>
<%
' 取得 Gif 对象
Set jpeg = Server.CreateObject("Persits.Jpeg")
Set Gif = Jpeg.Gif

' 添加 Frame，背景色默认是调色板中的第一个颜色
Gif.AddFrame 200, 200, 0, 0            ' 宽 200，高 200，位置 (0,0)
Gif.BrushColor  = 210                  ' 黄色
Gif.DrawPie 100,100,15,40,340          ' 画饼图
Call printPalette()                    ' 输出调色板中的颜色
gif.Save Server.MapPath("z7.gif")
Gif.Clear

' 添加 Frame，背景色默认是调色板中的第一个颜色
Gif.AddFrame 200, 200, 0, 0            ' 宽 200，高 200，位置 (0,0)
Gif.BrushColor  = 15                   ' 黄色
Gif.DrawPie 100,100,15,40,340          ' 画饼图
Gif.SetStockPalette True, 2            ' 设置为 16 种标准 HTML 颜色
Call printPalette()                    ' 输出调色板中的颜色
gif.Save Server.MapPath("z72.gif")
Gif.Clear

' 添加 Frame，背景色默认是调色板中的第一个颜色
Gif.AddFrame 200, 200, 0, 0            ' 宽 200，高 200，位置 (0,0)
Gif.BrushColor  = 255                  ' 白色
Gif.DrawPie 100,100,15,40,340          ' 画饼图
Gif.SetStockPalette True, 3            ' 设置为 256 种灰度颜色
Call printPalette()                    ' 输出调色板中的颜色
gif.Save Server.MapPath("z73.gif")
Gif.Clear

Set jpeg = nothing

' 输出全局调色板中的所有颜色
Sub printPalette()
    size = Gif.PaletteSize(True)       ' 全局调色板的大小
    response.write "<table><tr>"

    ' 调色板中第 0、1、2 个是第一个颜色值，第 3、4、5 个是第二个颜色值，以此类推
    For i=1 To size
            R = Gif.PaletteItem(True,(i-1)*3)      ' 红色值
            G = Gif.PaletteItem(True,(i-1)*3+1)    ' 绿色值
            B = Gif.PaletteItem(True,(i-1)*3+2)    ' 蓝色值
            color = formatColor(R,G,B)             ' 格式化成 6 位
            response.write "<td bgcolor='" & color & "'>" & (i-1)& ","& color & "</td>"
```

```
        '每 6 个折行
        If i mod 6 = 0 Then
                response.write "</tr><tr>"
        End If
    Next
    response.write "</tr></table>"
End Sub

'格式化成 FF00FF 这样的 6 位格式
Function formatColor(R,G,B)
    formatColor = ""
    If len(hex(R))=1 Then
            formatColor = formatColor & "0" & hex(R)
    Else
            formatColor = formatColor & hex(R)
    End If
    If len(hex(G))=1 Then
            formatColor = formatColor & "0" & hex(G)
    Else
            formatColor = formatColor & hex(G)
    End If
    If len(hex(B))=1 Then
            formatColor = formatColor & "0" & hex(B)
    Else
            formatColor = formatColor & hex(B)
    End If
End Function
%>
<img src="z7.gif"></img>
<img src="z72.gif"></img>
<img src="z73.gif"></img>
```

如图 8-19 所示是 216 种 Web 安全色的部分截图。

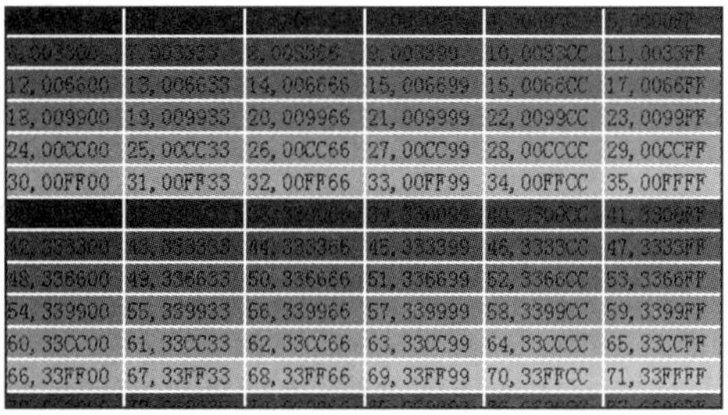

图 8-19　216 种 Web 安全色的部分内容

如图 8-20 所示是 16 种标准 HTML 颜色的截图。

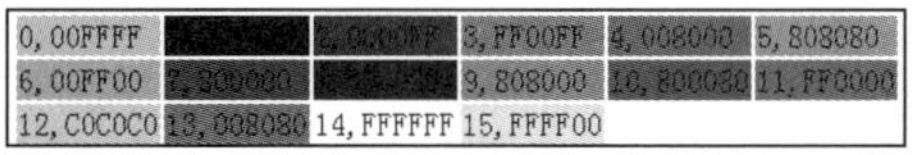

图 8-20　16 种标准 HTML 颜色

如图 8-21 所示是 256 种灰度颜色的部分截图。

图 8-21　256 种灰度颜色

使用 3 种调色板，画出的饼图如图 8-22 所示。

图 8-22　范例画出的饼图

3. 使用自定义调色板

自定义调色板可以使用 SetPalette 方法进行设置，格式如下：

```
SetPalette (Global, Palette)
```

Global 为 True 时，表示设置全局调色板，为 False 时，表示设置当前 Frame 的局部调色板。Palette 是一个数组，第 0、1、2 个元素对应第一个颜色的红绿蓝，第 3、4、5 个元素对应第二个颜色的红绿蓝，以此类推。再次注意，颜色的数量必须是 2、4、8、16、32、64、128、256。

范例如下所示。

privatePalette.asp

```
<%@codepage=936%>
<%
'取得Gif对象
Set jpeg = Server.CreateObject("Persits.Jpeg")
Set Gif = Jpeg.Gif

'调色板数组
'黑(0,0,0)、白(255,255,255)、黄(255,255,0)、蓝(0,0,255)
ColorsGlobal = Array(0,0,0, 255,255,255, 255,255,0, 0,0,255)
ColorsLocal = Array(255,255,255, 0,0,0, 255,255,0, 0,0,255)
```

```
'设置全局调色板
Gif.SetPalette True, ColorsGlobal

'添加Frame，背景色默认是调色板中的第一个颜色
Gif.AddFrame 200, 200, 0, 0          '宽200，高200，位置0,0
Gif.BrushColor  = 2                  '黄色
Gif.DrawPie 100,100,15,40,340        '画饼图
gif.Save Server.MapPath("z6.gif")'保存当前帧
Gif.Clear '清除所有帧

'添加Frame，设置私有调色板，只要在输出前设置调色板即可，因为使用的都是索引
Gif.AddFrame 200, 200, 0, 0
Gif.BrushColor  = 2
Gif.DrawPie 100,100,15,40,340
Gif.SetPalette false, ColorsLocal         '私有调色板
gif.Save Server.MapPath("z62.gif")
Gif.Clear

'添加Frame，黑色为透明色
Gif.AddFrame 200, 200, 0, 0
Gif.BrushColor  = 2
Gif.DrawPie 100,100,15,40,340
Gif.TranspColor = 0          '透明色为调色板第一个颜色（有私有，则是私有，无私有，则是全局）
gif.Save Server.MapPath("z63.gif")
Gif.Clear

'添加Frame，白色为透明色
Gif.AddFrame 200, 200, 0, 0
Gif.BrushColor  = 2
Gif.DrawPie 100,100,15,40,340
Gif.TranspColor = 0                    '透明色为调色板第一个颜色
Gif.SetPalette false, ColorsLocal'私有调色板
gif.Save Server.MapPath("z64.gif")

'释放
Set jpeg = nothing
%>
<body bgcolor="skyblue">
<img src="z6.gif"></img>
<img src="z62.gif"></img>
<img src="z63.gif"></img>
<img src="z64.gif"></img>
</body>
```

运行结果如图8-23所示。

由于全局调色板和局部调色板的第一个颜色不同，所以前两个图片的背景色截然不同。
后两个图片本应该与上两个相同，背景色一黑一白，但是由于它们都设置了背景色透明，
所以都无背景色。

图 8-23 使用自定义调色板画出的饼图

8.4.3 背景透明

图片有大片背景色的话，放在网页中会影响整体的显示效果，所以必要时需要将此背景色进行透明处理。GIF 图片的每一帧都可以设置一个透明色，每帧的透明色可以不同，使用 TranspColor 属性设置颜色索引值即可。

范例代码如下所示。

transpColor.asp

```
<%@codepage=936%>
<%
'取得Gif对象
Set jpeg = Server.CreateObject("Persits.Jpeg")
Set Gif = Jpeg.Gif

'添加Frame，默认是黑色填充
Gif.AddFrame 200, 200, 0, 0          '宽200，高200，位置0,0
Gif.BrushColor = 210                 '黄色
Gif.DrawPie 100,100,15,40,340        '画饼图
gif.Save Server.MapPath("z5.gif")    '保存当前帧
Gif.Clear                            '清除所有帧

'添加Frame，并以白色填充
Gif.AddFrame 200, 200, 0, 0
Gif.BrushColor = 215                 '白色
Gif.DrawBar -1,-1, 201, 201          '长方形覆盖画布
Gif.BrushColor = 210
Gif.DrawPie 100,100,15,40,340
gif.Save Server.MapPath("z52.gif")
Gif.Clear

'添加Frame，默认是黑色填充，黑色为透明色
```

```
Gif.AddFrame 200, 200, 0, 0
Gif.BrushColor = 210
Gif.DrawPie 100,100,15,40,340
Gif.TranspColor = 0                    '透明色是黑色
gif.Save Server.MapPath("z53.gif")
Gif.Clear

'添加 Frame，并以白色填充，白色为透明色
Gif.AddFrame 200, 200, 0, 0
Gif.BrushColor = 215
Gif.DrawBar -1,-1, 201, 201
Gif.BrushColor  = 210
Gif.DrawPie 100,100,15,40,340
Gif.TranspColor = 215                  '透明色是白色
gif.Save Server.MapPath("z54.gif")

'释放
Set jpeg = nothing
%>
<body bgcolor="skyblue">
<img src="z5.gif"></img>
<img src="z52.gif"></img>
<img src="z53.gif"></img>
<img src="z54.gif"></img>
</body>
```

运行结果如图 8-24 所示。

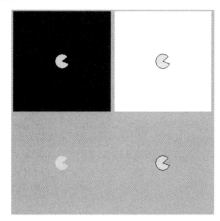

图 8-24　透明色的使用

前两个图片分别以黑色和白色作为背景色，然后画饼图。后两个图在它们的基础上分别设置了背景透明，左图使用黑色作为透明色，注意饼图的黑色线条也没有了，右图使用白色作为透明色，饼图的黑色线条仍然是保留的。

本例是每帧单独输出的，如果作为 4 帧生成 GIF 动画，需要将 DisposalMethod 属性设置为 2 才能看到效果，具体请看下文。

8.4.4 帧的过渡方式

过渡方式是指当前帧显示完之后，如何过渡到下一帧。可以使用 DisposalMethod 属性进行设置，它的可选值如表 8-9 所示。

表 8-9 过渡方式的可选值

可选值	含　义
1	什么都不做，直接把下一帧的内容显示在当前内容的上面。此过渡方式是默认值
2	画布恢复为背景色，然后显示下一帧的内容
3	画布恢复为本帧显示前的状态，然后显示下一帧的内容

如果每帧都未设置背景透明，那么每帧就是简单的覆盖显示，无需设置过渡方式。如果有一些帧设置了背景透明，那么就需要注意了，否则可能得不到想要的效果。

假设要做这样一个动画，在背景图片上，吃豆人水平地从左到右运动。

范例代码如下所示。

disposalMethod.asp

```
<%@codepage=936%>
<%
Set jpeg = Server.CreateObject("Persits.Jpeg")
Set Gif = Jpeg.Gif

'第一帧添加图片作为背景
Set bg = Server.CreateObject("Persits.Jpeg")
bg.Open Server.MapPath("bg.jpg")
Gif.AddImage bg, 0, 0

'在不同的位置画吃豆人
For i = 1 To 10
   Gif.AddFrame 500, 300, 0, 0
   Gif.TranspColor = 0                      '需要配合透明色
   Gif.BrushColor  = 210
   Gif.DrawPie 200 + i * 20, 112,15,40,340  '吃豆人
   Gif.DisposalMethod = 3                   '过渡方式
   gif.Delay = 20
Next

'保存
gif.Save Server.MapPath("z4.gif")
Set jpeg = nothing
%>
<img src="z4.gif"></img>
```

过渡方式使用 1 时，每一帧都在前一帧的基础上进行了覆盖显示，没有达到动画的效果。动画的最终显示结果如图 8-25 所示。

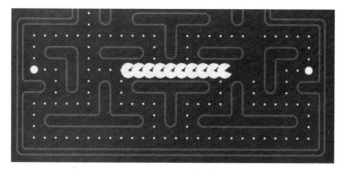

图 8-25 过渡方式为 1 时的最终显示结果

过渡方式使用 2 时，前几帧的显示效果如图 8-26 和图 8-27 所示。

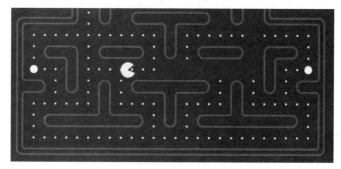

图 8-26 过渡方式使用 2 时，显示效果之一

图 8-27 过渡方式使用 2 时，显示效果之二

第一次显示吃豆人时，效果还可以。但是，当该帧显示完毕后，它覆盖的部分被恢复为了背景色，然后显示下一帧的内容，仍然是大片的白色背景，效果惨不忍睹。

过渡方式使用 3 时，前几帧的显示效果如图 8-28 和图 8-29 所示。

可以看出，效果达到了要求。第一次显示吃豆人时，当然是对的。当该帧显示完毕后，它覆盖的部分被恢复为上一帧的样子，即背景图片，然后显示下一帧的内容。下一帧显示完毕后也是类似，于是，吃豆人就动了起来。

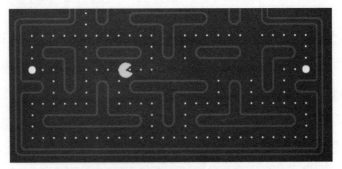

图 8-28　过渡方式使用 3 时，显示效果之一

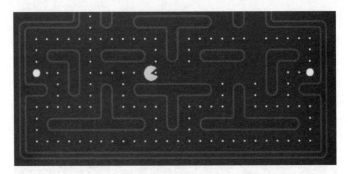

图 8-29　过渡方式使用 3 时，显示效果之二

8.4.5　GIF 图片缩放

使用 Aspjpeg 对象缩放 GIF 动画，得到的将是一个静态图片，这时应该使用 Gif 对象来缩放。范例如下所示。

resizeGif.asp

```
<%@codepage=936%>
<%
'取得Gif对象
Set jpeg = Server.CreateObject("Persits.Jpeg")
Set Gif = Jpeg.Gif

'宽度变2倍，高度也自动变2倍
Gif.Open Server.MapPath("cat.gif")
Gif.Resize Gif.Width * 2
Gif.Save Server.MapPath("catW2.gif")

'宽度150，高度250
Gif.Open Server.MapPath("cat.gif")
Gif.Resize 150,250
Gif.Save Server.MapPath("catH2.gif")
```

```
Set jpeg = nothing
%>
<img src="cat.gif" border="1">
<img src="catW2.gif" border="1">
<img src="catH2.gif" border="1">
```

运行结果如图 8-30 所示。

图 8-30 GIF 图片缩放

Gif 对象的 Open 方法、Save 方法、Width 属性、Height 属性与 Aspjpeg 对象是类似的，不赘述。

8.5 PNG 格式

8.5.1 输出为 PNG 图片

从 2.1 版本开始，AspJpeg 组件支持输出 PNG 格式的文件，只需要在保存文件前将 PNGOutput 属性设置为 True 即可。

范例代码如下所示。

resizePng.asp

```
<%@codepage=936%>
<%
' 打开 png
Set jpeg = Server.CreateObject("Persits.Jpeg")
jpeg.Open Server.MapPath("mouse.png")

' 保持宽高比
jpeg.PreserveAspectRatio = True

' 设置新宽度
jpeg.width = 150

' 输出为 PNG
```

```
jpeg.PNGOutput = True

'保存并释放
jpeg.Save Server.MapPath("mouseSmall.png")
Set jpeg = nothing
%>
<img src="mouse.png" border="0"></img>
<img src="mouseSmall.png" border="0"></img>
```

运行结果如图 8-31 所示。

图 8-31　输出为 PNG 格式

8.5.2　设置 Alpha 通道

Alpha 通道保存了图片中每个像素的透明度，并且每个像素的透明度可以独立调节，所以，可以使图片的部分区域实现完全透明或部分透明。

设置 Alpha 通道使用 SetAlpha 方法，格式如下：

```
SetAlpha(Image, Inverse)
```

参数 Image 应该是一个 Aspjpeg 对象，先使用它打开 Alpha 通道使用的图片，该图片的宽高应该与待处理图片一致，并且应该是灰度模式，可以使用 Aspjpeg 对象的 ToGrayscale 方法进行转换。

参数 Inverse 表示是否反转值。如果是 False，则表示不反转值，直接使用参数 Image 指定的图片作为 Alpha 通道，即每个像素为 0 表示完全透明，255 表示完全不透明。如果设置为 True，则反之，0 表示完全不透明，255 表示完全透明。

删除 Alpha 通道使用 RemoveAlpha 方法，该方法无参数。如果当前图片没有 Alpha 通道，则什么都不做，不会有副作用。

范例代码如下所示。

alphaChannel.asp

```
<%@codepage=936%>
<%
'----- 下面利用 Gif 对象生成一个渐变颜色的图片 ------
```

```
Set jpeg = Server.CreateObject("Persits.Jpeg")
Set Gif = Jpeg.Gif

' 灰度调色板
Gif.SetStockPalette True, 3

' 添加 Frame
Gif.AddFrame 200, 300, 0, 0        '宽 200，高 200，位置 0,0

' 由深色到浅色，画横线
For i = 0 To 149
    Gif.PenColor  = i              '线条颜色
    Gif.DrawLine 0,i,200,i
Next

' 由浅色到深色，画横线
For i = 149 To 0 Step -1
    Gif.PenColor  = i              '线条颜色
    Gif.DrawLine 0,150+(149-i),200,150+(149-i)
Next

' 保存图片
gif.Save Server.MapPath("Gradient.gif")

'alpha 通道
Set alpha = Server.CreateObject("Persits.Jpeg")
alpha.openBinary(gif.Binary)
alpha.ToGrayscale(0)               '转为灰度

' 要处理的图片
Set dog = Server.CreateObject("Persits.Jpeg")
dog.Open Server.MapPath("thinker.jpg")
dog.SetAlpha alpha, False          '设置 Alpha 通道，不反转
dog.PNGOutput = True               '输出为 PNG
dog.Save Server.MapPath("thinkerAlpha.png")

' 释放
Set dog = nothing
Set alpha = nothing
Set jpeg = nothing
%>
<body>
    <img src="Gradient.gif"/>
    <img src="thinker.jpg"/>
    <img src="thinkerAlpha.png"/>
</body>
```

运行结果如图 8-32 所示。

左图是生成的渐变颜色图，中间亮，上下两端暗。黑色是 0，白色是 255，所以此图中的黑色代表着完全透明的区域，白色代表着完全不透明的区域。该图作为 Alpha 通道与目

标图片结合后，结果就是中间清晰，向上下两端逐渐过渡到透明。

图 8-32　设置 Alpha 通道

8.5.3　转换 Alpha 通道

在 PNG 图片上绘制图形或打印文字时，有一个问题，如果某个区域是透明的，那么在此区域上的图形或文字也是不可见的，因为该区域透明了。

解决办法就是在 Alpha 通道的同样位置使用白色绘制同样的图形或文字，白色的值是255，表示完全不透明。这样，Alpha 通道与原图结合后，白色的部分不透明，就将图形或文字显示了出来。

使用 AlphaToImage 方法可以将 Alpha 通道转换为一个独立的图片，在此图片上使用白色绘制后，再将它设置为 Alpha 通道即可。

范例代码如下所示。

alphaPrintText.asp

```
<%@codepage=936%>
<%
'直接打印文字
Set jpeg = Server.CreateObject("Persits.Jpeg")
jpeg.open Server.Mappath("alphaText.png")
jpeg.Canvas.PrintText 0,270," 小坦克真厉害 "
jpeg.PNGOutput = True
jpeg.Save Server.MapPath("alphaTextResult.png")

'转换 alpha 通道，并打印文字
Set alpha = Server.CreateObject("Persits.Jpeg")
alpha.Open Server.Mappath("alphaText.png")
alpha.AlphaToImage                              '转换为图片
alpha.ToRGB                                      '转换为 RGB 模式
alpha.Canvas.Font.Color = &HFFFFFF&             '字体颜色为白色
alpha.Canvas.PrintText 0,270," 小坦克真厉害 "
alpha.ToGrayscale(1)                             '转换为灰度模式
jpeg.SetAlpha alpha, False                       '设置 alpha 通道
```

```
jpeg.Save Server.MapPath("alphaTextResult2.png")

' 释放变量
Set alpha = nothing
Set jpeg = nothing
%>
<body bgcolor="white">
<img src="alphaTextResult.png"/>
<img src="alphaTextResult2.png"/>
</body>
```

运行结果如图 8-33 所示。

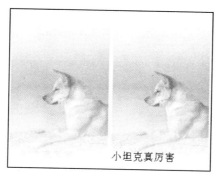

图 8-33 转换 Alpha 通道

　　左图是直接打印文字的效果，可以看到文字也是渐变透明的。右图是修改了 Alpha 通道的效果，可以看到文字很清晰。

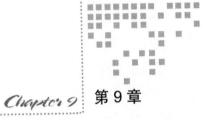

第 9 章

邮件发送

9.1 Email 简介

9.1.1 Email 收发流程

从用户的角度来看，Email 的收发过程非常简单。发件人填好收件人地址及内容，单击"发送"按钮，然后收件人单击"接收"按钮就收到了邮件。邮件似乎是从发件人直达收件人的，但实际的流程要稍微复杂一点，简化的流程如图 9-1 所示。

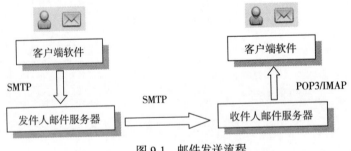

图 9-1 邮件发送流程

图形比较简略，实际上，一封 Email 可能途经局域网、网关、防火墙、路由器和中继服务器等各种设备。收件人的邮件服务器也可能将邮件转存到专门的服务器，供用户取信使用。

发信人的客户端软件与发件人邮件服务器之间，通过 SMTP 协议进行交流。邮件服务器之间也是使用 SMTP 协议的。收件人的客户端软件与收件人邮件服务器之间是通过 POP3

或 IMAP 等协议交流的。SMTP 协议是发信的协议，而 POP3 或 IMAP 是收信的协议。

9.1.2　SMTP 简介

SMTP（Simple Mail Transfer Protocol）即简单邮件传送协议，它定义的只是发送邮件的规则。SMTP 服务器就是指遵循 SMTP 协议的服务器，客户端只要连接到 SMTP 服务器，然后使用一些超级简单的命令就可以发送邮件。

如有两个邮箱，一个是 aspfans@126.com，一个是 aspfans2013@qq.com，现在想使用前者给后者发信，在不借助 Outlook、Foxmail 或 Web 界面的情况下，如何实现呢？其实，使用系统自带的 Telnet 命令就可以，如图 9-2 所示就是连接 126 邮箱的 SMTP 服务器的 25 端口发送邮件的过程。

图 9-2　使用 Telnet 命令发送邮件

看着有些乱，整理后，内容如表 9-1 所示。

表 9-1　Telnet 的交互过程

客户端命令	服务端返回	说　明
	220 126.com Anti-spam GT for Coremail System (126com[20121016])	Telnet 连接成功后，服务端的显示信息
EHLO GAGA		和服务端说声 Hello，我是 GAGA
	250-mail 250-PIPELINING 250-AUTH LOGIN PLAIN 250-AUTH=LOGIN PLAIN 250-STARTTLS 250 8BITMIME	服务端支持的特性

（续）

客户端命令	服务端返回	说　明
AUTH LOGIN		开始身份验证
	334 dXNlcm5hbWU6	"username:" 的 Base64 编码
YXNwZmFucw==		"aspfans" 的 Base64 编码
	334 UGFzc3dvcmQ6	"Password:" 的 Base64 编码
Tm9QYXNzd29yZA==		邮箱密码的 Base64 编码
	235 Authentication successful	身份验证成功
MAIL FROM:<aspfans@126.com>		发信人 aspfans@126.com
	250 Mail OK	OK
RCPT TO:<aspfans2013@qq.com>		收件人 aspfans2013@qq.com
	250 Mail OK	OK
DATA		开始传输邮件内容
	354 End data with <CR><LF>.<CR><LF>	通知客户端应该使用的内容结束标识
test		邮件内容，以 " <CR><LF>.<CR><LF>" 结束
	250 Mail OK queued as smtp5.jtKowEBpfm2CH+ZQfJhvAw--.2227S2 1357258705	OK，邮件已经放入队列
QUIT		退出
	221 Bye	再见

登录 QQ 邮箱，可以看到邮件已经收到，如图 9-3 所示。

图 9-3　QQ 邮箱收到邮件

由于邮件内容只写了一个 "test"，格式上是错误的，所以该邮件无标题无内容，只有发件人信息。虽然邮件的内容差了一点，但是我们通过几个简单的命令就已经实现了邮件发送，由此可以看出，SMTP 协议是多么简单、好用。

SMTP 协议并没有身份验证的功能，此处 126 邮箱服务器实际使用的是 ESMTP（即 Extended SMTP）协议，它与 SMTP 的区别仅仅是，要求用户提供用户名和密码以进行身份验证。验证过程中的信息全部采用 Base64 编码，而通过验证之后的其他操作与 SMTP 没有区别。

增加身份验证，完全是为了对付垃圾邮件。SMTP 协议制定得较早，没有考虑这些问题，导致任何人都可以使用你的 SMTP 服务器向外发信，结果是垃圾邮件满天飞，无奈之下，才有了 ESMTP。

9.1.3　POP 与 IMAP 简介

POP（Post Office Protocol），即邮局协议，目前最新的版本是 POP3。它允许用户从邮件服务器下载邮件，一旦下载完毕，服务器就会删除该邮件，也就是将邮件从服务器转移到了用户的电脑上。但是，目前的 POP3 邮件服务器大都支持"只下载邮件，服务器端并不删除"，也就是改进的 POP3 协议。

POP3 协议允许电子邮件客户端下载服务器上的邮件，但是在客户端的操作（如移动邮件、标记已读等），不会反馈到服务器上，比如通过客户端收取了邮箱中的 3 封邮件并移动到其他文件夹，邮箱服务器上的这些邮件是没有同时被移动的。

IMAP（Internet Mail Access Protocol），即交互式邮件存取协议，目前最新的版本是 IMAP4。它对 POP 协议进行了重要改进。它提供了摘要浏览功能，可以预先阅读所有邮件的到达时间、主题、发件人、大小等信息，可以选择性地进行下载。比如一封邮件里含有 3 个附件，而其中只有 1 个附件是需要的，则可以选择只下载这 1 个附件。

IMAP 提供服务器与电子邮件客户端之间的双向通信，客户端的操作都会反馈到服务器上，对邮件进行的操作，服务器上的邮件也会做相应的动作。IMAP 还提供基于服务器的邮件处理以及共享邮件信箱等功能。邮件（包括已下载邮件的副本）在手动删除前保留在服务器中，用户在任何客户端上都可以查看服务器上的邮件。

总之，IMAP 整体上为用户带来更为便捷和可靠的体验，POP 更容易丢失邮件或多次下载相同的邮件，而 IMAP 通过邮件客户端与服务器之间的双向同步功能，很好地避免了这些问题。

9.1.4　MX 记录

经常有人会提出这样的疑问，两台邮件服务器之间是通过 SMTP 协议通信的，可是平时我们发信都需要身份验证的呀？发件人的邮件服务器是如何通过收件人邮件服务器的身份验证的呢？难道邮件服务器之间不需要验证？那么邮件服务器如何知道对方是一个普通用户还是服务器呢？

回答这个问题之前，首先看一下，发件人的邮件服务器是如何找到收件人邮件服务器的。

QQ 邮箱服务器想给 126 邮箱发送邮件时，应该连接哪个服务器呢？是 smtp.126.

com？还是 mail.126.com，还是 gaga.126.com 呢？错，都不是。那么到底应该连接哪个服务器呢？应该通过什么途径得到呢？答案是通过 DNS 查找。

在浏览器中访问 126.com 时，浏览器会通过 DNS 查找，得到 "126.com" 这个域名的 IP 地址，然后连接该服务器的 80 端口，即可得到 HTML 内容。这种域名或主机名到 IP 的映射，称为 A 记录。类似的，DNS 中还保存有用于邮件交换的 MX 记录。

通过 nslookup 命令可以查询指定域名的 MX 记录，如图 9-4 所示是查询 126.com 的 MX 记录的结果。

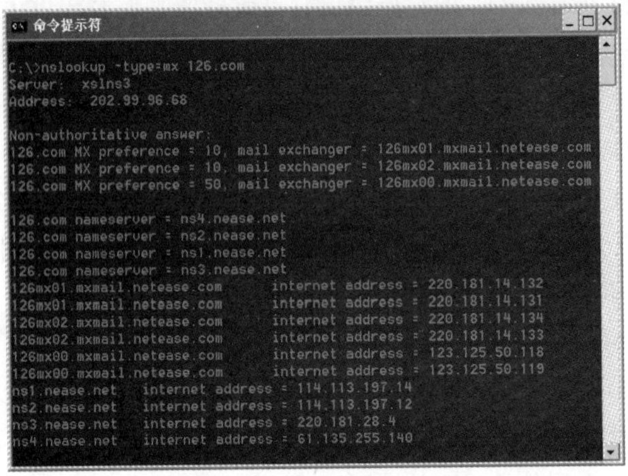

图 9-4 126 邮箱的 MX 记录

可以看到，126.com 的 MX 记录有 3 条，优先级分别为 10、10 和 50，那么前两条记录就是优先使用的，因为它们的级别都是 10，那么两条 MX 记录会均衡使用。3 条 MX 记录，每条记录都对应着一个域名，每个域名又对应着两个 IP 地址（两个 IP 也是均衡使用的），说明共有 6 台服务器提供服务，4 台主用，两台备用。

QQ 邮箱服务器想给 126 邮箱发送邮件时，首先到 DNS 查找 "126.com" 的 MX 记录，选择优先级数字最小的记录，得到它对应的 IP 地址，然后连接该服务器，通过 SMTP 命令写入邮件即完成了邮件的发送过程。如果邮件发送失败，如收件人不存在、附件超过大小限制或内容被拒绝等原因，QQ 邮箱服务器会连接发信人的邮箱服务器，写入一封退信，即退信是由发送服务器写入的，而不是目标服务器。

那么，邮件服务器之间到底需不需要身份验证呢？请继续往下阅读。

9.1.5 邮件的入口与出口

按照收件人区分的话，一个 SMTP 服务器，即是一个邮件入口，也是一个邮件出口。入口，即收件人是本域的用户，出口，即收件人是其他域的用户。在实际应用中，可能指定一些服务器只负责接收本域的邮件，而另外的服务器只负责发送邮件。

1. 邮件入口

如一个 QQ 邮箱的用户在 Web 界面给 126 邮箱的用户发信后，QQ 邮件服务器就会连接 126 邮箱的服务器，通过 SMTP 命令写入邮件内容。如图 9-5 所示是通过 telnet 命令访问 126 邮箱服务器进行模拟的过程，注意，连接的 IP 地址是从 MX 记录中取得的。

图 9-5　Telnet 访问 MX 记录中的服务器

从图 9-5 可以看出，该服务器没有要求访问者验证身份，也就是允许匿名访问的。对于发信人的邮箱地址也没有要求，其实写成空也是可以的。如果收信人的地址不存在，则该服务器会返回 550 的错误码，如图 9-6 所示。

图 9-6　收信人地址不存在

因为不需要身份验证，所以就给垃圾邮件留下了入口。当然，服务器会通过限制指定时间内的发信数量、可信任 IP、黑名单和过滤邮件内容等方法来避免垃圾邮件的侵入。如图 9-7 所示就是直接连接 QQ 的邮件服务器给 QQ 邮箱发信的过程。

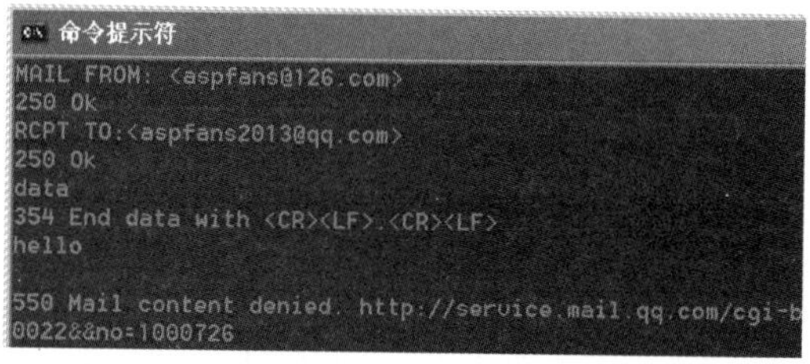

图 9-7　连接 QQ 的邮件服务器

可以看到，因为邮件内容的原因，该邮件被拒收了。访问给出的网址，可以看到详细的介绍，如图 9-8 所示。

图 9-8　邮件拒收原因

简单来说，对于普通用户，直接访问收信人服务器写入邮件，不是一件很靠谱的事情，可能因为各种原因被拒收。那么发信这种事情，还是交给邮件服务器去做吧，毕竟，邮件服务器之间的信任程度要高得多。

2. 邮件出口

访问 126 的服务器给 QQ 邮箱发邮件，结果会如何呢？如图 9-9 所示。

图 9-9　访问 126 邮箱服务器给 QQ 邮箱发邮件

服务器返回了 "550 RP:FRL" 的错误码。访问给出的网址，可以看到详细介绍，如图 9-10 所示。

图 9-10　服务器返回错误的原因

原来是服务器不开放匿名转发，也就是该服务器不允许匿名访问者给其他域的邮箱发送邮件。下面，尝试进行身份验证，然后再发送，如图 9-11 所示。

开始发信人想使用 "QQQQ@qq.com"，服务器返回 553，发信人必须与验证的用户相同。发信人使用 "aspfans@126.com" 后，服务器返回 "553 Requested action not taken: no smtp MX only"，这是什么意思呢？意思是说，这个服务器是 MX 记录中的服务器，它只管接收本域的邮件，不提供发送的功能。

命令提示符
AUTH LOGIN
334 dXNlcm5hbWU6
YXNwZmFucw==
334 UGFzc3dvcmQ6
YXNwYmlyZA==
235 Authentication successful
MAIL FROM:<QQQQ@qq.com>
553 Mail from must equal authorized user
MAIL FROM: <aspfans@126.com>
553 Requested action not taken: no smtp MX only.mx36,0MmowEB
JsnfzoFdRQxG5BQ--.422S3 1364697430

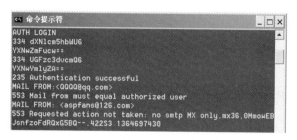

图 9-11　进行身份验证后发送邮件

那么，应该怎么办呢？应该连接负责发送邮件的出口服务器，通常就是通过 smtp.xxx.com 来访问，如图 9-12 所示是 126 的 smtp 服务器的 IP 地址，可以看出共有 3 台服务器，它们的 IP 与 MX 记录中的 IP 是不同的，说明发送和接收的服务器是完全分离的。

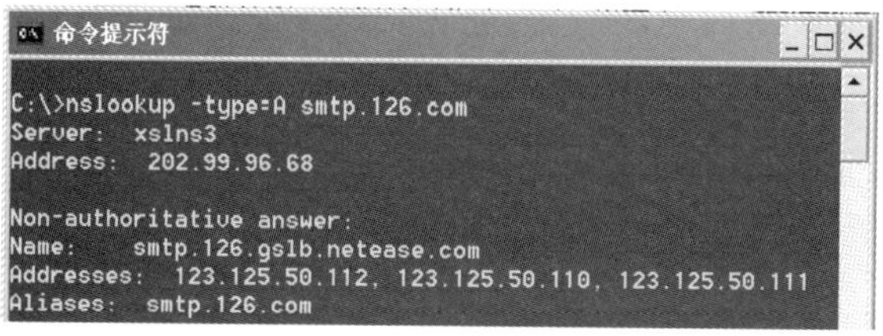

命令提示符
C:\>nslookup -type=A smtp.126.com
Server: xslns3
Address: 202.99.96.68
Non-authoritative answer:
Name: smtp.126.gslb.netease.com
Addresses: 123.125.50.112, 123.125.50.110, 123.125.50.111
Aliases: smtp.126.com

图 9-12　126 邮箱的 SMTP 服务器

出口服务器通常都需要身份验证，它只允许本域的用户使用。连接“smtp.126.com”进行测试，结果如图 9-13 所示。

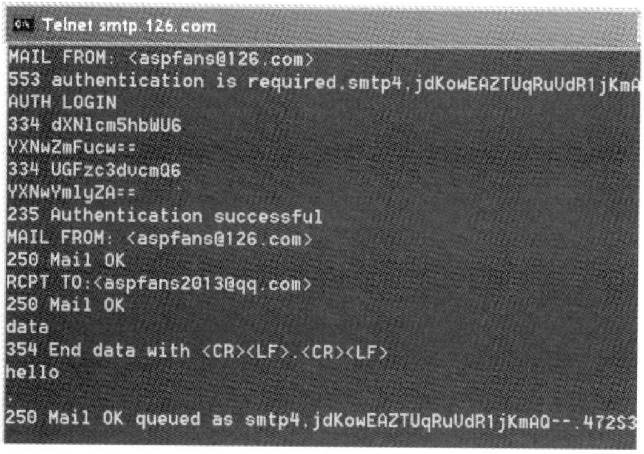

Telnet smtp.126.com
MAIL FROM: <aspfans@126.com>
553 authentication is required,smtp4,jdKowEAZTUqRuUdR1jKmA
AUTH LOGIN
334 dXNlcm5hbWU6
YXNwZmFucw==
334 UGFzc3dvcmQ6
YXNwYmlyZA==
235 Authentication successful
MAIL FROM: <aspfans@126.com>
250 Mail OK
RCPT TO:<aspfans2013@qq.com>
250 Mail OK
data
354 End data with <CR><LF>.<CR><LF>
hello
.
250 Mail OK queued as smtp4,jdKowEAZTUqRuUdR1jKmAQ--.472S3

图 9-13　通过出口服务器成功发送邮件

连接后，直接使用“MAIL FROM”命令，服务器提示“553 authentication is required”，需要身份验证。使用“AUTH LOGIN”命令，输入正确的用户名和密码后，验证成功，之后邮件也发送成功了。不过由于内容的原因，仍然会被拒收，如图 9-14 所示。

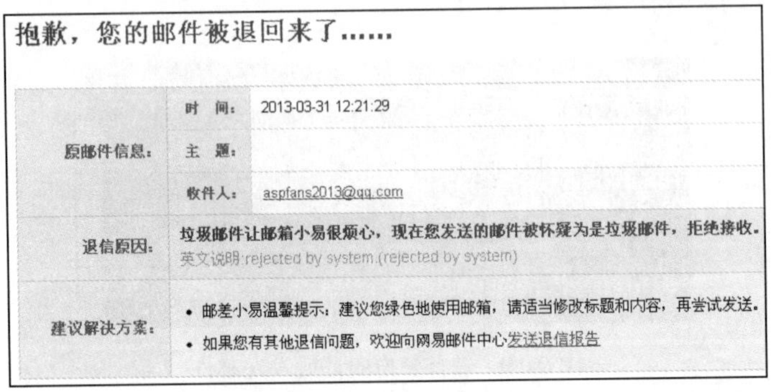

图 9-14　邮件依然被拒收

出口服务器同样可以通过 IP 限制、黑名单、白名单、内容过滤等手段限制发送者的使用。具体如何做，严格到什么程度，取决于邮箱提供商。如图 9-15 所示是某软件的 SMTP 过滤的设置界面。

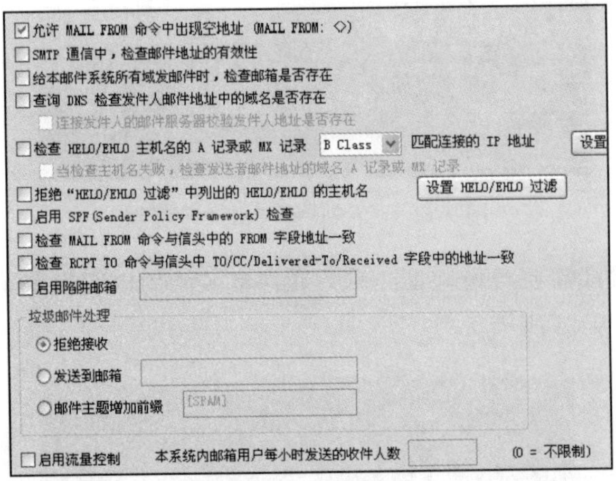

图 9-15　某软件的 SMTP 过滤设置界面

从图 9-15 可以看出，可以验证的项目是很多的。而这仅仅是一些简单的过滤项，还没有包括 IP 限制和黑名单等设置。

通过以上的测试过程，可以简单地总结为：

1）本域的用户通过出口服务器发送邮件，通常是需要身份验证的，服务器的地址是通过网站帮助等方式告知用户的，通常为 smtp.xxx.com。

2）入口服务器负责接收其他邮箱的服务器发送过来的邮件，允许匿名访问，服务器的地址由使用者通过查询 DNS 中的 MX 记录得到。

9.1.6 邮件内容的结构

以上讲解了邮件是如何传递的，下面了解一下邮件内容本身，毕竟它才是真正需要传递的信息。使用 126 的邮箱给 QQ 邮箱发一封信，QQ 邮箱中显示如图 9-16 所示。

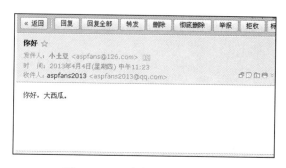

图 9-16 QQ 邮箱中显示的邮件

找到工具栏中的"显示邮件原文"，可以看到邮件的原始格式，如图 9-17 所示。

图 9-17 邮件的原始格式

第一眼看上去会感觉很晕，这封邮件的内容那么简单，怎么原始内容会这么多字母呢，密密麻麻的。

首先，一封信的内容可以分为邮件头和邮件正文两个部分，邮件头包含发信时间、发件人、收件人和主题等关键信息，邮件正文才是实际内容。整个邮件中的第一个空行就是邮件头和邮件正文的分界线。

这封信看起来很乱，是因为发信服务器和收信服务器都在邮件头中加入了自定义的 Head 项目，如"Received""X-QQ-SSF""X-Originating-IP""X-Mailer"和"X-CM-TRANSID"等。这些项目都是辅助性的，对用户来说是毫无用处的，去掉这些自定义项目，整个邮件的内容可以简化如下：

```
Date: Thu, 4 Apr 2013 11:23:46 +0800 (CST)
From: =?GBK?B?0KHNwba5?= <aspfans@126.com>
To: aspfans2013@qq.com
Subject: =?GBK?B?xOO6ww==?=
Content-Type: multipart/alternative;
    boundary="----=_Part_394619_609028113.1365045826677"
MIME-Version: 1.0

------=_Part_394619_609028113.1365045826677
Content-Type: text/plain; charset=GBK
Content-Transfer-Encoding: base64

xOO6w6OstPPO97nPoaM=
------=_Part_394619_609028113.1365045826677
Content-Type: text/html; charset=GBK
Content-Transfer-Encoding: base64

PGRpdiBzdHlsZT0ibGluZS1oZWlnaHQ6MS43O2NvbG9yOiMwMDAwMDA7Zm9udC1zaXplOjE0cHg7
Zm9udC1mYW1pbHk6YXJpYWwiPsTjusOjrLTzzve5z6GjPC9kaXY+PGJyPjxicj48c3BhbiB0aXRs
ZT0ibmV0ZWFzZWvb3RlciI+PHNwYW4gaWQ9Im5ldGVhc2VfbWFpbF9mb290ZXIiPjwvc3Bhbj48
L3NwYW4+
------=_Part_394619_609028113.1365045826677--
```

Date 表示发信的时间，是由发信服务器写入的，From 和 To 分别是发信人和收信人的邮箱地址，Subject 是邮件的标题，From 和 Subject 中有一些乱码，实际它们是"小土豆"和"你好"这几个中文经过转换后的结果。

Content-Type 行的"multipart/alternative"说明邮件正文是由多个部分组成的，分隔符是由 boundary 属性指定的。使用这个分隔符拆分邮件正文，可以看到邮件正文是由两部分组成的。

第一部分的 Content-Type 为"text/plain"，说明该部分是普通文本，Content-Transfer-Encoding 的值是 base64，说明该部分的内容是经过 Base64 编码的。将"xOO6w6OstPPO97nPoaM="解码，结果是 GBK 编码的"你好，大西瓜。"。

第二部分的 Content-Type 为"text/html"，说明该部分是 HTML 格式的。将第二段的大串字母进行解码，结果如下：

```
<div style="line-height:1.7;color:#000000;font-size:14px;font-family:arial">你好，大西瓜。
```

```
</div><br><br><span title="neteasefooter"><span id="netease_mail_footer"></span></span>
```

也就是说，该邮件的邮件正文部分，同时提供了文本和 HTML 两种形式的数据。

这种将复杂的内容放入 Email 中的方式，采用的就是 MIME 标准，Head 中的"MIME-Version"指出了当前使用的 MIME 版本为 1.0。

9.1.7 MIME 简介

最初的电子邮件标准是在 20 世纪 80 年代定义的，它只支持简单的文字消息，并且只支持 US-ASCII 字符，这样是完全不能满足用户需要的。

MIME（Multipurpose Internet Mail Extensions），即多用途互联网邮件扩展，它对电子邮件标准进行了扩展，使其能够支持非 ASCII 字符和二进制数据的文件。简单地说，MIME 定义了如何将各种扩展信息进行转换以放入 Email 中。

MIME 在原有电子邮件标准的基础上，通过添加一些新的 Head 项目来实现扩展，其中主要就是"MIME-Version""Content-type""Content-Transfer-Encoding"和"Content-Disposition"。

1. MIME-Version

MIME-Version 比较简单，它表示该封信使用的 MIME 的版本，目前最新的就是 1.0 版本。邮件头中出现 MIME-Version 的 Head 项就说明该封信使用了 MIME 标准，客户端软件创建邮件时，如果使用了 MIME 标准，则必须添加此 Head 项。

2. Content-type

Content-type 与 HTTP 协议中的 Content-type 是类似的，实际上是后者借用了 MIME 的定义。该项指出主体内容的媒体类型，如"text/plain""image/jpeg"等，并可以带有一些辅助的属性，如 charset=GBK、boundary="…"等。辅助属性是根据媒体类型变化的，如媒体类型是"text/plain"时，一般都会带有 charset 属性。

当媒体类型为"text/plain"或"image/jpeg"等值时，说明主体内容就是某一种特定的类型，如文本、图片、声音等。

当媒体类型为"multipart/mixed"或"multipart/alternative"时，则表示主体内容是由多个部分组成的。前者就是混杂的意思，后者表示多个部分是替代的关系，也就是说，客户端软件应该从中选择一个进行显示，如上例中，邮件正文包含普通文本和 HTML 格式的两部分数据，而邮件头的媒体类型是"multipart/alternative"，那么客户端软件应该根据用户选择或当时的环境，要么显示普通文本，要么显示 HTML 内容。

将邮件原始内容保存到以 EML 为后缀的文件中，双击后就可以使用 Outlook 打开查看了，比较直观。如图 9-18 所示是媒体类型为 multipart/alternative 时的显示情况。

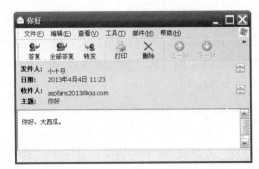

图 9-18 媒体类型为 multipart/alternative 时的显示情况

将媒体类型修改为 multipart/mixed 后，两部分内容将同时显示出来，结果如图 9-19 所示。

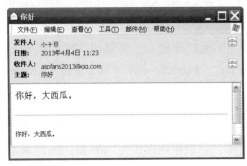

图 9-19 媒体类型修改为"multipart/mixed"后的显示情况

另外，还有"multipart/digest"和"multipart/parallel"等媒体类型，因为不太常见，所以不赘述。

一个邮件可以由多个部分经过复杂的嵌套关系构成，如在上述邮件中再添加一个附件，则邮件的嵌套关系如图 9-20 所示。

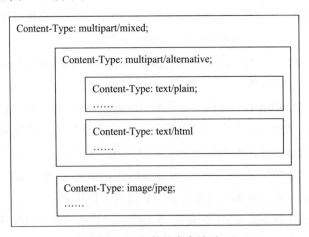

图 9-20 邮件的嵌套关系

3. Content-Transfer-Encoding

Content-Transfer-Encoding 则指出内容的传输编码，它同样可以出现在邮件头中，或者是邮件正文部分内容的 Head 中。

常见的传输编码有 7bit、8bit、binary、quoted-printable 和 base64，默认是 7bit。如例子中的邮件头中没有出现 Content-Transfer-Encoding，则说明使用的是默认的 7bit。

传输编码为 7bit、8bit 或 binary 时，它的作用只是一种标识，指出主体内容的数据情况。

❑ 7bit 表示主体内容只使用了 US-ASCII 中的字符，如果有二进制数据或非 US-ASCII 字符，那么它们都已经进行了转换。具有 7bit 正文的邮件可以使用标准 DATA 命令在任何 SMTP 邮件服务器之间传输。

❑ 8bit 表示主体内容包含了非 US-ASCII 字符，如果有二进制数据，那么它们都已经进行了转换。具有 8bit 正文的邮件只能在支持 8BITMIME SMTP 扩展的 SMTP 邮件服务器之间传输。邮件仍然使用标准 DATA 命令传输。但是，必须将 BODY=8BITMIME 参数添加到 MAIL FROM 命令的末尾。

❑ binary 表示主体内容包含了非 US-ASCII 字符或二进制数据。具有 binary 正文的邮件只能在支持 BINARYMIME SMTP 扩展的 SMTP 邮件服务器之间传输。邮件服务器还需要支持 CHUNKING SMTP 扩展，邮件使用 BDAT 命令而不是标准 DATA 命令进行传输，如果邮件具有邮件正文，必须将 BODY=BINARYMIME 参数添加到 MAIL FROM 命令的末尾。

可以看出，从 7bit、8bit 到 binary，操作的复杂程度是递增的，实际邮件服务器的支持情况却是递减的。支持 8bit 的还比较多，但支持 binary 的服务器很难找，而且即使有的话，操作上也比较麻烦。

传输编码为 quoted-printable 或 Base64 时，则表示对主体内容进行处理所采用的算法。接收方需要进行对应解码，才能得到实际的内容。

❑ quoted-printable，此编码算法使用可打印 US-ASCII 字符对邮件正文数据进行编码。如果原始邮件文本大部分都是 US-ASCII 文本，则 quoted-printable 编码可提供便于阅读的紧凑的显示结果。除了等号字符（=）之外，所有可打印 US-ASCII 文本字符都可不经过编码而呈现。如"你好 hello"的编码结果是"=C4=E3=BA=C3hello"，7 个字符编码后变成了 17 个字符。

❑ Base64，此编码算法在很大程度上基于 RFC 1421 中定义的增强隐私邮件（PEM）标准。Base64 编码使用 64 个字符字母编码算法和 PEM 定义的输出填充字符对邮件正文数据进行编码。如"你好 hello"的编码结果是"xOO6w2hlbGxv"。经过 Base64 编码的邮件通常比原始邮件大 33%，经过 Base64 编码而增加的邮件大小是可预测的，对于二进制数据和非 US-ASCII 文本来说它是最佳选择。

注意，当媒体类型是"multipart"或"message"时，传输编码只能使用 7bit、8bit 或 binary。

4. Content-Disposition

Content-Disposition 是用来指示邮件客户端如何显示附件的，它的值可以是 Inline 或 Attachment。如果是前者，则附件将显示在邮件正文中，如果是后者，则附件将显示为与邮件正文分开的常规附件。当值为 Attachment 时，可以使用其他参数，如 Filename。

例子如下：

```
Content-Type: image/gif;
    name="200781131426487.gif"
Content-Transfer-Encoding: base64
Content-Disposition: attachment;
    filename="200781131426487.gif"
```

5. Head 中的非 ASCII 字符

MIME 标准还定义了如何在 Head 部分使用非 ASCII 字符，以标题"你好"为例，它的转换结果的结构如图 9-21 所示。

图 9-21　标题"你好"的转换结果

GBK 表示内容的原始字符集是 GBK，编码方式"B"表示使用 base64 算法对内容进行了编码，那么后面的"xOO6ww=="就是 Base64 编码后的内容。客户端软件应该先对内容进行 Base64 解码，然后得到的就是 GBK 编码的内容了。

编码方式的另一个可选值是"Q"，该编码方式与 Quoted-Printable 方式类似。

整个转换结果可以当作普通字符使用，如发件人"From: =?GBK?B?0KHNwba5?=<aspfans@126.com>"中，前面的部分是转换后的结果，而后面的部分就是普通的 ASCII 字符，但也不是说可以在任何部分随意使用，有些地方是不能使用的，通常就是出现在 From、To、CC、BC 或 Subject 等部分。

注意，整个转换结果不能超过 75 个字符，如果内容太多的话，可以将内容分开，分别进行转换。

9.2 CDOSYS 组件

CDOSYS 组件是 Windows 系统内置的发信组件，无需安装，基本所有的主机空间都支持它。

CDOSYS 组件最主要的对象是 Message 对象，使用以下语句即可创建。

```
Set message = Server.CreateObject("CDO.Message")
```

9.2.1 SMTP 虚拟服务器

CDOSYS 组件默认使用 IIS 中的第一个 SMTP 虚拟服务器，所以通常需要安装该服务。在安装 Windows 组件界面，选择 IIS 中的 SMTP 服务安装即可，如图 9-22 所示。

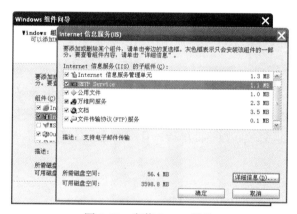

图 9-22 安装 SMTP 服务

安装完成后，在 IIS 管理器就可以看到"默认 SMTP 虚拟服务器"了，如图 9-23 所示。

图 9-23 IIS 中的默认 SMTP 虚拟服务器

同时，默认会在 C:\Inetpub\mailroot 下生成以下文件夹，如图 9-24 所示。

❑ Pickup，拾取目录，用户将待发送的邮件放入此文件夹即可。

❑ Queue，发送队列目录，待发送的邮件会转移到此文件夹，等待依次发送。

❑ Drop，存放接收到的邮件。

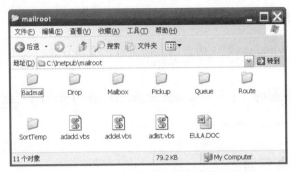

图 9-24 SMTP 虚拟服务器使用的文件夹

❑ Badmail，不能投递而且不能退信的邮件将被放入此文件夹。

❑ Route、SortTemp 和 Mailbox，这些文件夹是用来对邮件进行排序和分组的。

SMTP 服务启动后，会监控 Pickup 目录，一旦发现新的邮件，就将它转移到 Queue 目录，排队等候。轮到它时，负责发送信件的进程会判断邮件的目标地址，如果收件人是本地用户，则直接将邮件移动到 Drop 目录，该邮件就发送完成了。如果收件人不是本地用户，则将连接目标邮件服务器，通过 SMTP 命令写入邮件。如果失败，则会间隔一段时间，重新尝试，间隔时间和尝试次数等参数可以在 IIS 中设置。如果最终失败，则将给发件人发送一封退信，如果退信也失败，则将此邮件转移到 Badmail 目录中，流程结束。

9.2.2　发送文本邮件

CDOSYS 组件的使用还是比较简单的，以下代码是发送一封最简单的文本邮件，只要设置 Subject、From、To 和 TextBody 即可。

simpleEmail.asp

```
<%@codepage=936%>
<%
Set mail = Server.CreateObject("CDO.Message")    '创建对象
mail.Subject = "CDO发送简单的文本邮件"            '主题
mail.From = "aspfans@126.com"                    '发信人
mail.To = "aspfans2013@qq.com"                   '收信人
mail.TextBody = "嗨，大西瓜，你好啊。"             '邮件内容
mail.Send                                        '发送
Set mail = Nothing
%> OK
```

想抄送或密送的话，可以通过 CC 属性和 BCC 属性进行设置，多个收件人间使用逗号分隔。

9.2.3 发送 HTML 邮件

发送 HTML 邮件，可以通过 HTMLBody 属性进行设置，或者使用 CreateMHTMLBody 方法读取指定网页或者本地文件作为邮件内容。

htmlEmail.asp

```
<%@codepage=936%>
<%
Set mail = Server.CreateObject("CDO.Message")    '创建对象
mail.Subject = "CDO发送HTML邮件"                   '主题
mail.From = "aspfans@126.com"                     '发信人
mail.To = "aspfans2013@qq.com"                    '收信人
mail.HTMLBody = "<h1>嗨，大西瓜，你好啊。</h1>"        '邮件内容
'mail.CreateMHTMLBody "https://www.baidu.com/img/bd_logo1.png"
'mail.CreateMHTMLBody "file://" & Server.MapPath("htmlContent.html")
mail.Send
Set mail = Nothing                                '发送
%>OK
```

使用 CreateMHTMLBody 方法时，读取的网址或本地文件必须是 HTML 类型，想读取 txt、zip 或 gif 等文件是不行的。本地文件必须是完整路径，并且以 file:// 开头。

9.2.4 添加附件

添加附件可以使用 AddAttachment 方法，范例如下所示。

```
<%
Set myMail= Server.CreateObject("CDO.Message")
myMail.Subject="Sending email with CDO"
myMail.From="mymail@mydomain.com"
myMail.To="someone@somedomain.com"
myMail.TextBody="This is a message."
myMail.AddAttachment "c:\mydocuments\test.txt"
myMail.Send
Set myMail=nothing
%>
```

文件路径必须是完整的路径，不能使用相对路径或只写文件名，想添加多个附件那么就要调用多次 AddAttachment 方法。收信人的服务器可能对单个文件的大小有限制，或对附件的总大小有限制，发信之前最好对此有所了解，否则对方服务器可能拒收邮件。

9.2.5 使用远程服务器

实际测试时可能会发现，前几个范例运行后，收件人实际是没有收到邮件的，而发信人的邮箱里可能存着退信，如图 9-25 所示。

这是因为在垃圾邮件满天飞的时代，邮件服务器的过滤功能都很强大，或者说很敏感。

我们测试所用的电脑很难被邮件服务器所信任，那么被拒收就很正常了。对于大多数人来说，可行的办法是使用免费邮箱的服务器，如 126 邮箱、QQ 邮箱、新浪邮箱等，而这些邮箱都需要身份验证。

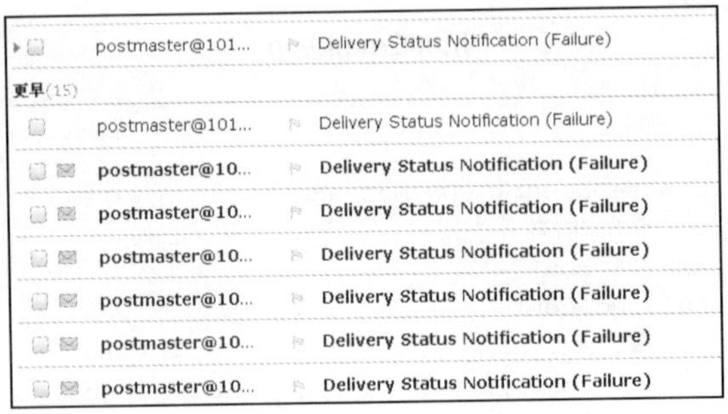

图 9-25　邮件实际没有发送出去

CDOSYS 组件可以使用远程的 SMTP 服务器，通过 Configuration 对象进行设置即可，范例代码如下所示。

ServerAuthEmail.asp

```asp
<!--METADATA TYPE="typelib"
UUID="CD000000-8B95-11D1-82DB-00C04FB1625D"
NAME="CDO for Windows 2000 Library" -->

<%@codepage=936%>
<%

'创建 Configuration 对象，设置参数
Set cdoConfig = Server.CreateObject("CDO.Configuration")
With cdoConfig.Fields
    .Item(CdoConfiguration.cdoSendUsingMethod) = cdoSendUsingPort '通过网络发送信件
    .Item(CdoConfiguration.cdoSMTPServer) = "smtp.126.com"       '服务器地址
    .Item(CdoConfiguration.cdoSMTPServerPort) = 25               '端口
    .Item(CdoConfiguration.cdoSMTPAuthenticate) = cdoBasic       '明文验证方式
    .Item(CdoConfiguration.cdoSendUserName) = "aspfans"          '用户名
    .Item(CdoConfiguration.cdoSendPassword) = "aspbird"          '密码
    .Item(CdoConfiguration.cdoSMTPUseSSL) = False        '是否使用 SSL 连接，默认 False
    .Item(CdoConfiguration.cdoSMTPConnectionTimeout) = 5 '连接超时时间（秒）
    .Update                        '要更新一下
End With

'设置邮件内容
Set mail = Server.CreateObject("CDO.Message")
Set mail.Configuration = cdoConfig         '把参数设置进来
mail.Subject = "CDO 经过服务器验证发送邮件"
mail.From = "aspfans@126.com"
mail.To = "aspfans2013@qq.com"
```

```
mail.TextBody = "嗨，大西瓜，你好啊。"
mail.Send          '发送
Set mail = Nothing
%>
OK
```

执行后，正常的话，QQ 邮箱将收到 CDO 发送的第一封信，如图 9-26 所示。

图 9-26　QQ 邮箱收到 CDO 发送的邮件

在此范例中，通过 METADATA 指令引入了 CDOSYS 的 lib 库，这样就可以直接使用内置的常量了。

字段 cdoSendUsingMethod 的可选值如表 9-2 所示。

表 9-2　cdoSendUsingMethod 的可选值

名　　称	值	说　　明
cdoSendUsingPickup	1	使用本机的 SMTP 服务的拾取目录发送信件，默认值
cdoSendUsingPort	2	通过网络发送信件

在之前的例子中，由于没有设置此字段，所以使用的是默认值。CDOSYS 会查找 IIS 中的第一个 SMTP 虚拟服务器的拾取目录，将创建的邮件以 EML 文件的形式放入该目录中，这个目录通常都是 "C:\Inetpub\mailroot\Pickup"。CDOSYS 只管放置邮件，至于是否进行了发送，它是不管的。

如果想更改放置邮件的位置，可以通过 CdoConfiguration.cdoSMTPServerPickupDirector 字段进行设置。

当使用 cdoSendUsingPort 时，表示通过网络的形式发送邮件，即 CDO 以 SMTP 协议连接目标服务器进行发信，所以需要设置服务器的地址、端口等信息。以这种方式连接本机也是可以的，但要注意，由于是通过 IP 地址访问，SMTP 虚拟服务器的中继设置将会起作用，而它的默认设置本机也是被拒绝的，要注意添加本机 IP，如图 9-27 所示。

不过，如果你的本机邮件服务器不被人信任的话，建议还是不要用了。

字段 CdoConfiguration.cdoSMTPAuthenticate 的可选值如表 9-3 所示。

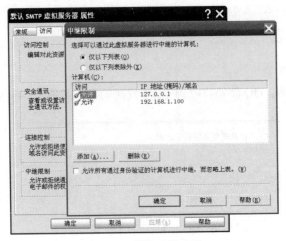

图 9-27　添加本机中继

表 9-3　CdoConfiguration.cdoSMTPAuthenticate 的可选值

名　称	值	说　明
cdoAnonymous	0	不验证身份，默认值
cdoBasic	1	使用 BASIC（明文）验证
cdoNTLM	2	使用 NTLM 验证

通常使用的都是 BASIC 明文验证。

9.2.6　设置字符集和传输编码

查看上例中，QQ 邮箱收到的邮件的原文，如图 9-28 所示。

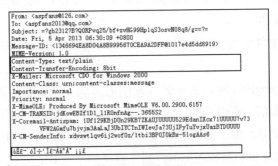

图 9-28　邮件原文

可以看到，Content-Type 为"text/plain"，但是没有指定 Charset，Content-Transfer-Encoding 为 8bit，这是因为此邮件没有二进制数据，只是有一些中文字符，CDOSYS 组件认为使用 8bit 足够了。

那么，该如何指定字符集或传输编码呢？很简单，只要在发送邮件之前，设置两个属性即可，如下所示。

```
mail.BodyPart.Charset = "GBK"                          '字符集
mail.BodyPart.ContentTransferEncoding = "base64" '传输编码
```

重新执行，查看收到的邮件，如下图所示。

```
From: <aspfans@126.com>
To: <aspfans2013@qq.com>
Subject: =?gb2312?B?QORPvq25/bf+zvHG99Hp1qS3osvN08q8/g==?=
Date: Fri, 5 Apr 2013 13:47:58 +0800
Message-ID: <15B38D1E2D7C4FDE81B91CDD0C7A9C31@1017e4d5dd8919>
MIME-Version: 1.0
Content-Type: text/plain;
          charset="gb2312"
Content-Transfer-Encoding: base64
X-Mailer: Microsoft CDO for Windows 2000
Content-Class: urn:content-classes:message
Importance: normal
Priority: normal
X-MimeOLE: Produced By Microsoft MimeOLE V6.00.2900.6157
X-CM-TRANSID:jdKowEBptliaZV5RWoT2Ag--.575S2
X-Coremail-Antispam: 1Uf129KBjDUn29KB7ZKAUJUUUUU529EdanIXcx71UUUUU7v73
       VFW2AGmfu7bjvjm3AaLaJ3UbIYCTnIWIev]a73UjIFyTuYvjxUVK0PDUUUU
X-CM-SenderInfo: xdvswtlqv6ij2wof0z/1tbi3Bv1J0kByAD-3wAAs1

4MujrLTzzve5z60sx0O6w7ChoaM=
```

图 9-29 设置 Base64 编码后的邮件原文

可以看到，邮件正文已经变成了 Base64 编码的格式。

9.2.7 构造复杂结构的邮件

通过 Message 对象的 TextBody 属性、HTMLBody 属性和 AddAttachment 方法只能构建简单结构的邮件。如果想更加灵活地控制邮件的结构和内容，需要掌握 BodyPart 对象的使用。下面，先了解一下 CDOSYS 组件的对象组成。

1. CDOSYS 组件的对象组成

CDOSYS 组件的对象组成如图 9-30 所示。

首先看一下最下面的 Message 对象。

它的 TextBody、HTMLBody、Attachments 和 Configuration 在前面已经使用过了，分别对应文本内容、HTML 内容、附件和配置参数。Fields 比较陌生，它对应的是邮件头的设置，Envelope Fields 对应的是信封的一些信息，很少用到，可以忽略。

继续看图，会发现，TextBody 和 HTMLBody 都是一个 BodyPart 对象，Attachments 是一个 BodyParts，也就是多个 BodyPart 对象的集合，而 Message 也内嵌了一个 BodyPart 对象。

然后，查看 BodyParts 对象的结构，会发现它有 BodyPart，也就是说，一个 BodyParts 对象下面还可以包含多个 BodyPart 对象。

所以，在 CDOSYS 组件中，整个邮件就是由多个 BodyPart 对象以层次嵌套的结构组成的，该结构的最上层节点就是 Message 对象。

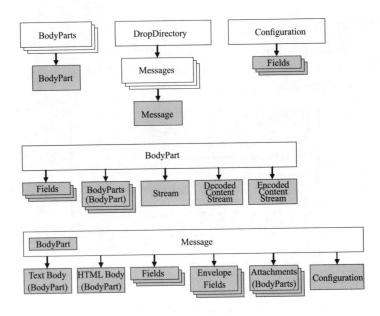

图 9-30　CDOSYS 组件的对象组成

2. TextBody、HTMLBody 和 Attachments

当通过 TextBody 属性设置邮件的文本内容时，CDOSYS 组件自动创建了一个媒体类型为"text/plain"的 BodyPart 对象，即整个邮件只是一个 BodyPart 对象，也就是 Message 对象对应的 BodyPart 对象。

当通过 HTMLBody 属性设置邮件的 HTML 内容时，CDOSYS 组件自动创建了一个嵌套的邮件结构，即一个媒体类型为"multipart/alternative"的 BodyPart 对象，内嵌一个"text/plain"和一个"text/html"的 BodyPart 对象，如图 9-31 所示。

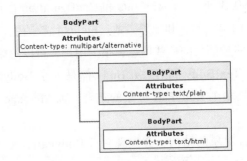

图 9-31　HTML 邮件的嵌套结构

使用 Message 对象的 HTMLBodyPart 属性，可以直接得到 HTML 内容所对应的 BodyPart 对象。实质上，HTMLBodyPart 属性是在邮件中查找第一个媒体类型为"text/

html"的部分，找到了就返回，没找到则会报错。TextBodyPart 属性也是类似的，它查找的是"text/plain"的部分。

如果使用 AddAttachment 方法再增加两个附件的话，则邮件结构如图 9-32 所示。

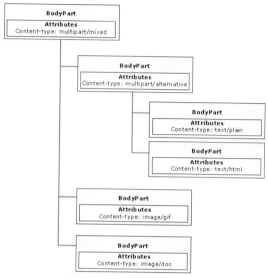

图 9-32　增加附件后的嵌套结构

即附件是以 BodyPart 对象的形式放在最上层的 BodyPart 对象之下的，使用 Message 对象的 Attachments 属性可以得到这些附件对应的 BodyPart 对象的集合。

TextBody 属性、HTMLBodyPart 属性和 AddAttachment 方法为我们创建邮件提供了便利，但是它们本身并没有什么神秘或特殊的地方，创建的 BodyPart 对象与其他 BodyPart 对象没有什么区别。

3. 遍历所有的 BodyPart

首先，看一下 BodyPart 对象的常用属性，如表 9-4 所示。

表 9-4　BodyPart 对象的常用属性

属　性	类　型	说　明
BodyParts	IBodyParts	返回下层 BodyPart 的集合，只读属性
Charset	String	该部分的 Charset 值
ContentMediaType	String	该部分的媒体类型
ContentTransferEncoding	String	该部分的传输编码
Fields	ADODB.Fields	该部分的 Field 集合，只读属性
FileName	String	Content-Disposition 中的 fileName，只读属性
Parent	IBodyPart	该部分的上层 BodyPart 对象

　　Message 对象是最上层节点，通过它的 BodyPart 属性可以得到对应的 BodyPart 对象，然后通过该对象的 BodyParts 属性，可以得到下层 BodyPart 的集合，该集合有 Count 属性，下标从 1 开始，只要遍历该集合就可以得到所有下层 BodyPart 对象，如此反复，即可遍历整个 BodyPart 层次结构。

　　范例代码如下所示。

WalkAllBodyPart.asp

```
<%@codepage=936%>
<%
'创建邮件
Set mail = Server.CreateObject("CDO.Message")
mail.Subject = "遍历所有 BodyPart 对象"
mail.From = "aspfans@126.com"
mail.To = "aspfans2013@qq.com"

'下句实际创建了两个 BodyPart
mail.HTMLBody = "嗨，大西瓜，你好啊。"

'设置字符集
mail.TextBodyPart.Charset = "GBK"              '文本部分
mail.HTMLBodyPart.Charset = "UTF-8"            'HTML 部分

'设置传输编码
mail.TextBodyPart.ContentTransferEncoding = "base64"    '文本部分
mail.HTMLBodyPart.ContentTransferEncoding = "8bit"      'HTML 部分

'添加附件
mail.AddAttachment Server.MapPath("qq.gif")

'------- 下面开始遍历 ---------------------
'Message 对象对应的 BodyPart 对象
Set root = mail.BodyPart

'打印信息
level = 1
Call PrintPart(root,level)

'发送邮件
mail.Send
Set mail = Nothing

'--------- 遍历 BodyPart 对象 ---------
Sub PrintPart(ByRef part,ByVal level)
    '打印自己的信息
    Call PrintInfo(part,level)

    '打印子节点的信息
    Dim children,i
```

```
    Set children = part.BodyParts          '子集合
    For i = 1 To children.Count
            Set child = children(i)
            Call PrintPart(child,level+1)
    Next
End Sub


'--------- 打印 BodyPart 对象的属性 ---------
Sub PrintInfo(ByRef part,ByVal level)
    Dim i,preStr
    For i=1 To level-1
            preStr = preStr &  "--"
    Next
    response.write preStr & "媒体类型: " & part.ContentMediaType & "<br>"
    ' 对于 multipart 来说，下面几个属性没什么用。
    If left(part.ContentMediaType,9)<>"multipart" Then
            response.write preStr & "字符集: " & part.Charset & "<br>"
            response.write preStr & "传输编码: " & part.ContentTransferEncoding & "<br>"
            response.write preStr & "文件名: " & part.Filename
    End If
    response.write "<hr>"
End Sub
%>
```

运行结果如图 9-33 所示。

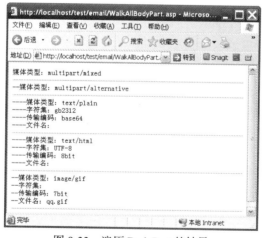

图 9-33　遍历 BodyPart 的结果

注意，字符集和传输编码如果没有设置的话，得到的是默认值，而不是实际使用的值。

4. 设置 BodyPart 对象

BodyPart 对象的组成如图 9-34 所示。

Head 信息通过 Field 对象管理，有几个 Head，就有几个 Field 对象，而主体内容部分是通过 Content Stream 对象管理的。

```
------=_NextPart_000_0017_01CE54DA.08653FE0
Content-Type: image/gif;
          name="qq.gif"
Content-Transfer-Encoding: base64
Content-ID: <myface.jpg>
Content-Disposition: inline;
          filename="qq.gif"

R0lGOD1hEgASALMNAIAAAMDAwP//DoCAAICAgJo0NPv7+/8KCjAwMP8AAP//AP///wAAP///wAA
AAAAACH5BAEAAAAOALAAAAASABIAAARtsMlJq6Uo51sz+xvXZEvAlOGFnN8Cc155min2MQNxM4hV
rAyFUAgqVA6JxCd3Sxw6iKROCkh5FAAANeAKaRQJgHBBJmskPQQ2EVCUzSOMYDwmC3oW9dC9UOCP
BwwEAoQCBgMHT4CJig2MjSIiEQA7

------=_NextPart_000_0017_01CE54DA.08653FE0--
```

图 9-34　BodyPart 对象的组成结构

（1）设置 Head 信息

通过 BodyPart 对象的 Fields 属性可以设置该部分的头信息。如想设置如下所示的头信息：

```
Content-Type: image/gif;name="qq.gif"
Content-Transfer-Encoding: base64
Content-Disposition: attachment;filename="qq.gif"
```

对应的范例代码如下所示。

SetHeader.asp

```
<%@codepage=936%>
<!--#include File="const.asp" -->
<%
'创建邮件
Set mail = Server.CreateObject("CDO.Message")
mail.Subject = "手动设置 Head 项目"
mail.From = "aspfans@126.com"
mail.To = "aspfans2013@qq.com"

'Message 对象对应的 BodyPart 对象
Set root = mail.BodyPart

'设置 Head
Set Fields = root.Fields
Fields(CdoMailHeader.cdoContentType) = "image/gif;name=""qq.gif"""
Fields(CdoMailHeader.cdoContentTransferEncoding) = "base64"
Fields(CdoMailHeader.cdoContentDisposition) = "attachment;filename=""qq.gif"""
Fields.Update        '更新一下

'发送邮件
mail.Send
Set mail = Nothing
%>
```

得到 Fields 属性，然后通过名称给对应的 Head 项赋值即可。这里还是使用了常量定义，如常量 CdoMailHeader.cdoContentType 的实际值是 "urn:schemas:mailheader:content-type"。常用的 Head 项目就是这几个，更多的 Head 项请参考官方文档。

（2）设置主体内容

主体内容是通过 ADO Stream 对象来设置的，使用 BodyPart 对象的 GetDecodedContentStream 方法和 GetEncodedContentStream 方法可以得到一个 ADO Stream 对象，前者对应原始内容，后者对应编码后的内容。具体如何编码，是受 Content-Transfer-Encoding 属性影响的，应该根据内容的性质进行正确设置。

在上例的基础上，增加设置主体内容的代码即可，范例如下所示。

SetContent.asp

```
' 取得内容的 Stream 对象
Set content = root.GetDecodedContentStream
content.write getFileContent()
content.flush                  ' 要更新一下

' 获取文件的二进制数据
Function getFileContent()
    Dim stream
    Set stream = Server.CreateObject("ADODB.Stream")
    stream.Type = 1         ' 二进制方式
    stream.Open
    stream.LoadFromFile Server.MapPath("qq.gif")    ' 读入文件内容
    getFileContent = stream.Read
    stream.close
    Set stream = nothing
End Function
```

读取文件的内容后，直接写入主体内容的 Stream 对象，然后 flush 一下即可。CDOSYS 会根据 Content-Transfer-Encoding 属性自动对原始内容进行编码，最终创建的信件如下所示。

```
Content-Type: image/gif;
    name="qq.gif"
Content-Transfer-Encoding: base64
Content-Disposition: attachment;
    filename="qq.gif"
```

R0lGODlhEgASALMNAIAAAMDAwP//DoCAAICAgJo0NPv7+/8KCjAwMP
8AAP//AP///wAAAP///wAA
AAAAACH5BAEAAA0ALAAAAAASABIAAARtsMlJq6Uo51sz+xvXZEvAlO
GFnN8Ccl55min2MQNxM4hV
rAyFUAgqVA6JxCd3Sxw6iKR0Ckh5FAAANeAKaRQJgHBBJmskPQQ2EV
CUzSOMYDwmC3oW9dC9UOCP
BwwEAoQCBgMHT4CJig2MjSIiEQA7

对于文本内容，也是类似的，操作对应的 Stream 对象写入文本内容即可。如果使用 GetEncodedContentStream 方法，则操作的对象是编码后的内容，写入的话需要先将内容编码后再写入，读取的话，则需要自己解码。

对于媒体类型为"multipart"的 BodyPart 对象，不能使用 GetDecodedContentStream 方法或 GetEncodedContentStream 方法，因为它们只是用来组建层次结构的，它本身并没有主体内容。

5. 创建层次结构

使用 BodyPart 对象的 AddBodyPart 方法，可以创建一个子 BodyPart 对象，重复使用，即可创建复杂的层次结构。

以下范例创建一封含有文本、HTML 和附件的信件。

CreateMultipartEmail.asp

```asp
<%@codepage=936%>
<!--#include File="const.asp" -->
<%
'创建邮件
Set mail = Server.CreateObject("CDO.Message")
mail.Subject = "手动创建 Multipart 邮件"
mail.From = "aspfans@126.com"
mail.To = "aspfans2013@qq.com"

'Message 对象对应的 BodyPart 对象
Set root = mail.BodyPart

'设置邮件 Head
root.Fields(CdoMailHeader.cdoContentType) = "multipart/mixed"
root.Fields.Update            '更新一下

'创建文本和 HTML 的部分
Set alterPart = root.AddBodyPart
alterPart.Fields(CdoMailHeader.cdoContentType) = "multipart/alternative"
alterPart.Fields.Update      '更新一下

'------ 创建文本部分 ----------
'Head
Set textPart = alterPart.AddBodyPart
textPart.Fields(CdoMailHeader.cdoContentType) = "text/plain;charset=""gb2312"""
textPart.Fields(CdoMailHeader.cdoContentTransferEncoding) = "base64"
textPart.Fields.Update

'主体内容
Set stream = textPart.GetDecodedContentStream
stream.WriteText "嗨，你好，大西瓜。"
stream.Flush

'------ 创建 HTML 部分 ----------
'Head
Set htmlPart = alterPart.AddBodyPart
htmlPart.Fields(CdoMailHeader.cdoContentType) = "text/html;charset=""gb2312"""
```

```
htmlPart.Fields(CdoMailHeader.cdoContentTransferEncoding) = "base64"
htmlPart.Fields.Update

' 主体内容
Set stream = htmlPart.GetDecodedContentStream
stream.WriteText "<b> 嗨，你好，大西瓜。</b>"
stream.Flush

'------ 创建附件部分 ----------
Set attachPart = root.AddBodyPart

' 设置 Head
attachPart.Fields(CdoMailHeader.cdoContentType) = "image/gif;name=""qq.gif"""
attachPart.Fields(CdoMailHeader.cdoContentTransferEncoding) = "base64"
attachPart.Fields(CdoMailHeader.cdoContentDisposition) = "attachment;
filename=""qq.gif"""
attachPart.Fields.Update   ' 更新一下

' 主体内容
Set content = attachPart.GetDecodedContentStream
content.write getFileContent()
content.flush              ' 更新一下

' 发送邮件
mail.Send
Set mail = Nothing

' 获取文件的二进制数据
Function getFileContent()
    Dim stream
    Set stream = Server.CreateObject("ADODB.Stream")
    stream.Type = 1         ' 二进制方式
    stream.Open
    stream.LoadFromFile Server.MapPath("qq.gif")   ' 读入文件内容
    getFileContent = stream.Read
    stream.close
    Set stream = nothing
End Function
%>
```

这段代码难度并不大，只是需要一些细心和耐心。AddBodyPart 方法创建的子对象，默认是追加到最后的，如果想在指定的位置插入新的子对象，可以使用 AddBodyPart(n) 这样的形式，n 表示插入的位置，从 1 开始，如 AddBodyPart(2) 将在第二个位置插人子对象，原有的第二个及之后的子对象全都后移。

使用 AddBodyPart 方法后，对于邮件结构的控制自由度变大，但是也应该根据需要正确的设置各种 Head 项目才行。

6. 自动创建 MHTML 邮件

MHTML 邮件，即邮件包含以 MIME 格式封装的完整网页，HTML 中引用的图片、CSS 和 JavaScript 等元素全都包含在该文档中。这样，收件人收到邮件后，即使没有连接网络，也可以看到一个完整的网页。

Message 对象提供了 CreateMHTMLBody 方法来创建 MHTML 邮件，格式如下：

```
CreateMHTMLBody(URL,Flags,UserName,Password)
```

参数 URL 即网页的完整地址，Flags 用来指示哪些元素不需要下载，UserName 和 Password 是可选参数，如果访问 URL 时需要身份验证，则需要使用这两个参数。

参数 Flags 的可选值如表 9-5 所示。

表 9-5　参数 Flags 的可选值

属　　性	类　　型	说　　明
doSuppressNone	0	下载所有引用的资源
CdoSuppressImages	1	不下载 IMG 标签引用的资源
CdoSuppressBGSounds	2	不下载 BGSOUND 标签引用的资源
CdoSuppressFrames	4	不下载 FRAME 标签引用的资源
CdoSuppressObjects	8	不下载 OBJECT 标签引用的资源
CdoSuppressStyleSheets	16	不下载 LINK 标签引用的资源
CdoSuppressAll	31	不下载任何引用的资源

如果不想下载 BGSOUND 和 FRAME 标签引用的资源，参数可以使用"CdoSuppress-BGSounds OR CdoSuppressFrames"，即进行或运算。

范例代码如下所示。

CreateMHTMLEmail.asp

```
<%@codepage=936%>
<!--#include File="SetServerConfig.asp" -->
<%
'设置邮件内容
Set mail = Server.CreateObject("CDO.Message")
mail.Subject = "CDO 经过服务器验证发送邮件"
mail.From = "aspfans@126.com"
mail.To = "aspfans2013@qq.com"
mail.TextBody = "嗨, 大西瓜, 你好啊。"

'创建 MHTML 内容前, 设置必要的参数
cookieStr = "CookieName=CookieValue;CookieName2=value2;"
With cdoConfig.Fields
    .Item(CdoConfiguration.cdoHTTPCookies) = cookieStr      '访问 URL 时需要的 cookie
    .Item(CdoConfiguration.cdoURLGetLatestVersion) = True '从服务器取最新版, 不使用本
地缓存
```

```
    '.Item(CdoConfiguration.cdoURLProxyServer) = "192.168.0.1:80"     '代理服务器
    '.Item(CdoConfiguration.cdoURLProxyBypass) = "<local>"     '本地地址不使用代理，同
IE中设置
    .Update     '要更新一下
End With
Set mail.Configuration = cdoConfig     '把参数设置进来

' 创建 MHTML 内容
flags = CdoSuppressBGSounds OR CdoSuppressFrames     '不下载声音和 Frame
mail.CreateMHTMLBody "http://movie.mtime.com/10396/",flags

' 发送
mail.Send
Set mail = Nothing
%>
OK
```

执行后，在 QQ 邮箱中可以看到该邮件，但是显示的内容似乎不正确，如图 9-35 所示。

图 9-35　QQ 邮箱中显示的网页内容

这是因为，Web 邮箱本身就是网页，它的 CSS 或 JS 可能会影响信件内容的显示。将信件导出为 EML 文件，保存到本地，双击打开，即可看到正常格式的网页，如图 9-36 所示。

图 9-36　导出为 EML 文件的显示结果

查看邮件的原文，可以看到很长的 HTML 内容，仔细查看其中的 IMG 标签，可以发现图片的地址都被变更为了 " cid:005101ce3262$8eaf0d46$_CDOSYS2.0" 这样的形式，如图 9-37 所示。

```
p>      </div> </li> <li class=3D″ele_img_item pt25″>      <div =
class=3D″ele_img_box pr15″>  <a target=3D″_blank″ =
href=3D″http://i.mtime.com/1262772/″><img =
src=3D cid:005101ce3262$8eaf0d46$_CDOSYS2.0  class=3D″img_box″ alt=3D″″ =
method=3D″useridcard″ userid=3D″1262772″ /></a> </div>  <div =
class=3D″ele_img_content″>      <h3 class=3D″clearfix pb3 px14″>      <span =
class=3D″fr c_a5 px12 normal″>=E5=9B=9E=E5=A4=8D=E6=95=B0=EF=BC=9A<a =
target=3D″_blank″ =
```

图 9-37　邮件中图片地址的格式

查找 cid 之后的字符串，可以找到图 9-38 所示的一段。

```
------=_NextPart_000_00B9_01CE32A5.B699ABC0
Content-Type: image/jpeg
Content-Transfer-Encoding: base64
Content-ID: 005101ce3262$8eaf0d46$_CDOSYS2.0
Content-Disposition: inline
```

/9j/4AAQSkZJRgABAQEAYABgAAD/2wBDAAIBAQEBAQIBAQECAgICAgQDAgICAgUEBAMEBgUGBgYF
BgYGBwkIBgcJBwYGCAsICQoKCgoKBggLDAsKDAkKCgr/2wBDAQICAgICAgUDAwUUKBwYHCgoKCgoK
CgoKCgoKCgoKCgoKCgoKCgoKCgoKCgoKCgoKCgoKCgoKCgoKCgr/wAARCAAwADADASIA
AhEBAxEB/8QAHwAAAQUBAQEBAQEAAAAAAAAAAAECAwQFBgcICQoL/8QAtRAAAgEDAwIEAwUFBAQA
AAF9AQIDAAQRBRIhMUEGE1FhByJxFTKBkaEII0KxwwRVSOfAkM2JyggkKFhcYGRolJicoKSo0NTY3
ODk6Q0RFRkdISUpTVFVWV1hZWmNkZWZnaGlqc3R1dnd4eXqDhIWGh4iJipKTlJWWl5iZmqKjpKWm
p6ipqrKztLW2t7i5usLDxMXGx8jJytLT1NXW19jZ2uHi4+Tl5ufo6erx8vP09fb3+Pn6/8QAHwEA
AwEBAQEBAQEBAQAAAAAAAAECAwQFBgcICQoL/8QAtREAAgECBAQDBAcFBAQAAQJ3AAECAxEEBSEx
BhJBUQdhcRMiMoEIFEKRobHBCSMzUvAVYnLRChYkNOEl8RcYGJygJ0NHxFSImJykKFhcYHicoTU1
U1RVVldYWVpjZGVmZ2hpanN0dXZ3eHl6goOEhYaHiImKkpOUlZaXmJmaoqOkpaanqKmqsrO0tba3
uLm6wsPExcbHyMnK0tPU1dbX2Nna4uPk5ebn6Onq8vP09fb3+Pn6/8QAHwEAAwEBAQEBAQEBAQAA

图 9-38　邮件中嵌入的图片

原来，CDOSYS 组件自动将图片转换为一个 BodyPart 对象，放入了邮件中，并使用 " Content-ID" 来唯一标识它。邮件的其他部分可以通过 " cid:< 引用对象的 Content-ID>" 的形式来引用。"Content-ID" 也是 MIME 标准定义的。

7. 手动创建 MHTML 邮件

自动创建 MHTML 邮件的确很简单，但它还是缺少灵活性。比如邮件中有一张图片，每个收件人都是不同的，该如何嵌入它呢？由上，我们已经知道，内嵌的图片是通过 CID 来引用的，那么只要将图片手动嵌入到邮件中，并指定 Content-ID，然后在邮件内容中通过 CID 引用一下即可。

范例代码如下所示。

CreateMHTMLEmail2.asp

```
<%@codepage=936%>
<!--#include File="SetServerConfig.asp" -->
<%
'设置邮件内容
Set mail = Server.CreateObject("CDO.Message")
Set mail.Configuration = cdoConfig     '把参数设置进来
mail.Subject = "CDO 手动创建 MHTML 邮件 "
mail.From = "aspfans@126.com"
```

```
mail.To = "aspfans2013@qq.com"

' 通过 cid 引用图片
mail.HTMLBody = " 你的头像: <img src='cid:myface.jpg'>"

' 添加图片
filePath = Server.MapPath("qq.gif")
mail.AddRelatedBodyPart filePath,"myface.jpg",
CdoReferenceTypeName

' 发送
mail.Send
Set mail = Nothing
%>OK
```

图 9-39 QQ 邮箱收到手动
创建的 MHTML 邮件

运行后，收到的信件如图 9-39 所示。

查看邮件原文，如图 9-40 所示。

```
------=_NextPart_001_000C_01CE54D5.E0762750
Content-Type: text/html
Content-Transfer-Encoding: 8bit

你的头像: <img src='cid:myface.jpg'>
------=_NextPart_001_000C_01CE54D5.E0762750--

------=_NextPart_000_000B_01CE54D5.E0762750
Content-Type: image/gif;
        name="qq.gif"
Content-Transfer-Encoding: base64
Content-ID: <myface.jpg>
Content-Disposition: inline;
        filename="qq.gif"

R01GOD1hEgASALMNAIAAAMDAwP//DoCAAICAgJo0NPv7+/8KCjAwMP8AAP//wAAAP///wAA
AAAAACH5BAEAAAAOALAAAAAASABIAAARtsM1Jq6Uo51sz+xvXZEvA10GFnN8Cc155min2MQNxM4hV
rAyFUAgqVA6JxCd3Sxw6iKR0Ckh5FAAANeAKaRQJgHBBJmskPQQ2EVCUzSOMYDwmC3oW9dC9UOCP
BwwEAoQCBgMHT4CJig2MjSIiEQA7

------=_NextPart_000_000B_01CE54D5.E0762750--
```

图 9-40 邮件原文

可以看到，只是使用了一句 AddRelatedBodyPart 方法，图片对应的 BodyPart 已经自动添加了，Head 项目也设置好了，非常方便。有了这个方法，就可以快速地嵌入多个附属文件，HTML 内容就可以随意地创建了。

8. 嵌入另一封邮件

与添加附件类似，在邮件中还可以嵌入另一封邮件，通常也显示为附件，但是双击后，它还是一封邮件，或许它还带有附件。怎么做到的呢？其实并不神秘，被嵌入的邮件只是被当作一个 BodyPart 处理的，没有什么复杂的地方。

范例代码如下所示。

IncludeAnotherEmail.asp

```
<%@codepage=936%>
<!--#include File="SetServerConfig.asp" -->
<%
```

```
' 主邮件的内容
Set mail = Server.CreateObject("CDO.Message")
Set mail.Configuration = cdoConfig          '把参数设置进来
mail.Subject = " 嵌入另一封邮件 "
mail.From = "aspfans@126.com"
mail.To = "aspfans2013@qq.com"
mail.TextBody = " 你好，我是主邮件。"

' 被嵌入邮件的内容
Set other = Server.CreateObject("CDO.Message")
other.Subject = " 我是被嵌入的邮件 "
other.From = "aspfans2013@qq.com"
other.To = "aspfans@126.com"
other.HTMLBody = " 我的头像: <img src='cid:myface.jpg'>"

' 添加图片
filePath = Server.MapPath("qq.gif")
other.AddRelatedBodyPart filePath,"myface.jpg", CdoReferenceTypeName

' 主邮件新创建一个 BodyPart
Set newPart = mail.BodyPart.AddBodyPart

' 将嵌入邮件保存到主邮件的新建 BodyPart 中
other.DataSource.SaveToObject newPart, "IBodyPart"

' 发送
mail.Send
Set mail = Nothing
%>OK
```

运行后，收到的邮件如图 9-41 所示。

图 9-41　嵌入邮件的执行结果

邮件原文如图 9-42 所示。

```
------=_NextPart_000_002A_01CE54DB.1BD7EDB0
Content-Type: text/plain
Content-Transfer-Encoding: 8bit

你好，我是主邮件。
------=_NextPart_000_002A_01CE54DB.1BD7EDB0
Content-Type: message/rfc822
Content-Transfer-Encoding: 7bit

Thread-Topic: =?gb2312?B?ztLKx7G7x7bI67XE08q8/g==?=
thread-index: Ac5UmA20RXNTeUZoQ8uEIO0y/sn/gw==
From: <aspfans2013@qq.com>
To: <aspfans@126.com>
Subject: =?gb2312?B?ztLKx7G7x7bI67XE08q8/g==?=
```

图 9-42 邮件原文

可以看到，被嵌入的邮件只是一个普通的 BodyPart 而已，唯一特殊的一点，就是它的媒体类型是 "message/rfc822"，标志着它是一封邮件，仅此而已。

范例中创建了两个 Message 对象，使用被嵌入邮件的 Message 对象的 DataSource. SaveToObject 方法，将它的内容复制到主邮件的新建的 BodyPart 中，从而方便快捷地实现了邮件嵌入。

9.2.8 批量发送

给多人发送邮件时，最简单的方法是循环发送，一次只发一个人。创建一个 Message 对象后，设置相关属性，设置邮件内容，设置收件人，发送，更改收件人，发送，如此反复即可。

范例代码如下所示。

```
<%@codepage=936%>
<%
Set mail = Server.CreateObject("CDO.Message")    '创建对象
mail.Subject = "批量邮件"                          '主题
mail.From = "aspfans@126.com"                      '发信人
mail.TextBody = "嗨，大西瓜，你好啊。"              '信件内容

'设置收件人，发送
mail.To = "aspfans2013@qq.com"
mail.Send

'设置收件人，发送
mail.To = "aspfans@126.com"
mail.Send

'重复多次....

'结束
Set mail = Nothing
%>OK
```

如果使用的是远程邮件服务器，那么 CDOSYS 组件与服务器连接后，会重复两次写入邮件的动作。如果有 100 个人，就会重复 100 次。假设邮件大小是 1MB，那么重复 100 次就要上传 100M 的数据。所以，如果所有人的邮件内容都是一样的，那么在收件人中指定多个地址比较方便，如：

```
mail.To = "111@qq.com,222@163.com,333@126.com"
```

这样，CDOSYS 组件只需要与服务器交互一次，将邮件发送给多个收件人这个动作实际是由服务器执行的。但是，要注意，在实际应用中，如果某个收件人地址不正确，或者因为某种原因被拒绝的话，那么结果就是，一封信都收不到，所有收件人都没有收到信，即使他们的地址是正确的。

如给以下 3 个地址发信，其中第二个地址是不存在的。

```
aspfans2013@qq.com,xx9vipqzsfmvnsfwef9023kadf@126.com,aspfans@126.com
```

CDOSYS 组件与邮件服务器的交互的过程如下所示。

```
MAIL FROM: <aspfans@126.com>
    250 Mail OK
RCPT TO: <aspfans2013@qq.com>
    250 Mail OK
RCPT TO: <xx9vipqzsfmvnsfwef9023kadf@126.com>
    550 User not found: xx9vipqzsfmvnsfwef9023kadf@126.com
QUIT
    BYE
```

第二个地址是 126 的邮箱，而当前连接的正是 126 的发信服务器，它可以验证该用户是否存在。由于第二个地址不存在，服务端返回了 550 错误，CODSYS 组件认为发送过程出错，直接退出了，结果就是一封信都没有发送。

如果收件人地址都不是 126 的邮箱，那么就不会有此问题。如果某个地址无法发送成功，那么 126 的发信服务器会单独发送一封退信，告知无法投递的原因。

如果本机的邮件服务器可以使用的话，建议使用邮件放入拾取目录的方法，这种方法只放入邮件，不实际发送，程序执行比较快。

9.2.9　邮件收条

邮件收条，即收件人打开邮件后，发件人会收到一封通知邮件。
范例代码如下所示。

EmailNotice.asp

```
<%@codepage=936%>
<!--#include File="SetServerConfig.asp" -->
<%
```

```
'设置邮件内容
Set mail = Server.CreateObject("CDO.Message")
Set mail.Configuration = cdoConfig          '把参数设置进来
mail.Subject = "邮件收条"
mail.From = "aspfans@126.com"
mail.To = "aspfans2013@qq.com"
mail.TextBody = "我想要个收条。"

'设置信头
mail.Fields(CdoMailHeader.cdoDispositionNotificationTo) = "aspfans@126.com"
mail.Fields(CdoMailHeader.cdoReturnReceiptTo) = "aspfans@126.com"
mail.Fields.Update

'发送邮件
mail.Send
Set mail = Nothing
%>OK
```

执行后，QQ 邮箱会收到邮件，并提示是否发送回执，如图 9-43 所示。

邮件原文如图 9-44 所示。

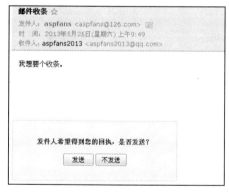

图 9-43 QQ 邮箱提醒是否发送回执

```
Return-Receipt-To: <aspfans@126.com>
From: <aspfans@126.com>
To: <aspfans2013@qq.com>
Subject: =?gb2312?B?08q8/srVzPU=?=
Date: Sat, 25 May 2013 09:49:17 +0800
Message-ID: <09F77C42667943D082B57F94E920DA4E@1017e4d5dd8919>
MIME-Version: 1.0
Content-Type: text/plain
Content-Transfer-Encoding: 8bit
X-Mailer: Microsoft CDO for Windows 2000
Disposition-Notification-To: <aspfans@126.com>
Content-Class: urn:content-classes:message
Importance: normal
Priority: normal
```

图 9-44 邮件原文

可以看到，邮件原文中多了两个信头，其中"Disposition-Notification-To"是标准中定义的项目，而"Return-Receipt-To"是被广泛使用的，但却不是标准定义的。QQ 邮箱只识别前者，它发现该 Head 后，就提示是否发送回执。

单击"发送"按钮，发件人的邮箱很快就收到了通知邮件回执，如图 9-45 所示。

图 9-45 收到回执

9.2.10 其他设置

CDOSYS 组件的其他一些常用的设置，请直接看范例代码。

EmailOther.asp

```
<%@codepage=936%>
<!--#include File="SetServerConfig.asp" -->
<%
'设置邮件内容
Set mail = Server.CreateObject("CDO.Message")
Set mail.Configuration = cdoConfig          '把参数设置进来
mail.Subject = " 邮件其他 "
mail.From = "aspfans@126.com"
mail.To = "aspfans2013@qq.com"
mail.TextBody = " 邮件其他测试 "

'回复地址（收件人回复时，收件人会显示成这样）
mail.ReplyTo = "blacklong101@126.com"

'退信地址（如收件人不存在等原因，会退信到这个地址，否则会退信到 From 的地址）
mail.Fields(CdoMailHeader.cdoReturnPath) = "blacklong101@126.com"

'优先级
mail.Fields(cdoHTTPMail.cdoPriority) = cdoPriorityUrgent          '紧急

'重要性
mail.Fields(cdoHTTPMail.cdoImportance) = cdoHigh                  '重要性高

'更新
mail.Fields.Update

'发送邮件
mail.Send
Set mail = Nothing
%>OK
```

优先级的可选值如表 9-6 所示。

表 9-6　cdoPriority 的可选值

名　　称	值	说　　明
cdoPriorityNonUrgent	−1	不紧急
cdoPriorityNormal	0	正常优先级，默认值
cdoPriorityUrgent	1	紧急

重要性的可选值如表 9-7 所示。

表 9-7　cdoImportance 的可选值

名　　称	值	说　　明
cdoLow	0	低
cdoNormal	1	正常
cdoHigh	2	高

9.3　JMail 组件

JMail 是 Dimac 公司开发的邮件收发组件，非常成熟，也很强大。JMail 组件分为免费版、标准版和专业版，由于它的免费版本支持大部分的发信功能，所以该组件使用得也非常广泛，大部分主机空间都支持它。

JMail 组件最主要的对象是 Message 对象，使用以下语句即可创建。

```
Set message =Server.CreateObject("JMail.Message")
```

9.3.1　发送文本邮件

范例代码如下所示。

SendTextMail.asp

```
<%@codepage=936%>
<%
set mail = Server.CreateObject("JMail.Message")   '创建 Message 对象
mail.Charset = "GBK"                               '设置字符集
mail.From = "aspfans@126.com"                      '发件人
mail.Subject = "JMail 发送文本邮件 "               '标题
mail.Body = " 嗨，大西瓜，你好啊。"                 '邮件内容
mail.AddRecipient "aspfans2013@qq.com"," 大西瓜 "  '添加收件人
mail.MailServerUserName = "aspfans"                '发件服务器的用户名
mail.MailServerPassword = "aspbird"                '发件服务器的密码
mail.Send("smtp.126.com")                          '发送
%>OK
```

CDOSYS 组件默认会使用系统字符集，而 JMail 组件默认使用的是 ISO-8859-1，所以，一定要注意设置 Charset 属性，否则收到的邮件可能显示为乱码。

在 JMail 组件中，收件人是通过 AddRecipient 方法添加的，有多个收件人则调用多次即可。对应的，还有 AddRecipientCC 方法和 AddRecipientBCC 方法，分别是抄送和密送，使用方法类似。

JMail 组件也支持将邮件写入拾取目录，但是免费版本不支持此功能，所以通常都是配合远程邮件服务器使用，需要设置用户名和密码以通过身份验证，邮件服务器的地址是在 Send 方法中指定的。如果需要指定端口，则使用 "smtp.126.com:25" 这种形式即可。

9.3.2　发送 HTML 邮件

通过 Message 对象的 Body 属性设置的是文本内容，类似的，通过 HTMLBody 设置的是 HTML 内容，范例代码如下所示。

SendHTMLMail.asp

```
<%@codepage=936%>
<%
Set mail = Server.CreateObject("JMail.Message")    '创建 Message 对象
mail.Charset = "GBK"                                '设置字符集
mail.From = "aspfans@126.com"                       '发件人
mail.Subject = "JMail 发送 HTML 邮件 "              '标题
mail.HTMLBody = " 嗨, <b>大西瓜</b>, 你好啊。"      '邮件内容
mail.AddRecipient "aspfans2013@qq.com"," 大西瓜 "   '添加收件人
mail.MailServerUserName = "aspfans"                 '发件服务器的用户名
mail.MailServerPassword = "aspbird"                 '发件服务器的密码
mail.Send("smtp.126.com")                           '发送
%>OK
```

查看邮件的原文，如图 9-46 所示。

```
Subject: =?GBK?Q?JMail=B7=A2=CB=CDHTML=D3=CA=BC=FE?=
Sender: aspfans@126.com
From: "=?GBK?Q?aspfans@126=2Ecom?=" <aspfans@126.com>
Date: Sat, 25 May 2013 16:31:47 +0800
To: "=?GBK?Q?=B4=F3=CE=F7=B9=CF?=" <aspfans2013@qq.com>
X-Priority: 3
Content-Transfer-Encoding: Quoted-Printable
MIME-Version: 1.0
X-Mailer: JMail 4.5 by Dimac
Content-Type: text/html;
        charset="GBK"
X-CM-TRANSID:j9KowEAZIUv5dqBR14vKBQ--.1191S2
X-Coremail-Antispam: 1Uf129KBjDUn29KB7ZKAUJUUUUU529EdanIXcx71UUUUU7v73
        VFW2AGmfu7bjvjm3AaLaJ3UbIYCTnIWIevJa73UjIFyTuYvjxUfCztUUUUU
Message-Id: <51A076FA.A9180C.08864@m50-112.126.com>
X-CM-SenderInfo: xdvswtlqv6ij2wof0z/1tbiwR4oJ03AOOT4gwAAs6

=E0=CB=A3=AC<b=3E=B4=F3=CE=F7=B9=CF</b=3E=A3=AC=C4=E3=BA=C3=B0=A1=A1=A3
```

图 9-46   邮件原文

可以看出，JMail 组件只是创建了 HTML 内容，没有创建替代的文本内容，整个邮件只是一个媒体类型为 text/html 的部分，不像 CDOSYS 创建的是媒体类型为" multipart/ alternative "的混合邮件。

9.3.3   添加附件

JMail 组件提供了 AddAttachment 方法、AddCustomAttachment 方法和 AddURLAttachment 方法添加附件，范例代码如下所示。

AttachmentMail.asp

```
<%@codepage=936%>
<%
Set mail = Server.CreateObject("JMail.Message")
mail.Charset = "GBK"
mail.From = "aspfans@126.com"
mail.Subject = "JMail 发送带附件的邮件 "
mail.AddRecipient "aspfans2013@qq.com"," 大西瓜 "
```

```
' 添加内嵌图片，并得到 cid
filePath = Server.MapPath("qq.gif")
cid = mail.AddAttachment(filePath,True,"image/jpeg")

' 设置 HTML 内容
mail.HTMLBody = " 你的头像: <img src='cid:" & cid & "'>"

' 添加普通附件
mail.AddAttachment filePath,False,"image/jpeg"

' 动态添加附件
mail.AddCustomAttachment "read.txt"," 我是说明书。",False

' 下载一个文件，当作附件
url = "https://www.baidu.com/img/bd_logo1.png"
mail.AddURLAttachment url,"logo.gif",False

' 发送
mail.MailServerUserName = "aspfans"
mail.MailServerPassword = "aspbird"
mail.Send("smtp.126.com")
%>OK
```

收到的邮件如图 9-47 所示。

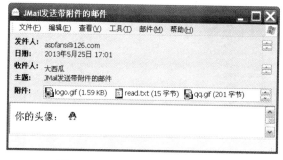

图 9-47　JMail 发送带附件的邮件

AddAttachment 方法用来添加已存在的文件，它的 3 个参数分别为文件路径、是否内嵌显示和媒体类型。该方法返回 cid，可以在 HTML 中内嵌显示该文件。

AddCustomAttachment 方法则是动态创建了一个文件，添加到邮件中，它的 3 个参数分别为文件名、文件内容和是否内嵌显示。

AddURLAttachment 方法则用来下载一个文件作为附件，它的 3 个参数分别为 URL、文件名和是否内嵌显示，它也返回 cid。

9.3.4　设置传输编码和附件编码

Message 对象提供了 ContentTransferEncoding 属性和 Encoding 属性来设置传输编码和

附件编码。实际上,前者是指邮件主体内容的传输编码,后者是指附件的主体内容的传输编码。

如上例的邮件原文部分如图 9-48 所示。

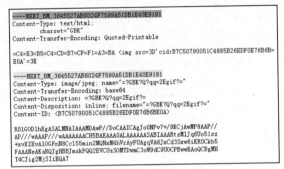

图 9-48　邮件原文

可以看到,邮件主体内容的默认传输编码是"Quoted-Printable",而附件的默认传输编码是"base64",可以根据需要分别对两部分进行设置。如使用以下两行代码:

```
mail.ContentTransferEncoding = "base64"
mail.Encoding = "quoted-printable"
```

运行后,邮件原文如图 9-49 所示。

图 9-49　设置传输编码

可以看出,图片的数据已经被破坏了,因为二进制数据使用"quoted-printable"编码是不太合适的。为了保险起见,两个编码始终设置为"base64"即可。

9.3.5　发送网页内容

CDOSYS 组件支持自动创建 MTHML 邮件,那么 JMail 组件是否支持呢?Message 对象提供了一个 GetMessageBodyFromURL 方法,可以取得指定 URL 的网页内容作为邮件主体内容,范例代码如下所示。

CatchUrlSendMail.asp

```
<%@codepage=936%>
<%
Set mail = Server.CreateObject("JMail.Message")
mail.Charset = "GBK"
mail.From = "aspfans@126.com"
mail.Subject = "JMail 发送 MHTML 邮件 "
mail.AddRecipient "aspfans2013@qq.com"," 大西瓜 "

' 取得网页内容作为邮件主体内容
mail.GetMessageBodyFromURL "http://movie.mtime.com/125511/"

 ' 发送
mail.MailServerUserName = "aspfans"
mail.MailServerPassword = "aspbird"
mail.Send("smtp.126.com")
%>OK
```

运行后，收到的邮件如图 9-50 所示。

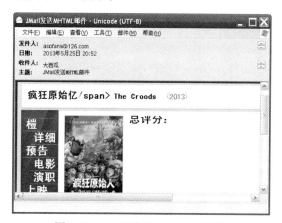

图 9-50　JMail 发送 MHTML 邮件

目标网页是 UTF-8 编码的，而从结果来看，HTML 标签并不完整。将 URL 修改为 GBK 编码的网页，执行后，发现 HTML 标签完整，所以说，JMail 组件抓取 UTF-8 编码的网页时是有一点问题的。

查看邮件原文，可以发现，整个邮件的媒体类型仍然是" text/html"。查看 HTML 中的 IMG 标签，发现它们仍然指向原来的 URL。也就是说，JMail 组件只是简单地取得了目标 URL 的 HTML 内容，并没有将图片等资源下载并嵌入邮件中，如果图片使用的是相对路径，那么它在邮件中就无法显示出来了。所以，从抓取网页作为邮件内容这一点来说，JMail 组件不如 CDOSYS 组件。

9.3.6 采集 Email 地址

JMail 组件提供了 ExtractEmailAddressesFromURL 方法，可以从指定的网址采集 Email 地址，并自动加入收件人列表，范例代码如下所示。

GatherEmail.asp

```
<%@codepage=936%>
<%
Set mail = Server.CreateObject("JMail.Message")
mail.Charset = "GBK"
mail.From = "aspfans@126.com"
mail.Subject = "JMail 采集 Email 地址 "
mail.Body = "hello"

' 采集 Email 地址
mail.ExtractEmailAddressesFromURL("http://tieba.baidu.com/p/102727747")

'----------- 下面输出收件人看一下 ----------------------
' 收件人字符串
response.write "<textarea rows=5 cols=50>" & mail.recipientsString & "</textarea><br>"

' 收件人集合
Set recipients = mail.recipients
For i=0 To recipients.count-1
    response.write recipients.item(i).email & "<br>"
Next

' 只演示，不实际发送
'mail.MailServerUserName = "aspfans"
'mail.MailServerPassword = "aspbird"
'mail.Send("smtp.126.com")
%>
```

运行结果如图 9-51 所示。

图 9-51 采集 Email 地址

9.3.7 嵌入另一封邮件

JMail 组件并没有提供直接嵌入另一封邮件的方法，而且使用 JMail 组件也无法对邮件结构进行自由控制。想嵌入另一封邮件，只能变通实现。

Message 对象的 mailData 属性可以返回邮件的数据原型，将它保存到文件，然后通过添加附件的方法，将它添加到主邮件中，同时将媒体类型设置为"message/rfc822"即可。

范例代码如下所示。

IncludeAnotherEmail.asp

```
<%@codepage=936%>
<%
' 被嵌入邮件的内容
Set other = Server.CreateObject("JMail.Message")
other.Charset = "GBK" '
other.From = "aspfans2013@qq.com"
other.Subject = " 我是被嵌入的邮件 "
other.Body = " 你好，我是被嵌入的邮件。"
other.AddRecipient "aspfans@126.com"," 小土豆 "

' 输出 mailData 属性看看
response.write "<textarea rows=10 cols=60>" & other.mailData & "</textarea>"

' 保存到文件
Set stream = Server.CreateObject("Adodb.Stream")
stream.type = 2 ' 文本形式
stream.charset = "GBK"
stream.open
stream.writeText other.mailData            ' 写入
stream.SaveToFile Server.MapPath("include.eml"),2          ' 保存到文件, 同名覆盖
stream.close

' 主邮件的内容
Set mail = Server.CreateObject("JMail.Message")
mail.Charset = "GBK" '
mail.From = "aspfans@126.com"
mail.Subject = " 嵌入另一封邮件 "
mail.Body = " 你好，我是主邮件。"
mail.AddRecipient "aspfans2013@qq.com"," 大西瓜 "

' 添加附件, 并指定媒体类型
mail.AddAttachment Server.MapPath("include.eml"),False,"message/rfc822"

' 发送
mail.MailServerUserName = "aspfans"
mail.MailServerPassword = "aspbird"
mail.Send("smtp.126.com")
%>
```

运行后，QQ 邮箱收到的邮件如图 9-52 所示。

预览被嵌入的邮件 include.eml 文件，如图 9-53 所示。

图 9-52　QQ 邮箱收到的主邮件　　　　　图 9-53　被嵌入的邮件

9.3.8　邮件收条

在 JMail 组件中，是否需要邮件收条是通过 ReturnReceipt 属性控制的，设置为 True 表示需要邮件收条，否则表示不需要，该属性默认为 False。

范例代码如下所示。

EmailNotice.asp

```
<%@codepage=936%>
<%
Set mail = Server.CreateObject("JMail.Message")
mail.Charset = "GBK" '
mail.From = "aspfans@126.com"
mail.FromName = " 小土豆 "      '发信人昵称
mail.Subject = "JMail 邮件收条 "
mail.Body = " 我想要个邮件收条。"
mail.AddRecipient "aspfans2013@qq.com"," 大西瓜 "

'该邮件需要收条，默认是 False
mail.ReturnReceipt = True

'发送
mail.MailServerUserName = "aspfans"
mail.MailServerPassword = "aspbird"
mail.Send("smtp.126.com")
%>OK
```

执行后，QQ 邮箱会收到邮件，但是打开邮件后，并没有提示该邮件需要收条。查看邮件原文，如图 9-54 所示。

```
Subject: =?GBK?Q?JMail=D3=CA=BC=FE=CA=D5=CC=F5?=
Sender: aspfans@126.com
From: "=?GBK?Q?=D0=A1=CD=C1=B6=B9?=" <aspfans@126.com>
Date: Thu, 18 Jul 2013 06:40:01 +0800
Return-Receipt-To: "=?GBK?Q?=D0=A1=CD=C1=B6=B9?="<aspfans@126.com>
To: "=?GBK?Q?=B4=F3=CE=F7=B9=CF?=" <aspfans2013@qq.com>
X-Priority: 3
Content-Transfer-Encoding: Quoted-Printable
MIME-Version: 1.0
X-Mailer: JMail 4.5 by Dimac
Content-Type: text/plain;
          charset="GBK"
```

图 9-54　没有提示是否需要收条

可以看到，JMail 在邮件头中添加的是 " Return-Receipt-To"，而没有 "Disposition-Notification-To"。前文提过，QQ 邮箱只识别后者，所以需要手动添加该 Head 项目，使用 AddNativeHeader 方法即可，如：

图 9-55　QQ 提示是否需要收条

```
mail.AddNativeHeader "Disposition-Notification-
To","<aspfans@126.com>"
```

添加该语句后，再执行一次，打开收到的邮件，QQ 邮箱正确弹出了是否需要收条的提醒，如图 9 55 所示。

注意，不要使用 AddHeader 方法，该方法会在 Head 名称前面添加 "X-" 的前缀。

9.3.9　使用邮件队列

JMail 组件可以将邮件放入队列，但是免费版本不支持此功能，范例代码如下所示。

sendToPickUp.asp

```
<%@codepage=936%>
<%
Set mail = Server.CreateObject("JMail.Message")
mail.Charset = "GBK"
mail.From = "aspfans@126.com"
mail.Subject = "JMail 发送到拾取目录 "
mail.Body = " 嗨，大西瓜，你好啊。"
mail.AddRecipient "aspfans2013@qq.com"," 大西瓜 "
response.write mail.about

'---------JMail 免费版本不支持此功能 -------------

' 指定拾取目录
mail.MSPickupDirectory = "c:\inetpub\mailroot\pickup\"

' 放入拾取目录
mail.nq
%>OK
```

指定一个目录，然后使用 nq 方法将邮件放入队列。如果服务器正确安装了 SMTP 虚拟服务器，则可以不指定 MSPickupDirectory 属性，JMail 组件会自动到注册表中查找。

运行结果如图 9-56 所示。

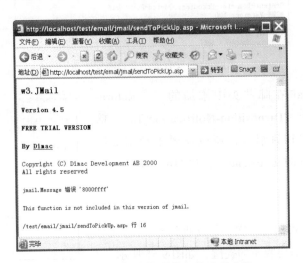

图 9-56　免费版本不支持邮件队列功能

由于使用的是 Free Trial Version，所以实际执行是出错的。

9.3.10　错误处理及发送日志

在默认设置下，当邮件发送失败时，JMail 组件会报出错误。如将发送邮件时的验证密码设置错误，运行结果如图 9-57 所示。

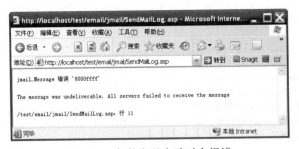

图 9-57　邮件发送失败时会报错

错误消息指出，该邮件没有被投递。那么如何跳过错误，继续执行代码呢？设置 silent 属性为 True 即可，如果想查看发送日志，则再将 logging 属性设置为 True 即可。范例代码如下所示。

SendMailLog.asp

```
<%@codepage=936%>
<%
Set mail = Server.CreateObject("JMail.Message")
mail.Charset = "GBK"  '设置字符集
mail.From = "aspfans@126.com"
mail.Subject = "JMail 发送 Log"
mail.Body = "嗨，大西瓜，你好啊。"
mail.AddRecipient "aspfans2013@qq.com"," 大西瓜 "
mail.MailServerUserName = "aspfans"
mail.MailServerPassword = "111111"

' 出错时，不抛出错误，默认是 False
mail.silent = True

' 打开日志，记录操作过程，默认为 False
mail.logging = True

' 发送邮件，成功时 Send 方法返回 True
If mail.Send("smtp.126.com") Then
    response.write "发送成功。"
Else
    response.write "发送失败。<br>"
    response.write " 错误号: " & mail.ErrorCode & "<br>"
    response.write " 错误消息: " & mail.ErrorMessage & "<br>"
    response.write " 错误源: " & mail.ErrorSource & "<br>"
    response.write "发送日志: <textarea rows=15 cols=60>" & mail.log & "</textarea>"
End If
%>
```

运行结果如图 9-58 所示。

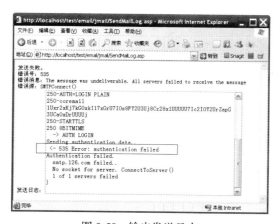

图 9-58　输出发送日志

从发送日志可以看出，身份验证失败了。调试发信程序时，可以多看看发送日志，有
助于发现问题的根本原因。

9.3.11 其他设置

JMail 组件还有其他一些常用设置，范例代码如下所示。

Other.asp

```
<%@codepage=936%>
<%
Set mail = Server.CreateObject("JMail.Message")
mail.Charset = "GBK"
mail.From = "aspfans@126.com"
mail.Subject = "JMail 其他操作 "
mail.AddRecipient "aspfans2013@qq.com"," 大西瓜 "
mail.Body = " 其他操作。 "

' 回复地址
mail.ReplyTo = "blacklong101@126.com"

' 退信地址（发信服务器可能不识别）
mail.AddNativeHeader "Return-Path","blacklong101@126.com"

' 优先级，3 表示中等
mail.priority = 3

' 发送
mail.MailServerUserName = "aspfans"
mail.MailServerPassword = "aspbird"
mail.Send("smtp.126.com")
%>
```

JMail 组件没有提供设置退信地址的方法，只能通过添加自定义 Head 的方式实现。但是，JMail 组件总是对自定义 Head 的值进行编码，所以导致退信地址可能不被识别。如此例中的退信地址的实际值如下：

```
Return-Path: =?GBK?Q?blacklong101@126=2Ecom?=
```

实际测试发现 126 的发信服务器没有识别出该地址，该邮箱并没有收到退信。

9.4 AspEmail 组件

AspEmail 组件是 Persits 公司的一款产品，应用比较广泛。它的免费版本支持常用的一些基础功能，而某些功能需要付费注册后才能使用，如消息队列、内嵌图片、Quoted-Printable 格式和 multipart/alternative 的支持等。

AspEmail 组件最主要的对象是 MailSender 对象，使用以下语句即可创建：

```
Set Mail = Server.CreateObject("Persits.MailSender")
```

9.4.1 发送文本邮件

范例代码如下所示。

SendTextMail.asp

```
<%@codepage=936%>
<%
Set mail = Server.CreateObject("Persits.MailSender")    '创建 MailSender 对象
mail.Charset = "GB2312"                                 '设置字符集
mail.From = "aspfans@126.com"                           '发件人
mail.Subject = Mail.EncodeHeader("AspEmail 发送文本邮件","GB2312")    '标题
mail.Body = " 嗨，大西瓜，你好啊。"                        '邮件内容
mail.AddAddress "aspfans2013@qq.com",Mail.EncodeHeader(" 大西瓜 ","GB2312")    '添加收件人
mail.ContentTransferEncoding = "Quoted-Printable"       '邮件正文的传输编码
mail.Host = "smtp.126.com"                              '发件服务器
mail.UserName = "aspfans"                               '发件服务器的用户名
mail.Password = "aspbird"                               '发件服务器的密码
mail.Send                                               '发送
%>OK
```

在 AspEmail 组件中，收件人是通过 AddAddress 方法添加的，有多个收件人则调用多次即可，抄送和密送分别使用 AddCC 和 AddBCC 方法，都是类似的。

发信服务器地址通过 Host 属性指定，用户名和密码通过 UserName 和 Password 属性指定，端口默认为 25，如需更改，通过 Port 属性指定即可。

AspEmail 组件默认使用的字符集是 ISO-8859-1，所以发送中文邮件会比较麻烦。有以下几点需要注意：

1）标题、收件人名称等包含中文的 Head 项目需要用 EncodeHeader 方法进行编码，AspEmail 组件不会对此自动编码。

2）记得设置 Charset 属性，注意简体中文应该使用 GB2312，使用 GBK 是不好使的。繁体中文是 Big5，日文是 Shift_JIS，其他支持的字符集请查看手册。

3）记得设置 ContentTransferEncoding 属性，否则 AspEmail 组件总是使用 7bit。

此例实际收到的邮件原文如图 9-59 所示。

图 9-59　文本邮件的原文

从图可以看出，AspEmail 组件是以“multipart/mixed”的格式构建该邮件的。

9.4.2 发送 HTML 邮件

发送 HTML 邮件时，仍然通过 Body 属性设置内容，然后将 IsHTML 属性设置为 True 即可。另外，可以通过 AltBody 属性设置对应的文本内容，范例代码如下所示。

SendHTMLMail.asp

```
<%@codepage=936%>
<%
Set mail = Server.CreateObject("Persits.MailSender")     '创建 MailSender 对象
mail.Charset = "GB2312"                                  '设置字符集
mail.From = "aspfans@126.com"                            '发件人
mail.Subject = Mail.EncodeHeader("AspEmail 发送 HTML 邮件 ","GB2312") '标题
mail.Body = "嗨，<b>大西瓜</b>，你好啊。"                   'HTML 邮件内容
mail.IsHTML = True                                       '是 HTML 内容
mail.AltBody = "嗨，大西瓜，你好啊。"                       '文本内容
mail.AddAddress "aspfans2013@qq.com",Mail.EncodeHeader("大西瓜","GB2312") '添加收件人
mail.ContentTransferEncoding = "Quoted-Printable"        '邮件正文的传输编码
mail.Host = "smtp.126.com"                               '发件服务器
mail.UserName = "aspfans"                                '发件服务器的用户名
mail.Password = "aspbird"                                '发件服务器的密码
mail.Send                                                '发送
%>OK
```

查看邮件的原文，如图 9-60 所示。

```
From: <aspfans@126.com>
To: "=?GB2312?B?tPPO97nP?=" <aspfans2013@qq.com>
Subject: =?GB2312?B?QXNwRW1haWy3osvNSFRNTNPKvP4=?=
Date: Sat, 03 Aug 2013 05:53:45 +0800
Message-ID: <20130803-05534585-f5c@101-7e4d5dd8919>
MIME-Version: 1.0
Content-Type: multipart/mixed;
        boundary="--=DDE8DC05D98D42C7B91F_7D29_025D_C1BF"
X-CM-TRANSID:j9KowEAZeFNqKvxRFC1GAg--.2288S2
X-Coremail-Antispam: 1Uf129KBjDUn29KB7ZKAUJUUUUU529EdanIXcx71UUUUU7v73
        VFW2AGmfu7bjvjm3AaLaJ3UbIYCTnIWIevJa73UjIFyTuYvjxUsLZ2DUUUU
X-CM-SenderInfo: xdvswtlqv6ij2wof0z/1tbiHhptJ047uflUVwABs5

----=DDE8DC05D98D42C7B91F_7D29_025D_C1BF
Content-Type: multipart/alternative;
        boundary="--=E5CF4EC1DE984AD7BDED_A6E3_A06E_4481"

----=E5CF4EC1DE984AD7BDED_A6E3_A06E_4481
Content-Type: text/plain;charset="GB2312"
Content-Transfer-Encoding: Quoted-Printable

=E0=CB=A3=AC=B4=F3=CE=F7=B9=CF=A3=AC=C4=E3=BA=C3=B0=A1=A1=A3

----=E5CF4EC1DE984AD7BDED_A6E3_A06E_4481
Content-Type: text/html;charset="GB2312"
Content-Transfer-Encoding: Quoted-Printable

=E0=CB=A3=AC<b>=B4=F3=CE=F7=B9=CF</b>=A3=AC=C4=E3=BA=C3=B0=A1=A1=A3

----=E5CF4EC1DE984AD7BDED_A6E3_A06E_4481--

----=DDE8DC05D98D42C7B91F_7D29_025D_C1BF--
```

图 9-60　HTML 邮件的原文

可以看到，AspEmail 组件采取的是 "multipart/mixed" 下面套一个 "multipart/alternative" 的格式。

9.4.3 添加附件

AspEmail 组件提供了几个添加附件的方法，范例代码如下所示。

AttachmentMail.asp

```
<%@codepage=936%>
<%
Set mail = Server.CreateObject("Persits.MailSender")
mail.Charset = "GB2312"
mail.From = "aspfans@126.com"
mail.Subject = Mail.EncodeHeader("AspEmail 发送带附件的邮件","GB2312")
mail.AddAddress "aspfans2013@qq.com",Mail.EncodeHeader("大西瓜","GB2312")
mail.ContentTransferEncoding = "Quoted-Printable"

'添加内嵌图片，并指定 cid
filePath = Server.MapPath("qq.gif")
mail.AddEmbeddedImage filePath,"qqImage"

'设置 HTML 内容
mail.Body = "你的头像: <img src='cid:qqImage'><br>你的头像 2: <img src='cid:qqImage2'>"
mail.IsHTML = True

'添加普通附件
mail.AddAttachment filePath

'读入文件内容
set stream = Server.CreateObject("Adodb.Stream")
stream.type = 1        '二进制
stream.open
stream.LoadFromFile filePath

'动态添加嵌入图片
mail.AddEmbeddedImageMem "qq2.gif","qqImage2",stream.read

'指针移回起始位置
stream.position = 0

'动态添加普通附件
mail.AddAttachmentMem "qq3.gif",stream.read
stream.close

'发送
mail.Host = "smtp.126.com"
mail.UserName = "aspfans"
mail.Password = "aspbird"
mail.Send
%>OK
```

收到的邮件如图 9-61 所示。

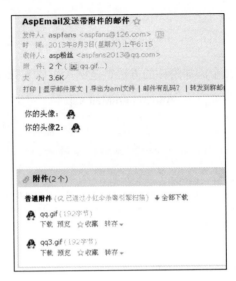

图 9-61　AspEmail 发送带附件的邮件

AddEmbeddedImage 和 AddEmbeddedImageMem 方法用来添加嵌入图片，前者的两个参数是文件路径和 cid，后者多一个参数是文件内容。

AddAttachment 和 AddAttachmentMem 方法用来添加已存在的文件，参数是文件路径，后者多一个参数是文件内容。

9.4.4　设置传输编码

AspEmail 组件提供了 ContentTransferEncoding 属性用来设置邮件内容的传输编码，前文已经多次使用，在此不赘述。

附件的传输编码总是 Base64，无需设置，比较省心。

9.4.5　邮件收条

AspEmail 组件没有提供方法直接设置邮件收条，只能通过添加自定义 Head 的方式实现。范例代码如下所示。

EmailNotice.asp

```
<%@codepage=936%>
<%
Set mail = Server.CreateObject("Persits.MailSender")
mail.Charset = "GB2312"
mail.From = "aspfans@126.com"
mail.Subject = Mail.EncodeHeader("AspEmail 邮件收条 ","GB2312")
```

```
mail.Body = "我想要个邮件收条。"
mail.AddAddress "aspfans2013@qq.com",Mail.EncodeHeader("大西瓜","GB2312")
mail.ContentTransferEncoding = "Quoted-Printable"

' 自定义 Head 项目，需要收条
mail.AddCustomHeader "Return-Receipt-To: <aspfans@126.com>"
mail.AddCustomHeader "Disposition-Notification-To: <aspfans@126.com>"

' 发送
mail.Host = "smtp.126.com"
mail.UserName = "aspfans"
mail.Password = "aspbird"
mail.Send
%>OK
```

运行后，QQ 邮箱收到该邮件，如图 9-62 所示。

图 9-62　QQ 邮箱提示是否发送回执

9.4.6　使用邮件队列

安装 AspEmail 组件时，它会自动安装一个名为 EmailAgent 的服务，该服务提供了邮件队列的支持，相关设置可以到控制面板中打开 EmailAgent 进行更改，如图 9-63 所示。

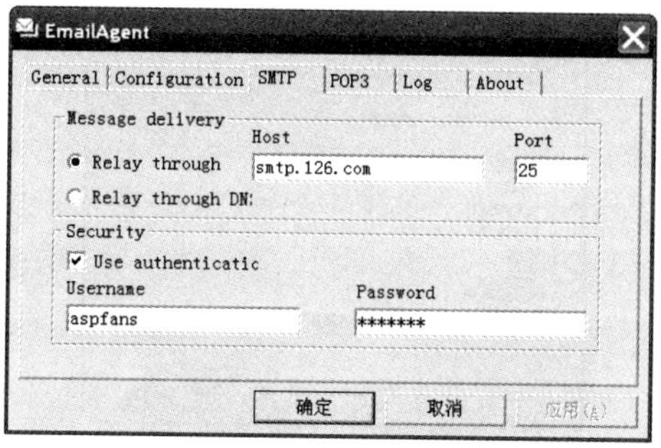

图 9-63　EmailAgent 设置

设置完毕后，在 General 的 Tab 页确认 EmailAgent 服务已经启动。

使用邮件队列的方法很简单，只要将 Queue 属性设置为 True 即可。范例代码如下所示。

SendToQueue.asp

```
<%@codepage=936%>
<%
Set mail = Server.CreateObject("Persits.MailSender")
mail.Charset = "GB2312"
mail.From = "aspfans@126.com"
mail.Subject = Mail.EncodeHeader("AspEmail 通过队列发送","GB2312")
mail.Body = "嗨，大西瓜，你好啊。"
mail.AddAddress "aspfans2013@qq.com",Mail.EncodeHeader("大西瓜","GB2312")
mail.ContentTransferEncoding = "Quoted-Printable"

'放入队列
mail.Queue = True
mail.Send
%>OK
```

执行后，可能会出现如图 9-64 所示的错误。

图 9-64　使用邮件队列出现错误

这是因为 AspEmail 组件需要将邮件写入队列目录，而"IUSR_机器名"用户可能没有该权限，添加权限即可，如图 9-65 所示。

图 9-65　添加写入权限

再次执行，邮件成功发送，在队列的 Sent 目录下可以看到已经发送成功的邮件，如图 9-66 所示。

使用邮件队列的优点就是快速，程序无需等待 SMTP 发信的过程，将邮件放入队列就返回了。而 EmailAgent 最大可以同时与一个 SMTP 服务器建立 64 个连接进行发送，大大加快了发送的速度。当然，同时可以建立的连接数还要受到 SMTP 服务器的限制。

图 9-66 成功写入队列

9.4.7 其他设置

AspEmail 组件还有其他一些常用设置，范例代码如下所示。

Other.asp

```
<%@codepage=936%>
<%
Set mail = Server.CreateObject("Persits.MailSender")
mail.Charset = "GB2312"
mail.From = "aspfans@126.com"
mail.Subject = Mail.EncodeHeader("AspEmail 其他操作 ","GB2312")
mail.Body = " 其他操作。"
mail.AddAddress "aspfans2013xxxxx@qq.com",Mail.EncodeHeader(" 大西瓜 ","GB2312")
mail.ContentTransferEncoding = "Quoted-Printable"

' 回复地址
mail.AddReplyTo "blacklong101@126.com",Mail.EncodeHeader(" 冰淇淋 ","GB2312")

' 退信地址
mail.AddCustomHeader "Return-Path: <blacklong101@126.com>"

' 优先级，1 高，3 正常，5 低，默认是 0，表示不指定。
mail.priority = 3

' 发送
mail.Host = "smtp.126.com"
mail.UserName = "aspfans"
mail.Password = "aspbird"
mail.Send
%>OK
```

AddCustomHeader 方法不会对中文等字符进行自动编码，这点还是比较好的，虽然麻烦一点，但是可控性增强了。

推荐阅读

深入实践Boost：Boost程序库开发的94个秘笈

作者：Antony Polukhin ISBN：978-7-111-46242-2 定价：59.00元

大规模C++程序设计

作者：John Lakos ISBN：978-7-111-47425-8 定价：129.00元

深入理解C++11：C++11新特性解析与应用

作者：Michael Wong IBM XL编译器中国开发团队 ISBN：978-7-111-42660-8 定价：69.00元

深入应用C++11：代码优化与工程级应用

作者：祁宇 ISBN：978-7-111-50069-8 定价：79.00元